3D 打印技术及应用

吴立军　招　銮　宋长辉　黄　岗　刘　晶 等编著

ZHEJIANG UNIVERSITY PRESS
浙江大学出版社

图书在版编目（CIP）数据

3D打印技术及应用 / 吴立军等编著. —杭州：浙江大学出版社，2017.11（2024.7重印）
ISBN 978-7-308-17372-8

Ⅰ.①3… Ⅱ.①吴… Ⅲ.①立体印刷－印刷术－教材 Ⅳ.①TS853

中国版本图书馆CIP数据核字（2017）第217077号

内容提要

全书共11章，1～4章主要介绍3D打印技术的概况、原理、3D打印模型应如何创建、3D打印技术应用技巧等，5～10章则是以典型的企业案例为载体，详细介绍SLA、SLS、SLM等主流3D打印技术在企业中的应用，每个项目都由案例描述、设计思路、数据处理、实施过程等部分组成。第11章则详细介绍majics功能及操作方法。

针对教学的需要，本书由浙大旭日科技配套提供教学资源库，由学呗科技提供信息化教学工具（学呗课堂），内容更丰富、形式更多样，教学更简单，可以更好地提高教学的效率、强化教学效果。本书适合用作高校3D打印技术及应用课程的教材，还可作为各类技能培训的教材，也可供相关工程技术人员的培训自学教材。

3D打印技术及应用

吴立军　招　銮　宋长辉　黄　岗　刘　晶　等编著

责任编辑　杜希武
责任校对　陈静毅　汪淑芳
封面设计　刘依群
出版发行　浙江大学出版社
（杭州市天目山路148号　邮政编码310007）
（网址：http://www.zjupress.com）
排　　版　杭州好友排版工作室
印　　刷　广东虎彩云印刷有限公司绍兴分公司
开　　本　787mm×1092mm　1/16
印　　张　17.5
字　　数　436千
版 印 次　2017年11月第1版　2024年7月第5次印刷
书　　号　ISBN 978-7-308-17372-8
定　　价　58.00元

《机械工程系列精品教材》编审委员会

前　言

3D 打印技术也叫“增材制造技术”，是以 3D 设计模型文件为基础，运用可黏合材料，通过逐层堆叠累积的方式构造与模型一致的物理实体的技术。3D 打印技术是新兴制造技术，体现了信息网络技术与先进材料技术、数字化制造技术的密切结合，是先进制造业的重要组成部分，可以极大地提高各个领域中的工作效率。因此，3D 打印技术被誉为“第三次工业革命最具标志性的生产工具”。

经过多年的发展，我国 3D 打印技术取得了长足进展，与世界先进水平基本同步，成功研制出光固化、激光选区烧结、激光选区熔化、激光近净成型、熔融沉积成型、电子束选区熔化成型等工艺装备。3D 打印技术及产品已经在航空航天、汽车、生物医疗、文化创意等领域得到了初步应用，涌现出一批具备一定竞争力的骨干企业。为更好更快地推进增材制造产业的健康有序发展，国务院制定了《国家增材制造产业发展推进计划（2015—2016 年）》。《计划》要求大力推进应用示范，明确指出要组织实施学校增材制造技术普及工程，要在学校配置增材制造设备及教学软件，开设增材制造知识的教育培训课程；支持在有条件的高校设立增材制造课程、学科或专业。

为了满足国内高校开设 3D 打印相关课程教学的实际需要，编者结合近年来的 3D 打印技术发展情况，联合行业知名企业，编写了《3D 打印技术及应用》。本书适合作应用型本科和职业院校 3D 打印技术及应用等课程的教材，还可作为相关技能培训的教材，也可作用相关工程技术人员的自学教材。

本书配套提供教学资源库及信息化教学工具（学呗课堂）。本书读者扫一扫教材封底的下载二维码或各应用市场或 www.walkclass.com 下载“学呗课堂”APP。注册并登录“学呗课堂”，用“学呗课堂”APP 扫一扫教材封底的"（学习版）二维码"，即可获得配套的学习版教学资源；教师版教学资源欢迎来电索取。

本书由浙江科技学院吴立军、硕威三维打印（上海）有限公司招銮、华南理工大学宋长辉、杭州科技职业技术学院黄岗、杭州浙大旭日科技开发有限公司刘晶等编著。限于编写时间和编者的水平，书中必然会存在需要进一步改进和提高的地方。我们十分期望读者及专业人士提出宝贵意见与建议，以便今后不断加以完善。请通过以下方式与我们交流：

- E-mail：book@51cax.com
- 电话：0571－28811226

硕威三维打印（上海）有限公司何德生技术总监和杨耀宇经理提供了强有力的技术支持

和帮助，杭州浙大旭日科技开发有限公司为本书提供配套立体教学资源库，杭州学呗科技有限公司提供教学软件及相关协助，在此表示衷心的感谢。

最后，感谢浙江大学出版社为本书的出版所提供的机遇和帮助。

作　者

2017年8月

目　　录

第 1 章　认识 3D 打印技术

教学目标: 了解 3D 打印技术的概念、系统组成、特点及应用;了解 3D 打印的典型设备及常见的国内外厂商。

教学重点: 3D 打印技术的基本原理、系统组成与特点。

教学难点: 3D 打印设备的系统组成,3D 打印设备的选购。

1.1　什么是 3D 打印

近年来,3D 打印的浪潮影响覆盖甚广,无论在报纸杂志、网络媒体还是电影、电视剧里都能看到 3D 打印的身影,无数关于 3D 打印的网站论坛也陆续出现,突然间 3D 打印聚焦了无数人的眼球,3D 打印也成了科技同行茶余饭后爱讨论的话题。

据悉,全球第一台 3D 打印机出现在 1986 年。至此,3D 打印技术不断在各个领域展现其神奇的魅力,正逐渐融入设计、研发以及制造的各个环节。3D 打印技术已经在人体器官、医药、汽车、太空、艺术、食品、建筑等各领域扮演越来越重要的角色(如图 1-1 所示)。

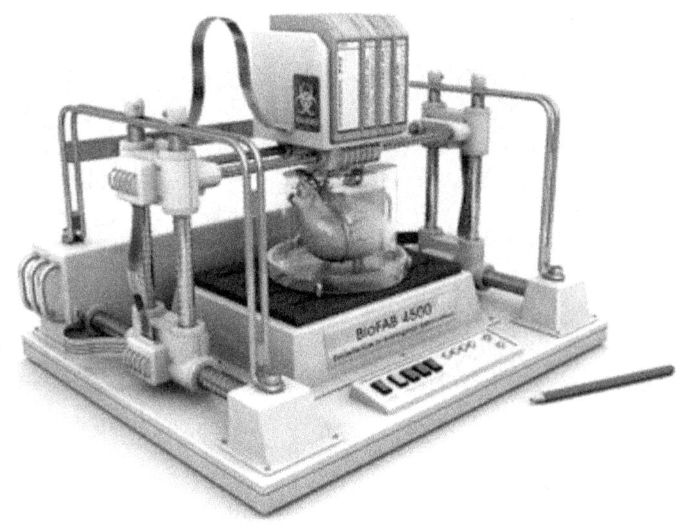

图 1-1　3D 打印心脏

可以这么说,3D 打印技术正推动生产方式的变革,优化传统加工制造方式,催生新的生产模式。3D 打印技术势必成为引领未来制造业趋势的众多突破之一。

以 3D 打印为代表的数字化制造技术,被《经济学人》杂志认为是引发第三次工业革命的关键因素,"其将改写制造业的生产方式,进而改变产业链的运作模式"。

那么,什么是3D打印?

3D打印技术是由数字模型直接驱动,运用金属、塑料、陶瓷、树脂、蜡、纸和砂等可黏合材料,在3D打印机上按照程序计算的运行轨迹,"分层制造,逐层堆积叠加"来构造出与数据描述一致的物理实体的技术,如图1-2所示。利用3D打印技术,可以将虚拟的、数字的物品快速还原到实体世界,得到个性化的产品,尤其是形状复杂、结构精细的物体。

图1-2　快速成型制造模型的过程

准确地讲,3D打印应称为快速成型技术(Rapid Prototyping,RP)。然而,从用户的使用体验而言,快速成型技术设备与普通平面打印机极为相似,都是由控制组件、机械组件、打印头、耗材和介质等组成,打印成型过程也很类似。正是如此,快速成型技术才会被形象地称为3D打印。

3D打印与传统生产制造方式属于不同的技术范畴。传统的生产制造方式属于等材制造或减材制造技术范畴,而3D打印则属于增材制造技术范畴。

等材制造是指在制造过程中,基本上不改变材料的量,或者改变很少。典型的等材制造技术如铸造、焊接、锻压等制造技术(如图1-3所示)。

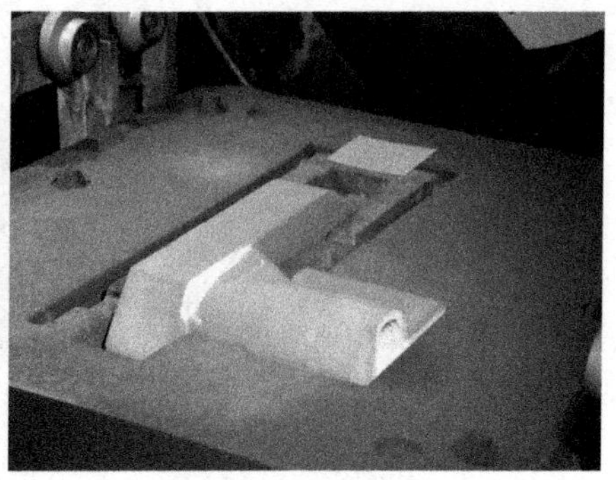

图1-3　铸造、锻压加工

减材制造是指对毛坯进行加工,去除多余的材料,由大变小,最终形成所需要形状的零件。典型的减材制造技术如车削加工、钻削加工、磨削加工等金属切削加工技术(如图1-4所示)。

增材制造是采用材料逐渐累加的方法制造实体零件的技术,相对于传统的材料去除——切削加工技术,增材制造是一种"自下而上"的制造方法,如图1-5所示。

图 1-4　车削加工、钻削加工

图 1-5　增材制造：在工件上激光沉积焊接

1.2　3D 打印技术系统组成

3D 打印机的整个系统是集机械、控制及计算机技术等为一体的机电一体化系统。使用 3D 打印技术制造产品时，需要由软、硬件设备共同协作完成。一般来说，3D 打印技术系统组成主要有软件、硬件两大部分。

1.2.1　3D 打印的软件

3D 打印中使用的软件主要包括：建模软件、数据处理软件、设备控制软件。

1. 建模软件

只有有 3D 数字模型，才可以打印出与 3D 数模一致的实体，3D 数模是 3D 打印的制造依据。

建模软件用以辅助设计人员完成产品的 3D 设计。设计人员通过建模软件，可以在假想空间详细完整地表达产品的设计细节和需求（如图 1-6 所示）。

目前，用于构建 3D 数模的软件有很多，可根据设计对象的形状和用途选择合适的建模软件。常见的三维建模软件详见 3.3 节。

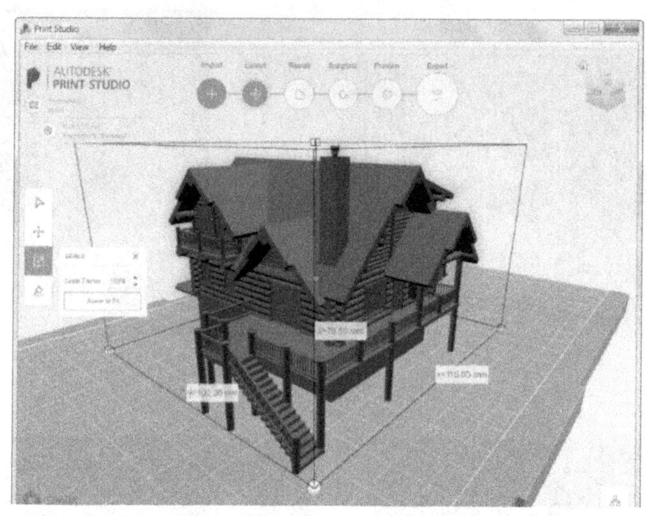

图 1-6　图形设计软件 Autocad 为三维打印推出的增强功能

2. 数据处理软件

3D 打印的基本原理是“分层制造，堆叠成型”。因此，3D 打印之前，需要对三维模型进行数据处理，包括将模型文件从模态结构转化成数字结构，并对转化过程中产生的错误进行检测、数据修复、转换、切片(分层)以及为模型添加必要支撑(便于堆叠)等操作，并生成 3D 打印设备可识别执行的数字文件(如图 1-7 所示)。

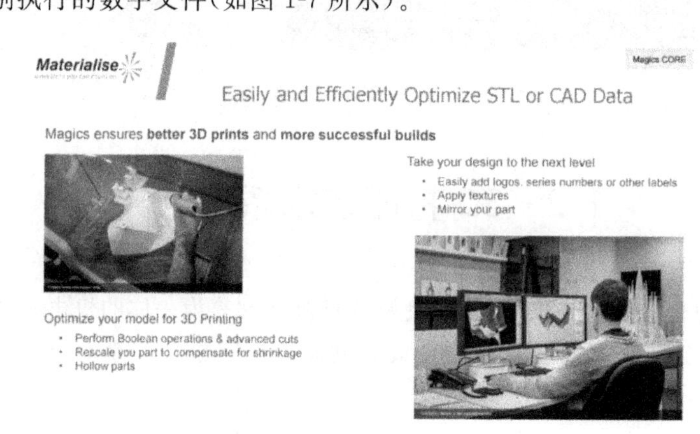

图 1-7　数据处理软件 Magics 在 3D 打印中的应用

3. 设备控制软件

设备控制软件主要是根据导入数据处理生成机器代码，并控制、监测 3D 打印设备完成成型加工。如图 1-8 所示为盈普 TPM3D 设备的控制软件 EliteCtrlSys 的界面。

1.2.2　3D 打印的硬件

3D 打印的硬件主要是指 3D 打印成型设备，俗称 3D 打印机(如图 1-9 所示)，是 3D 打印系统的核心组成。

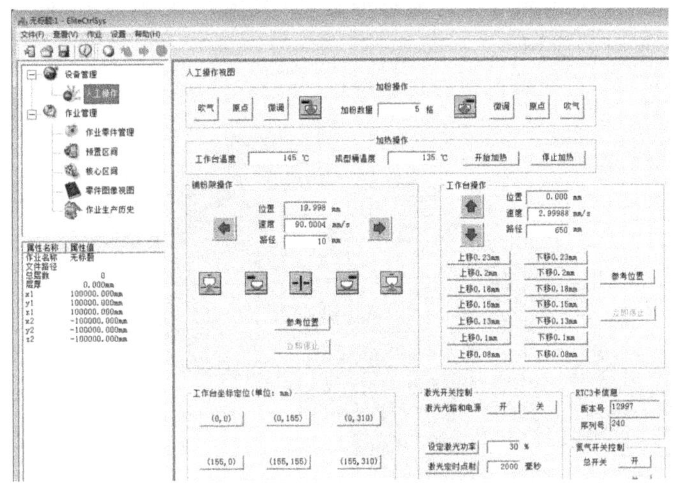

图 1-8 盈普 TPM3D 设备的控制软件 EliteCtrlSys

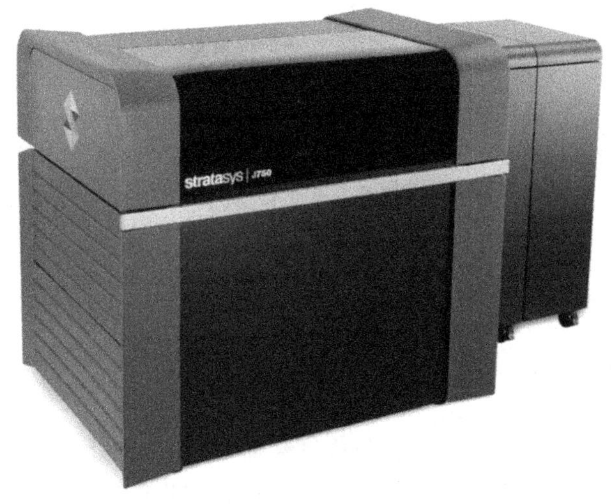

图 1-9 Stratasys 公司的 PolyJet 3D 打印机

3D 打印机的工作过程与普通平面打印机基本相同,打印机内装有打印材料,根据模型的切片信息,按照既定路径逐层打印成型(成型的原理有很多种,详见第 5～10 章),然后层层堆叠,直到形成实体模型。

1.2.3 3D 打印材料

基于 3D 打印的成型原理,打印所用的原材料必须能够液化、粉末化或丝化。同时,保证打印完成后又能重新结合起来,并具有合格的物理、化学性能。

除了模型成型材料,还需要辅助成型的凝胶剂或其他材料,以供支撑或用来填充空间,这些辅助材料在打印完成后需要处理、去除。

现在可用于 3D 打印的材料种类越来越多,树脂、塑料、合金(如镍基铬、钴、铝、钛等)、聚合物、陶瓷、橡胶类材料等都可作为成型原材料(如图1-10所示)。随着技术的发展,3D打印逐渐出现混合材料的应用。

图1-10 3D打印原材料

由于3D打印制造技术完全不同于传统制造工业的方式和原理,是对传统制造模式的一种颠覆。可以这么说,3D打印材料是限制3D打印技术发展的主要瓶颈之一,也是3D打印突破创新的关键点和难点所在,只有进行更多新材料的开发才能更好地拓展3D打印技术的应用领域。

1.3 3D打印的特点

传统制造方式属于减材制造或等材制造技术范畴,适合大批量、规格化生产,成本随量而变;而3D打印属于增材制造技术范畴,能实现"设计即生产",且适合于小量生产,且成本均一,适合定制化。3D打印对原材料的损耗较小,还节省模具制造、锻压等工艺的时间成本和资金成本。与传统制造相比,3D打印技术既有优势也有劣势。

1.3.1 3D打印技术的优势

1. 从制造成本来看

(1)生产周期短,节约制模成本

3D打印技术可将三维数据模型直接制造成实体零件,无须制造模具和试模等传统制造工艺中漫长的试制过程,大大缩短了生产周期,也节约了制模成本。

(2)复杂零件制造能力强

对于3D打印技术而言,制造形状复杂的物体仅是数据模型的不同,制造难易度与制造简单物体并无太大不同,也不会额外消耗更多的时间、材料等成本(如图1-11所示)。而传统加工工艺,对一个复杂形状零件的制造是相当耗时费力的,有的甚至无法制造。

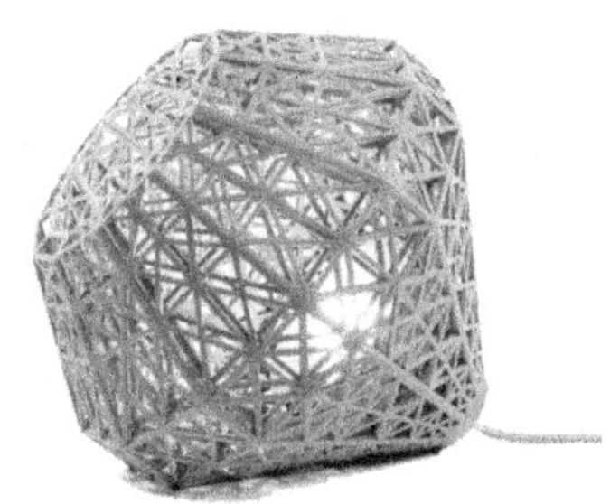

图 1-11　3D 打印复杂结构物体

(3)产品制造多样化

同一台 3D 打印设备按照不同的数据模型使用相同材料，即可实现多个形状不同的物体的制造。而传统制造设备功能较为单一，能够做出产品的形状种类有限，成本相对也较高。

2. 从制造产品来看

(1)可实现个性化产品定制

对于 3D 打印技术，从理论上讲，只要计算机建模设计出的 3D 模型，3D 打印机就可以打印出来。人们可以根据需要对模型进行任何个性化修改，实现复杂产品、个性化产品的生产。这一点在医学领域的应用显得尤为重要和适宜，个性化制造符合患者需求，对患者来讲意义重大，诸如假牙、人造骨骼和义肢等(如图 1-12 所示)。

图 1-12　3D 打印的义肢

(2)产品部件一体化成型

3D 打印可以使部件一体化成型，不需要各个零件单独制造再组装，有效地压缩了生产流程，减少了劳动力的使用和对装配技术的依赖。传统生产中，产品生产是由流水线逐步生产组装的，部件越多，组装和运输所耗费的时间和成本也就越多。

(3)突破设计局限

传统制造受制于生产工具和制造工艺,并不能随心所欲地生产设想中的产品。3D打印技术突破了这些局限,可以轻松实现设计者的各种设计想法,大大拓宽了设计和制造空间。

3. 从生产过程来看

(1)制造技能门槛低

3D打印是由计算机控制制造的全过程,降低了对操作人员技能的要求。不再依赖熟练工匠的技术能力来控制产品的精度、质量和生产速度,开辟了非技能制造的新商业模式,并能在远程环境或极端情况下为人们提供新的生产方式。

(2)废弃副产品较少

3D打印制造的副产品较少。尤其在金属制造领域,传统金属加工浪费量惊人,而3D打印进行金属加工时浪费量很小,节能环保。

(3)精确的产品复制

3D打印依托三维模型生产产品,在同一产品精度的控制方面也是从数据扩展至实体,因而可以精确地创建副本或优化原件(如图1-13所示)。

图1-13 高精度创建实体

(4)材料无限组合

传统制造在切割或模具成型的过程中,不能轻易地将不同原材料结合成一件产品。而3D打印技术却可将以前无法混合的原材料混合成新的材料,这些材料种类繁多,甚至可以被赋予不同的颜色,具有独特的属性或功能(如图1-14所示)。

1.3.2 3D打印技术的劣势

3D打印技术并非"无所不能",还有许多技术困难没有得到完美解决。在产品精度、强度、硬度、实用性等方面还有很大的提升空间。现时技术条件下,3D打印技术仍存在一些缺陷或劣势。

1. 制造精度问题

3D打印技术的成型原理是"逐层制造,堆叠成型",这使得其产品中普遍存在台阶效应(如图1-15所示)。尽管不同方式的3D打印技术(如粉末激光烧结技术)已尽力降低台阶效应对产品表面质量的影响,但效果并不尽如人意。分层厚度虽然已被分解得非常薄(目前,

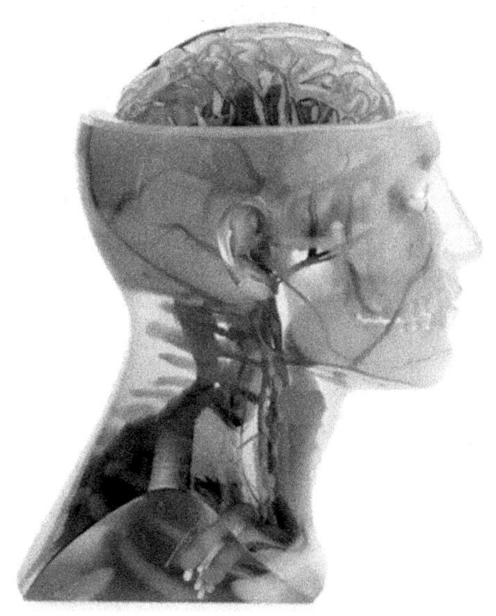

图 1-14　3D 打印多材料混合彩色模型

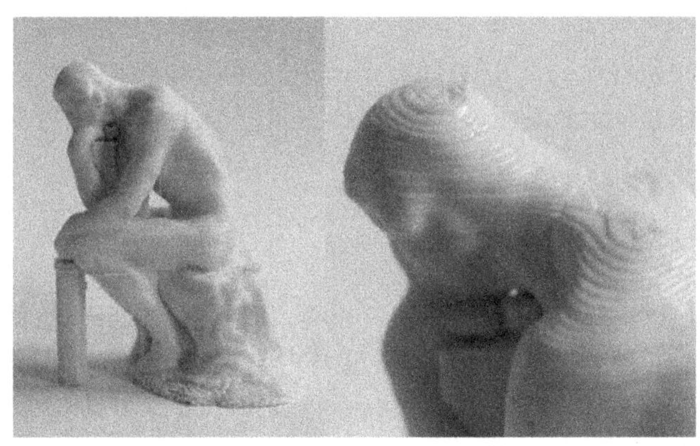

图 1-15　3D 打印产品呈现的台阶效应

层厚可做到 14μm)，仍会形成“台阶”。尤其对于表面是圆弧形的产品来说，精度的偏差是不可避免的。

此外，很多打印方式需要进行二次强化处理，如二次固化、打磨等。处理过程中对产品施加的压力或温度，都会造成产品的形变，进一步造成产品精度降低。

2. 产品性能问题

逐层堆叠成型方式，使得层与层之间的衔接无法与传统制造工艺整体成型产品的性能相匹敌，在一定的外力作用下，打印的产品很容易解体，尤其是层与层之间的衔接处。

现阶段的 3D 打印技术，由于成型材料的限制，其制造的产品在诸如硬度、强度、柔韧性和机械加工性等性能和实用性方面，与传统制造加工的产品还有一定的差距。这一点在民用领域的 3D 打印机上体现得较为明显，大多只用于产品原型或验证设计模型来使用，作为功能部件使用略显勉强。而在工业领域的 3D 打印机，由于在精度、表面质量和工艺细节上有很大提升，在航空航天、医疗、军事等领域有较多的功能性应用。

3. 材料问题

目前可供 3D 打印机使用的材料，虽然种类在不断地扩大，但相对于应用需求来讲还是太少。此外，由于 3D 打印加工成型方式的特殊性，很多材料在使用前需要经过处理制成专用材料（如金属粉末、塑料线材），这使得打印成型的产品在质量上与传统加工产品有一定的差距，影响功能性应用。另外一些快速成型方式制成的产品表面质量较差，需要经过二次加工处理才能应用。对于具有复杂表面的 3D 打印产品，支撑材料难以去除，也对产品质量和应用构成影响。

4. 成本问题

目前高精度的 3D 打印机价格高昂，成型材料和支撑材料等耗材的价格也不菲。这使得在不考虑时间成本时，3D 打印对传统加工的优势荡然无存。

另外，如果打印成品的表面质量不高，后处理成为必要环节时，人力和时间成本也随之上升。

1.4 3D 打印的应用

那么，3D 打印能做些什么？3D 打印技术已经发展近 30 年，它对传统制造业带来的改变是显而易见的。随着技术的发展，数字化生产技术将会更加高效、精准、成本低廉，3D 打印技术在制造业大有可为。

1.4.1 工业制造

3D 打印技术在工业制造领域的应用不言而喻，其在产品概念设计、原型制作、产品评审和功能验证等方面有着明显的应用优势。运用 3D 打印技术能够快速、直接、精确地将设计思想转化为具有一定功能的实物样件。对于制造单件、小批量金属零件或某些特殊复杂的零件来说，其开发周期短、成本低的优势尤为突出，使得企业在竞争激烈的市场中占有先机。

如图 1-16 所示是福特汽车公司为福特汽车爱好者提供的 3D 打印福特汽车模型，并提供了打印数据供下载。3D 打印的小型无人飞机、小型汽车等概念化产品已问世，3D 打印的家用器具模型也被用于企业的宣传和营销活动中。

1.4.2 医疗行业

3D 打印技术在医疗领域发展迅速，市场份额不断提升。3D 打印技术为患者提供了个性化治疗的条件，可以根据患者的个人需求定制模型假体，例如假牙、义肢等等，甚至人造骨骼也已成为现实。

据英国媒体报道，天生右臂缺失的 9 岁男孩 Josh Cathcart 在医院装上了 3D 打印机械手（如图 1-17 所示），通过简单的手势，机械手能够实现不同的持握动作，他可以像其他孩子一样生活和玩乐了。

此外，通过 3D 打印技术可以得到病人的软、硬组织模型，为医生提供准确的病理模型，

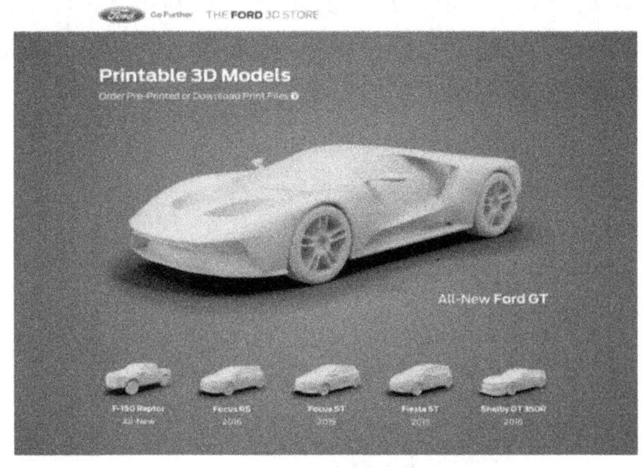

图 1-16 福特汽车 3D 打印模型

图 1-17 使用 3D 打印机械手持握积木的 Josh Cathcart

帮助医生更好地了解病情，合理制定手术规划和方案设计。

另外，研究人员正在研究将生物 3D 打印应用于组织工程和生物制造，期望通过 3D 打印机打印出与患者自身需要完全一样的组织工程支架，在接受组织液后，可以成活，形成有功能的活体组织，为患者进行移植、代替损坏的脏器带来了希望，为解决器官移植的来源问题提供了可能。尽管生物 3D 打印有如此诱人的应用前景，但也会涉及伦理和社会问题，这些都需要制定法律来加以限制。当然，这还只是一种设想，要想变为现实，还需要做很多的科研工作。

1.4.3 航空航天、国防军工

在航空航天领域会涉及很多形状复杂、尺寸精细、性能特殊的零部件、机构的制造。3D 打印技术可以直接制造这些零部件，并制造一些传统工艺难以制造的零件。据媒体报道，一些战斗机、航母、商飞的民用飞机甚至美国国家航空航天局的航天器也正在使用 3D 打印技术。

英国航空发动机制造厂商——罗尔斯·罗伊斯公司利用 3D 打印技术，以钛合金为原材料，打印出了首个最大的民用航空发动机组件，即瑞达 XWB-97 发动机(如图 1-18 所示)的前轴承，是一个类似于拖拉机轮胎大小的组件。

图 1-18　瑞达 XWB-97 发动机

全球四大航空发动机厂商陆续宣布将在不同领域使用 3D 打印技术，美国联合技术公司(United Technologies Corporation, UTC)下属的普惠飞机发动机公司宣布将使用 3D 打印技术制造喷射发动机的内压缩叶片，并在康涅狄格大学成立增材制造中心。霍尼韦尔则在其后宣布将使用 3D 打印技术构建热交换器和金属骨架。对于增材制造技术应用于航空发动机的研发，同为航空发动机四巨头的通用电气(GE)航空、劳斯莱斯则比普惠、霍尼韦尔两家公司早 10 年。

1.4.4　文化创意、数码娱乐

3D 打印独特的技术优势使得它成为那些形状结构复杂、材料特殊的艺术表达产品很好的载体。不仅是模型艺术品，甚至是电影道具、角色等，如洛杉矶特效公司 Legacy Effects 运用 3D 打印技术为电影《阿凡达》塑造了部分角色和道具(如图 1-19 所示)。

图 1-19　Legacy Effects 为《阿凡达》制作角色模型

1.4.5 艺术设计

对于很多基于模型的创意 DIY 手办、鞋类、服饰、珠宝和玩具等等，3D 打印技术也是“手到擒来”，可以很好地展示你的创意(如图 1-20、图 1-21 所示)。设计师可以利用 3D 打印技术快速地将自己所设计的产品变成实物，方便快捷地将产品模型提供给客户和设计团队看，提供及时沟通、交流和改进的可能，缩短了产品从设计到市场销售的时间，以达到全面把控设计的目的。快速成型使更多的人有机会展示他们丰富的创造力，使艺术家们可以在最短的时间内释放出崭新的创作灵感。

图 1-20　3D 打印的珠宝

图 1-21　3D 打印全套《最终幻想 7》人物手办

1.4.6 建筑工程

设计建筑物或者进行建筑效果展示时，常会制作建筑模型。传统建筑模型采用手工制作而成，手工制作工艺复杂，耗时较长，人工费用过高，而且也只能制作简单的外观展示件，无法还原设计师的设计理念，更无法进行物理测试。3D打印可以方便、快速、精确地制作建筑模型（如图1-22所示），展示各种复杂结构和曲面，百分百还原设计师的创意，并可用于外观展示及风洞测试，还可在建筑工程及施工模拟（AEC）中应用。有的巨型3D打印设备甚至可以直接打印建筑物本身（如图1-23所示）。

图1-22 3D打印还原创意积木游戏《我的世界》建筑模型

图1-23 亮相苏州的3D打印豪华别墅

1.4.7 教育

3D打印技术在教育领域也大有作为，为教学提供模型用于验证科学假设，可以覆盖不

同的学科实验和教学。在一些中学、普通高校和军事院校，3D 打印技术已经被用于教学和科研(如图 1-24 所示)。

图 1-24　课堂上的 3D 打印演示

1.4.8　个性化定制

3D 打印技术可以使人们在提供模型数据的条件下，打印属于自己的个性化产品。可以在基于网络数据下载条件下提供个性化打印定制服务。当然，这也会涉及一些诸如知识产权等的法律问题，相关法规有待完善。

以上虽然罗列了 3D 打印技术应用的诸多方面，但是目前还是有许多困难没有得到完美解决，限制了它的普及和推广。未来随着 3D 打印材料的开发，工艺方法的改进，智能制造技术的发展，信息技术、控制技术和材料技术的不断更新，3D 打印技术也必将迎来自身的技术跃进，其应用领域也将不断扩大和深入。

1.5　3D 打印技术现状及展望

1.5.1　3D 打印技术的历史

3D 打印技术起源于 19 世纪末美国研究的照相雕塑和地貌成形技术，到 20 世纪 80 年代后期已初具雏形，其学名为"快速成型"，并且在这个时期得到推广和发展。

1986 年，美国科学家 Charles W. Hull(如图 1-25 所示)，首次在他的博士论文中提出用激光照射液态光敏树脂，固化分层制作三维物体的快速成型概念，他将这项技术命名为立体光敏成型技术(SLA)，并申请了专利。同年，Hull 成立了 3D Systems 公司，开发了第一台商用 3D 打印机，它被称为立体光敏成型设备。

1988 年，3D Systems 公司推出了面向公众的第一款商业化快速成型机 SLA250，它以液态树脂选择性固化的方式成型零件，开创了快速成型技术的新纪元。经过 20 多年的发展，SLA 已经成为当今研究发展最成熟、应用最广泛的典型 3D 打印技术，在全世界安装的快速成型机中光固化成型系统约占 60%。

图 1-25　美国科学家 Charles W. Hull

1988 年，美国科学家 Scott Crump（如图 1-26 所示）发明了熔融沉积成型技术（FDM），成立了著名的 Stratasys 公司。

图 1-26　美国科学家 Scott Crump

1989 年，美国德克萨斯大学奥斯汀分校的 C. R. Dechard 研制成功激光选区烧结技术 SLS，随后组建了 DTM 公司。SLS 使用的材料最广泛，从理论上讲几乎所有的粉末材料都可以打印，如陶瓷、蜡、尼龙，甚至是金属。

1991 年，Helisys 推出第一个叠层法快速成型（LOM）系统。

1992 年，Stratasys 公司在成立 4 年后，推出了第一台基于 FDM 技术的 3D 工业级打印机。同年，DTM 公司推出首台激光选区烧结（SLS）打印机。

1993 年，美国麻省理工学院（MIT）的 Emanual Sachs 教授发明了三维打印技术（Three-Dimension Printing，3DP），类似于在二维打印机中运用的喷墨打印技术。

1995 年，Z Corporation 获得 MIT 的许可，开始开发基于 3DP 技术的打印机。需要注意的是：MIT 发明的 3DP 只是“3D 打印”众多成型技术中的一种而已。我们通常所说的

"3D 打印"并非特指 MIT 的这项 3DP 技术。

1996 年，3D Systems、Stratasys、Z Corporation（以下简称 ZCorp）各自推出了新一代的快速成型设备，此后快速成型便有了更加通俗的称呼——"3D 打印"。

1998 年，Optomec 成功开发 LENS 激光烧结技术。

2000 年，Objet 更新 SLA 技术，使用紫外线光感和液滴喷射综合技术，大幅提高制造精度。

2001 年，Solido 开发出第一代桌面级 3D 打印机。

2003 年，EOS 开发出 DMLS 激光烧结技术。

2005 年，ZCorp 公司推出世界上第一台高精度彩色 3D 打印机 Spectrum Z510，让 3D 打印从此变得绚丽多彩。

2007 年，3D 打印服务创业公司 Shapeways 正式成立，Shapeways 公司提供给用户一个个性化产品定制的网络平台。

2008 年，第一款开源的桌面级 3D 打印机 RepRap 发布，其目的是开发一种能自我复制的 3D 打印机。RepRap 是英国巴斯大学高级讲师 Adrian Bowyer 于 2005 年发起的开源 3D 打印机项目。该项目的目标是使工业生产变得大众化，全球各地的每个人都能以低成本打印 RepRap 的组装件，然后用打印机制造出日常用品。桌面级的开源 3D 打印机为轰轰烈烈的 3D 打印普及浪潮揭开了序幕。值得一提的是，RepRap 打印机创始人 Adrian Bowyer 之前的研究领域是 3D 数字化几何建模。

2008 年，Objet Geometries 公司推出其革命性的 Connex500™ 快速成型系统，它是有史以来第一台能够同时使用几种不同的打印原料的 3D 打印机。

2009 年，Bre Pettis 带领团队创立了著名的桌面级 3D 打印机公司——MakerBot，MakerBot 打印机源自 RepRap 开源项目。MakerBot 出售 DIY 套件，购买者可自行组装 3D 打印机。国内的创客开始了仿造工作，个人 3D 打印机产品市场由此蓬勃兴起。

2010 年 12 月，Organovo 公司，一个注重生物打印技术的再生医学研究公司，公开第一个利用生物打印技术打印完整血管的数据资源。

2011 年，英国南安普顿大学的工程师们设计和试驾了全球首架 3D 打印的飞机。这架无人飞机的建造用时 7 天，费用为 5000 英镑。3D 打印技术使得飞机能够采用椭圆形机翼，有助于提高空气动力效率；若采用普通技术制造此类机翼，通常成本较高。

2011 年，Kor Ecologic 推出全球第一辆 3D 打印的汽车 Urbee。它是史上第一辆用巨型 3D 打印机打印出整个身躯的汽车，所有外部组件也由 3D 打印制作完成。

2011 年 7 月，英国研究人员开发出世界上第一台 3D 巧克力打印机。

2011 年，i. materialise 成为全球首家提供 14K 黄金和标准纯银材料打印的 3D 打印服务商。这在无形中为珠宝首饰设计师们提供了一种低成本的全新生产方式。

2012 年，荷兰医生和工程师们使用 Layer Wise 制造的 3D 打印机，打印出一个定制的下颚假体，然后移植到一位 83 岁的老太太身上。这位老太太患有慢性骨感染。目前，该技术被用于促进新的骨组织生长。

2012 年，英国著名经济学杂志《经济学人》封面文章，声称 3D 打印将引发全球第三次工业革命。

2012 年 3 月，维也纳大学的研究人员宣布利用双光子光刻（two-photon lithography）突破了 3D 打印的最小极限，展示了一辆不到 0.3mm 的赛车模型。

2012 年 3 月，美国总统奥巴马提出投资 10 亿美元在全美建立 15 家制造业创新研究所。

2012 年 7 月，比利时的鲁汉联合工程大学的一个研究组测试了一辆几乎完全由 3D 打印的小型赛车。车速达到了 140km/h。

2012 年 9 月，3D 打印的两个领先企业 Stratasys 和以色列的 Objet 宣布进行合并，合并后的公司名仍为 Stratasys，进一步确立了 Stratasys 在高速发展的 3D 打印及数字化制造业中的领导地位。

2012 年 10 月，来自 MIT 的团队成立 Formlabs 公司，并发布了世界上第一台廉价且高精度的 SLA 个人 3D 打印机 Form 1。国内的创客也由此开始研发基于 SLA 技术的个人 3D 打印机。

同期，中国 3D 打印技术产业联盟正式宣告成立。国内各类媒体开始铺天盖地报道 3D 打印的新闻。

2012 年 11 月，中国宣布是世界上唯一掌握大型结构关键件激光成型技术的国家。

2012 年 11 月，英国科学家利用人体细胞首次用 3D 打印机打印出人造肝脏组织。

2013 年 5 月，美国分布式防御组织发布全世界第一款完全通过 3D 打印制造出的塑料手枪（除了撞针采用金属），并成功试射。同年 11 月，美国 Solid Concepts 公司制造了全球第一款 3D 全金属手枪，采用 33 个 17-4 不锈钢部件和 625 个铬镍铁合金部件制成，并成功发射了 50 发子弹。

2013 年，美国的两位创客（父子俩）开发出家用金属 3D 打印机和基于液体金属喷射打印（LMJP）工艺，价格低于 10000 美元。同年，美国的另外一个创客团队开发了一款名为小型金属制作者（Mini Metal Maker）的桌面级金属 3D 打印机，主要打印一些小型的金属制品，比如珠宝、金属链、装饰品、小型金属零件等，售价仅为 1000 美元。

2013 年 8 月，美国国家航空航天局（NASA）测试 3D 打印的火箭部件，其可承受 2 万磅推力，并可耐 6000 华氏度的高温。

2013 年，麦肯锡公司将 3D 打印列为 12 项颠覆性技术之一，并预测到 2025 年，3D 打印对全球经济的价值贡献将为 2000 亿～6000 亿美元。

2014 年 7 月，美国南达科他州一家名为 Flexible Robotic Environments（FRE）的公司公布了最新开发的全功能制造设备 VDK6000，兼具金属 3D 打印（增材制造）、车床（减材制造，具有铣削、激光扫描、超声波检测、等离子焊接、研磨/抛光/钻孔及 3D 扫描功能。

2014 年 8 月，国外一名年仅 22 岁的创客 Yvode Haas 推出了 3DP 工艺的桌面级 3D 打印机 Plan B，技术细节完全开源，自己组装费用仅需 1000 欧元。

2014 年 10 月，国外 3 名创客成立的 Sintratec 公司，推出了一款 SLS 工艺的 3D 打印机，售价仅为 3999 欧元。

2015 年 3 月，美国 Carbon3D 公司发布一种新的光固化技术——连续液态界面制造（Continuous Liquid Interface Production，CLIP）：利用氧气和光连续地从树脂材料中逐出模型。该技术比目前任意一种 3D 打印技术都要快 25～100 倍。

1.5.2 3D 打印所需的关键技术

3D 打印需要依托多个学科领域的尖端技术，至少包括以下方面：

(1) 信息技术：要有先进的设计软件及数字化工具，辅助设计人员制作出产品的三维数字模型，并且根据模型自动分析出打印的工序，自动控制打印器材的走向。

(2) 精密机械：3D 打印以“逐层叠加”为加工方式。要生产高精度的产品，必须对打印设备的精准程度、稳定性有较高的要求。

(3) 材料科学：用于 3D 打印的原材料较为特殊，必须能够液化、粉末化、丝化，在打印完成后又能重新结合起来，并具有合格的物理、化学性质。

1.5.3 3D 打印技术的现状

3D 打印技术作为一种快速成型技术发展迅猛，并且正迅速改变着人们的生产生活方式。经过多年的探索和发展，3D 打印有了长足的发展。不仅形成了几十种各具特色的 3D 打印技术，如熔融沉积成型(FDM)、选择性激光熔化成型(SLM)、激光选区烧结(SLS)等，而且在成型速度、精度等方面也得到了提升。如已经能够在 0.01mm 的单层厚度上实现 600dpi 的精细分辨率，国际上较先进的产品可以实现每小时 25mm 厚度的垂直速率，并可以实现 24 位色彩的彩色打印。

目前，在全球 3D 打印机行业，美国 3D Systems 和 Stratasys 两家公司的产品占据了绝大多数市场份额。此外，在此领域具有较强技术实力和特色的企业/研发团队还有美国的 Fab@Home 和 Shapeways、英国的 RepRap 等。3D Systems 公司是全世界最大的快速成型设备开发公司。于 2011 年 11 月收购了 3D 打印技术的最早发明者和最初专利拥有者 Z Corporation 公司之后，3D Systems 奠定了其在 3D 打印领域的龙头地位。Stratasys 公司于 2010 年与传统打印行业巨头惠普公司签订了 OEM 合作协议，生产 HP 品牌的 3D 打印机。继 2011 年 5 月收购 Solidscape 公司之后，Stratasys 又于 2012 年 9 月与以色列著名 3D 打印系统提供商 Objet 宣布合并。当前，国际 3D 打印机制造业正处于迅速兼并与整合的过程中，行业巨头正在加速崛起。

在欧美发达国家，3D 打印技术已经初步形成了成功的商用模式。如在消费电子业、航空业和汽车制造业等领域，3D 打印技术可以以较低的成本、较高的效率生产小批量的定制部件，完成复杂而精细的造型。另外，3D 打印技术获得应用较多的领域是个性化消费品产业。如纽约一家创意消费品公司 Quirky 通过在线征集用户的设计方案，以 3D 打印技术制成实物产品并通过电子市场销售，每年能够推出 60 种创新产品，年收入达到 100 万美元。

我国也积极探索 3D 打印技术的研发与应用。自 20 世纪 90 年代初以来，清华大学、西安交通大学、华中科技大学、中国科技大学、北京航空航天大学、西北工业大学等多所高校积极致力于 3D 打印技术的自主研发，在 3D 打印设备制造技术、3D 打印材料技术、3D 设计与成型软件开发、3D 打印工业应用研究等方面取得了不错的成果，有部分技术已经处于世界先进水平。

据中投顾问《2016—2020 年中国 3D 打印产业深度调研及投资前景预测报告》，目前中国制造的 3D 打印设备，超过七成销往海外市场。但欧美的 3D 行业比我们成熟很多，尤其是工艺技术、研发投入、人才基础、产业形态、材料等领域。

1.5.4 3D打印市场概况

3D打印市场规模呈几何级增长态势，预计2020年将突破210亿美元。2013年全球3D打印产品和服务市场增长34.9%，达到30.7亿美元，这是3D打印行业最近17年来增长速度最快的一年。而过去26年的平均年增长率为27%，最近3年的年复合增长率为32.3%。预计2015年全球3D打印产业的市场规模将达到60亿美元，2018年将比2013年翻4倍达到125亿美元，而2020年将突破210亿美元。

中国市场潜力巨大，从2010年开始3D打印行业整体收入进入加速期。2012年全球3D打印整体收入约为22.04亿美元，主要包括设备、材料和服务三个部分，较2011年的17.14亿增长了28.6%；2011年和2010年，这一增长率分别为29.4%和24.1%，预计行业整体增速持续保持在20%左右。在3D打印设备和材料方面，2012年的收入约为10.03亿，较2011年的8.34亿增长了20.3%，2011年和2010年，这一增长率分别为28%和22.9%。在3D打印服务收入方面，2010年、2011年和2012年的增长率分别为25.3%、30.7%和36.6%，收入增长呈现加速趋势。中国或将取代美国成为全球最大的3D打印市场。

目前，美国、日本、德国占据了3D打印市场的主导地位，尤其是美国占据了全球近38%的比重。具体公司而言，主要包括3D Systems(美国)、Stratasys(美国)、ExOne(美国)、EOS(德国)、Solido(以色列)、Envisiontec(德国)等，这些公司分别在特定领域和细分市场具有优势，目前这些企业占据了全球市场90%的市场份额。

1.5.5 3D打印技术的发展趋势

3D打印技术的确可以改变产品的开发、生产，但说3D打印是“第三次工业革命”有点言过其实。单件小批量、个性化及网络社区化的生产模式，决定了3D打印技术与传统制造技术是一种相辅相成的关系。3D打印设备在软件功能、后处理、设计软件与生产控制软件的无缝对接等方面还有许多问题需要优化。未来，3D打印技术将体现出智能化、便捷化、低成本、高精度、高性能、标准化等主要趋势。

提升3D打印的速度、效率和精度，开拓并行打印、连续打印、大件打印、多材料打印的工艺方法，提高成品的表面质量、力学和物理性能，以实现直接面向产品的制造；开发更为多样的3D打印材料，如智能材料、功能梯度材料、纳米材料、非均质材料及复合材料等，特别是金属材料直接成型技术有可能成为今后研究与应用的又一个热点；3D打印机的体积小型化、桌面化，成本更低廉，操作更简便，更加适应分布化生产、设计与制造一体化的需求以及家庭日常应用的需求；软件集成化，实现CAD/CAPP/RP的一体化，使设计软件和生产控制软件能够无缝对接，实现设计者直接联网控制的远程在线制造；拓展3D打印技术在生物医学、建筑、车辆、服装等更多行业领域的创造性应用。

1.6 典型设备及厂商介绍

1.6.1 典型 3D 打印设备

市面上的 3D 打印设备可分为两类:桌面级 3D 打印机和工业级 3D 打印机。前者以民用为主,后者偏向工业应用。两种均有 FDM(熔融沉积成型)、SL(立体光固化成型)、SLS(激光选区烧结成型)、SLM(激光选区熔化成型)、LOM(叠层实体制造)等不同型号。

1. 工业级 3D 打印设备

工业级 3D 打印机(如图 1-27 所示),精度高、成品率高、尺寸大,常被称为快速成型机。

图 1-27 工业级 3D 打印机

工业级 3D 打印设备多应用于制造业的工业新产品设计、试制和快速制作模型等(如图 1-28所示),也可用于医疗行业某些特殊医疗器械的制造、建筑模型制作和创意产品玩具模型克隆等。这些设备主要应用于专业化、重量级的产品原型设计,价格昂贵,系统复杂,适用于专业人士。

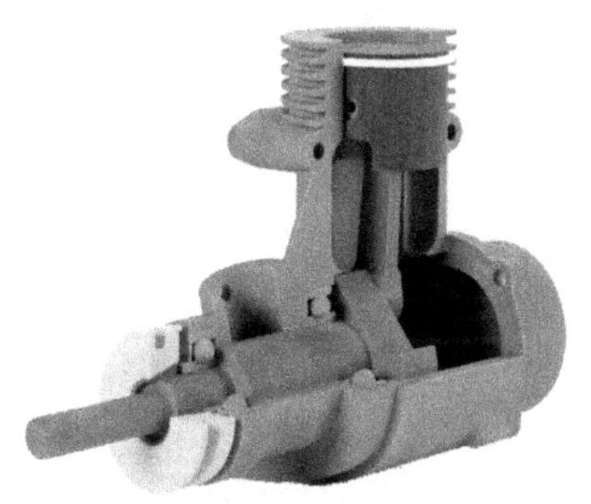

图 1-28 3D 打印制作的机械模型

工业级3D打印设备多采用光固化成型法、喷墨成型法、热熔融树脂沉积法、粉末烧结法和利用树脂固定石膏法等成型方式(如图1-29、图1-30所示)。

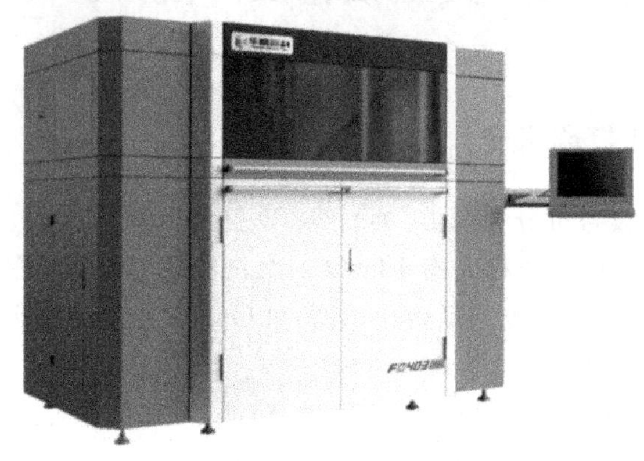

图1-29　华曙FS 403P

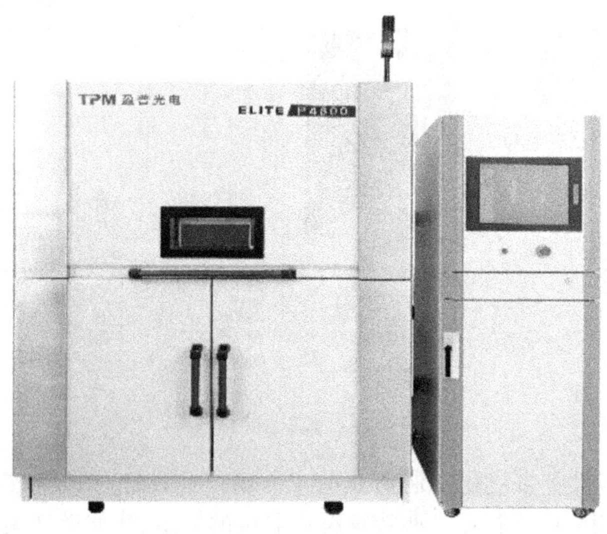

图1-30　盈普TPM 3D ELITE P4800

由于成品大小、可使用的材料种类、叠加层厚度的细致程度等因素造成了工业级3D打印设备的市场价格差异。这些设备少则几万、十几万,多则几十万、数百万,有些成型方式甚至只有数百万的高端机型才能采用。在日常工作和生活中,并不能够轻易接触到工业级的3D打印设备。

工业级3D打印设备代表着最前沿的3D打印技术。在工业机型上,新技术总是能最快地转化为生产力并实现商业价值,同时反向推动3D打印技术的发展。这样一来在消费领域,更先进、更好用的3D打印设备也会被更快地推出。

2. 桌面级3D打印设备

随着技术的发展和消费者需求的变化,3D打印机褪去神秘面纱,开始走进业余爱好者和设计师的工作台,桌面级3D打印机由此而生。桌面级3D打印设备是面向普通大众、教

育机构以及爱好者等的设备系统(如图 1-31 所示)。桌面级 3D 打印设备目前主要以 FDM(热熔融树脂沉积法)和 SLA(激光立体光固化成型)两种技术为主,市面上的产品大部分以 FDM 技术为主,SLA 的产品还相对较少。

图 1-31　MakerBot 桌面级 3D 打印设备

桌面级 3D 打印设备对于 3D 打印的知识普及有很大的推动作用。相对于工业级设备来说,其在价格上更加亲民,目前大多数桌面级 3D 打印设备的售价在 2 万元人民币左右,一些国内产品价格可以低至几千元,使得这些设备可以走进课堂甚至家庭,让更多的人认识 3D 打印,有利其科普工作(如图 1-32 所示)。

图 1-32　桌面级 3D 打印设备及其产品

然而,桌面级 3D 打印设备精度不尽如人意,与工业级 3D 打印设备相比,可以说相去甚远。如目前工业级打印层厚能做到 14μm,而桌面级 3D 打印机的精度在 0.1mm 左右,打印出来的产品有很明显的分层感,比较粗糙。其次,桌面级 3D 打印设备能使用的材料还仅限于塑料,因此使用范围非常有限。对于个人家庭用户来说,打印物品前的数据建模和数据转换也是问题之一。这些桌面级设备普及的障碍也体现在近年来的销售数据中。桌面级 3D 打印设备还需在未来发展上思考更多。

1.6.2　3D 打印厂商简介

2010 年以来,全球 3D 打印市场进入高速运转阶段。特别是我国由于国家政策的大力支持，3D 打印技术得到了快速的发展。根据 2016 年 3 月硅谷动力推出的 2015 全球 3D 打印企业排行榜看，虽然 3D systems 等国外老牌企业仍处于全球 3D 打印公司中的靠前位置。但随着我国 3D 打印技术的不断发展，有些国内企业已逐步缩小了与国际大企业的差距，有的还掌握了自主研发专利技术。目前，国内外主流 3D 打印厂商如表 1-1 所示。

表 1-1　主流国内外 3D 打印厂商

公司名称	简介
美国 3D Systems 公司	3D 打印行业先驱者。全球市值最大的 3D 打印公司及 3D 打印全套产业提供商，分支机构遍布美国、欧洲和亚太地区。旗下 3D 打印机、打印材料、线上按需定制零部件服务和 3D 端到端解决方案等产品及业务丰富，从民用到高端均有涉猎。3D Systems 是当下行业里使用 SLA 技术（激光立体光固化成型法）占比最大的公司。
美国 Stratasys 公司	由美国 Stratasys 和以色列 Objet 两个公司合并而成，是全球 3D 打印行业中的领先者。公司业务主要集中在制造 3D 打印设备以及可直接根据数字数据创建物理对象的材料，其系统种类繁多，从经济实惠的桌面型 3D 打印机到大型的高级 3D 制造系统，产品应用遍布工业制造、教育、工程设计、艺术设计等领域。
美国惠普公司	HPInc.（即惠普公司）专门成立了一个研发 3D 打印机及其衍生服务和产品的新部门。不仅正式发布了其最新的集成了整个“3D 打印生态系统”的台式电脑 Sprout，而且还与行业各大软件巨头以及相关产品公司共同组成了一个 3D 打印联盟。
德国 EOS 公司	老牌德国工业巨头，1989 年成立之后，一直专攻粉末选择性激光选区烧结技术（SLS），在这个领域处于世界领先地位，尤其是在塑料类材料的粉末烧结成型领域的成就更是得到业内认可。在 3D 打印精度和打印质量方面居于行业领先的位置。EOS 主要提供世界著名的快速成型设备制造服务以及 E 制造方案，其设备主要涉及 3D 打印的光固化工艺和选择性激光选区烧结（SLS）工艺，特别是 SLS 技术更是受到业内一致好评。主要快速成型产品有 Formigap 系列、Eosintp 系列、Eosints 系列和 Eosrntm 系列等，其服务的产品涵盖了汽车、飞机、发动机、医疗、民用、机电设备、工业工具等领域。
杭州先临三维科技股份有限公司	公司是一家专业提供三维数字化技术综合解决方案的国家火炬计划高新技术企业。公司专注于三维数字化与 3D 打印技术，致力于融合这两项技术，为制造业、医疗、文化创意、教育等领域的客户创造价值。 公司自主研发的 instart-L 系列桌面机产品获得了国际上严格的 UL 产品认证，并被正式列为世界上最安全的桌面级 3D 打印机之一。先临三维旗下子公司杭州捷诺飞也成为中国首家生物打印公司，并凭借肝单元批量打印技术轰动整个 3D 打印界。
上海联泰科技股份有限公司	公司是国内最早从事 RP 技术服务的企业，产业规模一直位居国内同行业前列。其 RS 系列激光快速成型机是国内快速成型制造设备的典型代表之一，并在汽车、航空航天、电子、家电、工业设计以及高等教育等国民经济的“主战场”得到广泛应用。出口多个国家和地区，产生了显著的社会效益。 联泰科技的 SLA 系统在市场上也占据了相当一部分份额。公司的业务方向是以三维数字化制造技术为基础，致力于为多行业用户提供快速制造的整体解决方案。

续表

公司名称	简介
湖南华曙高科技有限责任公司	公司是一家集研发、生产、销售、服务于一体的高新技术企业，专业从事不同材料产品(包括塑胶、金属、陶瓷等)的 3D 打印技术研究，公司主攻激光选区烧结(SLS)设备制造、材料生产和加工服务三项业务，服务于汽车、军工、航空航天、机械制造、医疗器械、房地产、动漫、玩具等行业。
北京太尔时代科技有限公司	公司主要从事快速成型系统、快速制模设备以及专用耗材的开发、设计、生产和销售。其桌面级 3D 打印机 UP! 在国际上颇负盛名，在小型产品打样、产品展示、市场调研、教学实践及个人 DIY 方面均受到海内外客户青睐。公司全系列产品及其工程化开发流程拥有完全自主的知识产权，能够大规模地生产世界先进的数字熔融挤压快速成型制造系统，是我国率先进入快速成型领域的经济实体之一。公司产品广泛服务于工业制造、航空航天、动漫设计、医疗、教育等多个领域。
广州雷佳增材科技有限公司	公司是一家专业从事金属 3D 打印设备研发、制造、销售以及提供 3D 打印服务的高新技术企业。公司创始团队由华南理工大学增材制造 3D 打印团队联合创立，公司在 LaserAdd 系列工业级金属 3D 打印机有多年的技术积累，包括 DiMetal-50，DiMetal-100 等面向精密加工与科研教育的市场产品。设备可加工材料包括钛合金，高温合金，钴铬合金，不锈钢以及铝合金等多种金属粉末。主要应用于航空航天，汽车制造，生命科学，口腔医疗，工业手板，模具生产等领域。
北京隆源自动成型系统有限公司	公司研发 AFS 系列选区粉末烧结激光快速成型机并取得自主知识产权，该设备被广泛应用于科研院校、航空航天、船舶兵器、汽车摩托车、家电玩具和医学模型等行业的设计试制部门。
北京殷华激光快速成型与模具技术有限公司	公司主要从事快速成型系统软硬件研发、快速制模设备以及专用耗材的开发、生产和销售。公司联合上游的机械产品三维设计软件供应商和下游的真空注型、逆向工程设备厂商，为客户提供全面的产品开发、试制、小批量生产解决方案。
飞而康快速制造科技有限公司	公司致力于生产航空级钛合金粉末，同时利用增材制造技术(即 3D 打印)及热等静压技术，近净成型加工复杂部件，并为熔模铸造加工精密模具。产品主要应用于航空航天、汽车、石油化工与天然气行业，也可用于医疗器械、电子器件等行业。
陕西恒通智能机器有限公司	公司开发出激光快速成型机、紫外光快速成型机、真空浇注成型机、三维面扫描抄数机、三维数字散斑动态测量分析系统等 10 种型号 20 余个规格的系列产品以及 9 种型号的配套光敏树脂等多项处于国内领先、国际先进的技术成果。

1.6.3 如何选购 3D 打印机

购买前首先确定哪种打印机符合自己的需求，从众多品牌和型号中选择合适的 3D 打印机，似乎是一项艰巨的任务。

3D 打印技术是将数字数据转变成实物的打印技术，各台 3D 打印机之间的实现效果存在着巨大的差异。3D 打印机可以使用各种材料，材料在结构属性、特性定义、表面光洁度、耐环境性、视觉外观、准确性和精密度、使用寿命、热性能等方面各不相同。

因此，选购 3D 打印机最重要的是要先确定 3D 打印的主要应用。根据应用需求和能够提供最佳综合价值的关键性能指标来进行选择。可重点考虑以下这些具体的性能属性，比较预备购买的 3D 打印机。

1. 打印速度

因供应商和实现技术的不同，“打印速度”的含义不尽相同。打印速度可能是指单个打印作业在 Z 轴方向打印一段有限距离所需的时间(例如，每小时在 Z 轴方向打印的英寸或毫米值)。拥有稳定垂直构建速度的 3D 打印机通常采用这种表达方式。其垂直打印速度与打印部件的几何形状和(或)单个打印工作的部件数无关。垂直构建速度快且因部件几何形状或打印部件数而产生很少或不产生速度损失的 3D 打印机，是概念建模的首选。因为这类打印机能够在最短时间内快速生产大量替换部件。

另一种描述打印速度的方式是打印一个具体部件或者具体体积所需的时间。采用此描述方法的打印技术通常适用于快速打印单个简单的几何部件，但遇到额外的部件被添加到打印作业中，或者正在打印的几何形状复杂性和(或)尺寸增加时，就会出现减速。由此产生的构建速度变慢，导致决策过程的延长，削减个人 3D 打印机在概念建模方面的优势。然而，打印速度始终是越快越好，对概念建模应用而言更是如此。垂直构建速度不受打印数量和复杂度影响的 3D 打印机，是概念建模应用的首选，因为它们可以快速地大量打印不同的模型，用于同时进行比较，这就能加速和改善早期决策过程。

2. 部件成本

部件成本通常表示为每单位体积的成本，如每立方英寸的成本或每立方厘米的成本。即使是同一台 3D 打印机，打印单个零部件的成本也会因为几何形状的不同而相差很大，所以一定要了解供应商提供的部件成本是指某一特定部件，还是各类部件的平均值。根据您自己常用的典型零部件 STL 文件包来估算部件成本，往往更有助于决定期望的部件成本。

一些 3D 打印机厂商的部件成本只是指某特定数量打印材料的成本，而且这个数量仅仅是成品的测量体积。这种计算方法并不能充分体现真实的部件打印成本，因为它忽略了使用到的支撑材料、打印工艺产生的过程损耗及打印过程中使用的其他消耗品。各种 3D 打印机的材料使用率有显著的差异，因此了解真实的材料消耗是准确比较打印成本的另一个关键因素。

需要注意的是：一些 3D 打印机在打印过程中会将昂贵的构建材料融入支持材料，共同进行支撑，这就增加了打印过程中消耗材料的总成本。这些打印机通常还会产生大量的过程损耗，因此在打印同一组部件的情况下，会比其他打印机使用更多的材料。

3. 最小细节分辨率

分辨率是 3D 打印机最令人困惑的指标之一，应谨慎使用。分辨率可以写成每英寸点数(DPI)、Z 轴层厚、像素尺寸、束斑大小和喷嘴直径等等。尽管这些参数有助于比较同一类 3D 打印机的分辨率，但是很难用来比较不同的 3D 打印技术。最好的比较策略是亲自用眼睛去鉴定不同技术打印出来的部件成品。查看锋利的边缘、拐角清晰度、最小细节尺寸、侧壁质量和表面光滑度。使用数字显微镜会有助于部件成品的鉴定，因为这种廉价设备可放大并拍摄微小的细节以便于比较。对 3D 打印机进行鉴定测试时，至关重要的是打印部件能准确地呈现设计效果。根据鉴定测试方式，对最小细节质量进行妥协，降低测试结果的准确度。

4. 准确度

3D打印通过层层叠加的制造方式，将材料从一种形态处理成另一种形态，从而创造出打印部件。处理过程中可能会出现变数，如材料收缩——在打印过程中，必须进行补偿以确保最终部件的准确度。粉末材料的3D打印机通常使用黏合剂，打印过程中拥有最小的收缩变形度，因而成品准确度往往较高。塑料3D打印技术一般通过加热、紫外线光或两者共用来处理打印材料，这就增加了影响准确度的风险因素。其他影响3D打印准确度的因素还包括部件尺寸和几何形状。有些3D打印机提供不同的打印准备工具，可以为特定的几何形状细调准确度。制造商宣称的准确度一般是指特定测试部件的测量值，实际情况会因部件的几何形状而有所不同，所以有必要先确定应用领域的准确度要求，然后使用该应用涉及的几何形状进行测试打印。

5. 材料属性

了解预期的应用和所需材料的特性，对于选择3D打印机来说很重要。每种技术各有优缺点，它们都应作为选择个人3D打印机的考虑因素。

- 概念建模应用，实际的物理特性可能没有部件成本和模型外观那么重要。概念模型主要用于可视化效果的沟通，可能使用后很快就被丢弃。

- 验证模型可能需要模拟最终产品的效果，需要实现与最终生产材料接近的功能特征。快速生产应用的材料可能需要具有可铸性或耐高温。最终使用零部件一般需要在较长的时间内保持牢固。

每种3D打印技术都受限于具体的材料类型。对于个人3D打印，材料大致可分为金属、塑料、蜡、树脂等。您应该以哪类材料最符合价值和应用范围要求为依据，来选购3D打印机。与单台3D打印机相比，多种技术的结合可提高打印灵活性，扩展应用领域。通常，比起使用一台昂贵的系统设备，组合使用两台不太贵的3D打印机虽然预算相同，但是可以实现更高的价值，提供更大的应用范围和打印能力。

6. 色彩

有三大类彩色3D打印机：可选颜色的打印机，但同一时间只能打印一种颜色；基本色打印机，可以在一个部件上打印几种颜色；全彩打印机，可以在单个部件上打印数千种颜色。

Stratasys的J750 3D打印机是全球第一款全彩多材料的3D打印机，可以同时打印6

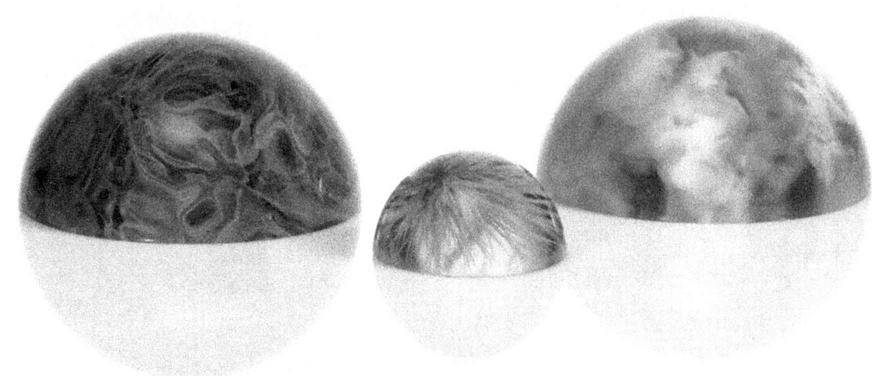

图1-33　J750 3D打印机利用Voxel Print软件制作的逼真模型

种材料，实现 36 万种颜色，同时打印硬脂和软胶材料，模拟不同的色彩、透明度和纹理。Stratasys 在 J750 系统上推出了 Voxel Print 软件，可以在立体像素级别控制材料，能够实现能逼真丰富的颜色并创造和混合更多的数字材料。

3D Systems 公司的 ZPrinter 3D 打印机的全彩打印，可以达到与 3D 打印模型一致的颜色，包括彩色文档打印机能呈现在纸张上的 390,000 种颜色以及几乎无限的色彩组合，因此能打印出令人难以置信的逼真模型。除了能在正确的位置显示相应的逼真色彩外，ZPrinter 可以直接在模型上打印照片、图形、标志、纹理、文本标签、有限元分析结果等，可以生产出以假乱真的模型。

3D 打印技术能够激活整个创作过程，从最初的概念设计到最终的产品制造，以及之间的所有步骤。不同的应用会有不同的需求，了解这些应用需求是选择 3D 打印机的关键。

表 1-2 列举了几种类型的 3D 打印机。

表 1-2　几种常见 3D 打印机

名称	特点	样式图例
并联臂 3D 打印机	这种打印机使用并联结构，刚度相同的情况下重量减轻很多，在运输方面有一定的优势。	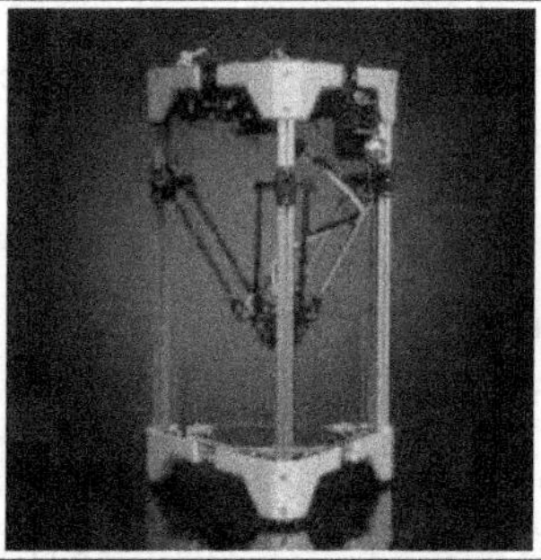
龙门式简易 3D 打印机	这种结构目前是做得最便宜的，也是最不稳定的结构，因为大多数厂家在零件固定处并没有做可靠连接，用料也常常用得较便宜。	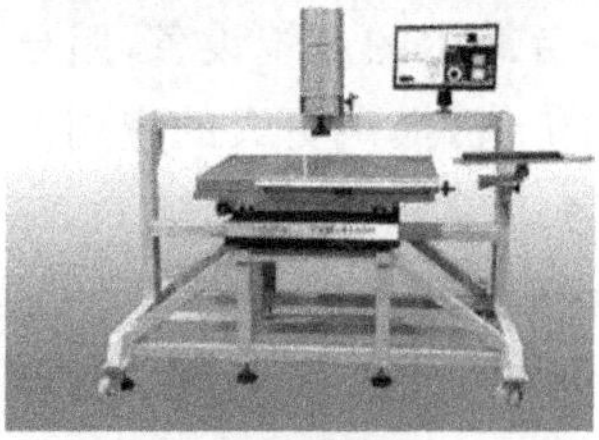
桌面级 3D 打印机	这类打印机的特点就是体型小且简单，常常用于打印一些小型工艺品和小型部件。家庭购买的话一般会考虑此类打印机或者龙门式简易 3D 打印机。	
激光烧结成型 3D 打印机	激光烧结成型打印机应该是 3D 打印机中最贵的，一个激光头价格就可以达到几十万到一百多万。	

1.7 本章小结

本章主要介绍了 3D 打印技术的定义、基本原理、3D 打印技术系统组成、工程应用案例、3D 打印技术的现状及发展趋势，讨论了 3D 打印技术与传统制造方式相比的优势和劣势。最后介绍了典型 3D 打印设备、国内外主流厂商，以及如何选购 3D 打印设备。

习 题

1. 什么是 3D 打印技术?
2. 3D 打印系统主要由哪些部件构成?
3. 简述 3D 打印技术的特点。
4. 如何选购一台 3D 打印机?
5. 简述增材制造 3D 打印对经济的促进作用。

第2章 3D打印的原理

教学目标：了解3D打印的基本原理及工作流程，对不同3D打印工艺类型及打印材料有一定的了解。

教学重点：理解3D打印工艺类型的成型原理，理解3D打印相关材料的特点、适用情况等。

教学难点：理解与掌握不同3D打印工艺类型，掌握3D打印产品原料的区别与选用。

2.1 3D打印基本原理

3D打印技术是“增材制造”的主要实现形式。它有很多种成型工艺，有些成型工艺看似没有明显的材料叠加过程，但无论哪种工艺，实际上都是“分层制造，逐层叠加”，即以逐(薄)层打印、逐(薄)层叠加的方法来实现的。如图2-1所示为从数模到实物的桌面3D打印系统。

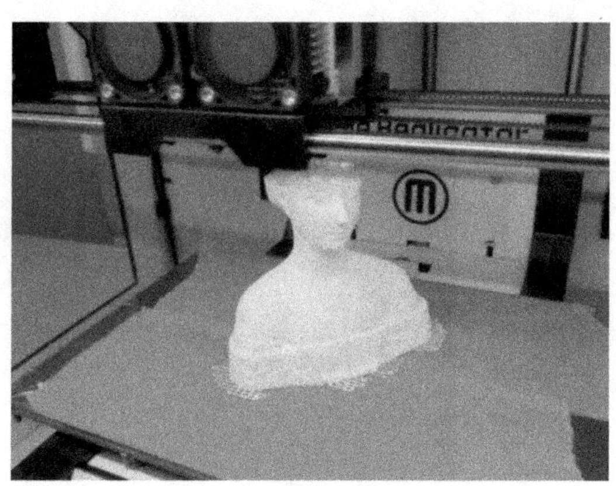

图2-1 3D从数模到实物

我们可以想象一下采用3D打印技术制作一头小象模型的过程。

(1)利用三维建模软件建立小象的三维数据模型。

(2)将三维数据模型转换成3D打印系统可以识别的文件，并进行数据分析，将模型进行切片处理，得到适应打印系统的小象分层截面信息。

(3)3D打印设备按照数据信息每次制作一层具有一定微小厚度和特定形状的截面，并逐层黏结，层层叠加，最终得到小象模型。整个制造过程在计算机的控制之下，由3D打印系统自动完成(如图2-2所示)。

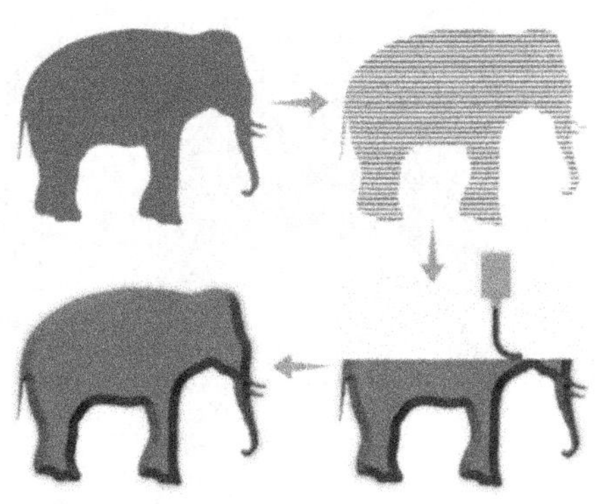

图 2-2　从数模到实物的过程

2.2　3D 打印工作流程

3D 打印从设计到分析再到制造生产的整个流程如图 2-3 所示。

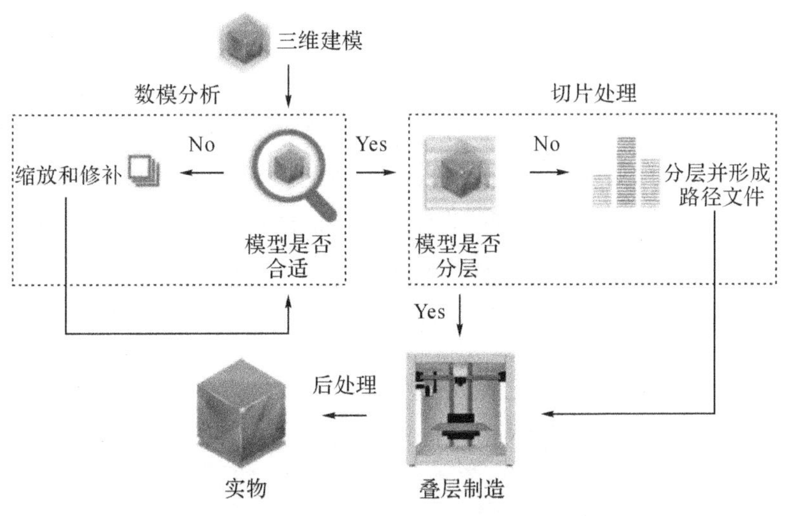

图 2-3　3D 打印成型实施流程

2.2.1　三维建模

3D 打印制造过程的开始和普通打印机一样，也需要一个打印源文件，有了这个数字模型文件，才能进行下一步的工作。3D 打印的数据模型源文件一般是由 3D 制图或建模软件绘制，属于软件生成的矢量模型(如图 2-4 所示)。通过三维建模，将我们对产品的创意落实成为第三人或机器可以理解的形式，是将创意转化为实物的第一步。三维模型设计好后，还要进行分析检查，看模型是否适合进行“打印”，需不需要进行表面平滑处理和瑕疵修正等。

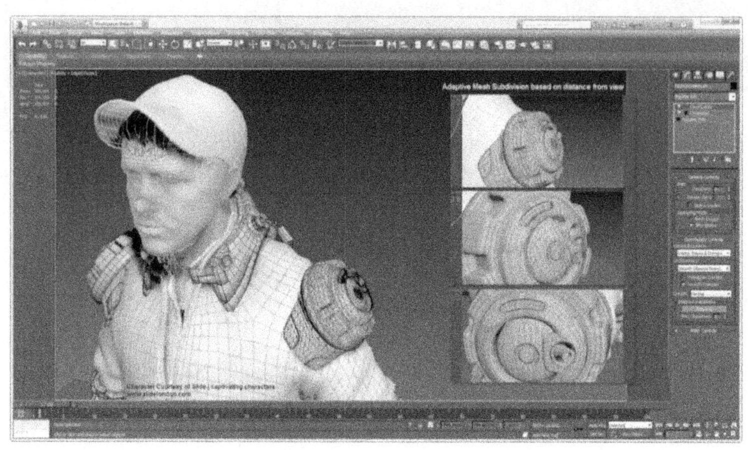

图 2-4　3Dmax 制作的三维数据模型

2.2.2　切片处理

3D 模型必须经由两个软件的处理才能完成“打印程序”：切片与传送。切片软件（如图 2-5所示）会将模型细分成可以打印的薄度，然后计算其打印路径，也就是得到分层截面信息，从而指导成型设备逐层制造。

切片处理后，设计模型文件将转换为 STL 格式文件。STL 文件格式是设计软件和成型系统之间协作的标准文件格式，它的作用是将设计的复杂细节转换为直观的数字形式。STL 文件使用三角面来近似模拟物体的表面，三角面越小其生成的表面分辨率越高，STL 文件的每个虚拟切片都反映着最终打印物体的一个横截面。STL 文件准备就绪，连接 CAD 和 CAM 的桥梁就已基本完成。成型设备的客户端软件读取 STL 文件，将这些数据传送至

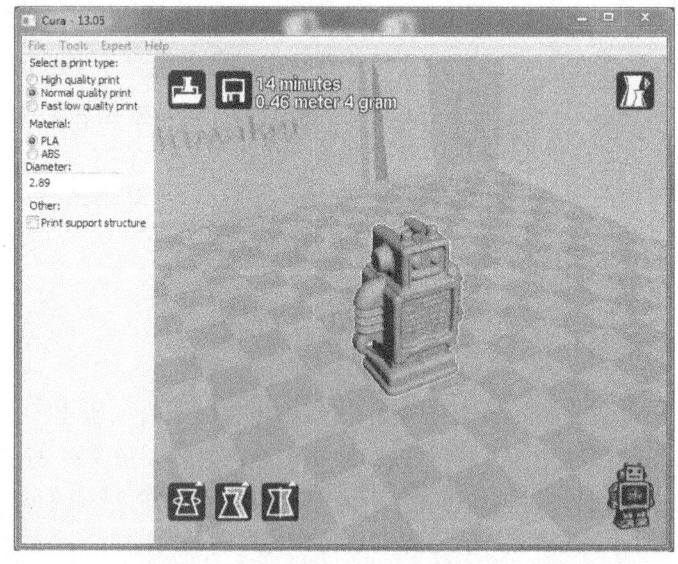

图 2-5　Cura 切片软件

硬件，并提供控制其他功能的控制界面。硬件读取 STL 文件，即读取数字网格“切”成虚拟的薄层，这些薄层对应着即将实际“打印”的实体薄层。

通常，切片、传送等功能多合一，即切片引擎功能一体化，将成为 3D 打印设备前端软件不可避免的趋势。目前常用的切片软件有 Slic3r、Skeinforge、KISSlicer、Custom Open、Cura、Magics 等等。

2.2.3 叠层制造

收到控制命令后，物理“打印”过程就可以开始了。“打印”设备全程自动运行，根据不同的成型原理，在“打印”进行并持续的过程中，会得到一层层的截面实体并逐层黏结，直至整个实体制造完毕。

2.2.4 后处理

由于成型原理不同，经“打印”成型的实体有时还需要进一步的后处理，如去除支撑、打磨、组装、拼接、上色喷漆甚至二次固化等等，以提高制品的质量。后处理之后，就可以得到原本的创意产品。

2.3 3D 打印成型工艺

2.3.1 3D 打印成型原理

3D 打印的基本原理是“分层制造，逐层叠加”，即根据数据模型制造出一层物体，然后逐层叠加，直至制造出整个三维物理实体。然而，“分层制造，逐层叠加”的成型原理有很多种类型，如典型的成型原理有：“沉积型”和“黏合叠层”。

1. “沉积型”

“沉积型”是指原材料自身沉积固化后叠层。其特点在于任何可由喷嘴挤压的原材料都可以用作 3D 打印。带有可沉积材料的喷嘴根据物体的截面信息在工作台上勾勒出物体的截面轮廓，原材料通过注射、喷洒或挤压的方式一层层地沉积固化，喷嘴沿着一系列水平或垂直轨道移动运行，逐层填充物体轮廓，最终完成实体制造，这实际上就是 FDM 成型方式。这类方式所用的原材料可以是遇到工作台就会固化的软塑料、原始的饼干面团或者特殊医疗凝胶里的活细胞。

这种方法的优点在于：

- 其打印技术可以简化为技术含量相对较低的版本；
- 简化版本的成本低，可使用的材料范围广，任何可以通过喷嘴挤压的原材料都可以进行 3D 打印。
- 运行安静，并使用相对低温的打印头，操作较为安全，是家庭、学校或者办公室使用的理想选择。

“沉积型”的主要缺点，也正来源于这种只能通过喷嘴挤出或挤压材料的成型方式，它只能打印可以通过打印头挤出或挤压的材料，所使用的打印材料有局限性。目前市场上大部分选择性沉积成型设备使用的材料是为其特制的一种塑料，它被做成卷筒状，可将末端直接连接打印设备，在打印设备中融化并挤出。

2. "黏合叠层"

"黏合叠层"是利用施加外部条件如激光和黏合剂等来黏合原材料，使其固化叠层。"黏合叠层"的典型工艺有：立体光刻(SL)和激光选区烧结(SLS)。

立体光刻(SL)即利用激光将热/光固化粉末和光敏聚合物等材料融化或凝固，或者在原材料中加入某种黏合剂来实现成型。激光束在液体聚合物表面沿着物体轮廓扫描，这些特殊的聚合物是光敏材料，当其暴露于 UV 光线下，就会固化。激光扫描遵循所打印物体的轮廓和截面逐层进行，一层固化成型完毕，可移动工作台下沉将已成型部分下沉一定的厚度，新一层的原材料覆盖在已成型部分的顶部，继续扫描固化，部件就会一层层地逐渐叠加成型。这种成型方式需要进行后处理，包括多余材料的去除、表面处理甚至进一步固化等。

这种方法的优势在于激光作业迅速、精确，多束激光可并行工作，分辨率比挤压式 3D 打印头更高。随着光敏聚合物原材料质量的提升，其应用范围也在不断地扩大。缺点在于光敏聚合物产品的耐用性并不好，且价格昂贵，再者这类成型设备的成本也较高。

激光选区烧结(SLS)与立体光刻(SL)类似，所不同的是其成型材料并非液态光敏聚合物而是粉末材料。这种方法的优势在于未熔化的粉末可作为产品的内部支撑，在某些情况下，未使用的松散粉末还可以回收再利用。另一个优点是，很多原材料都可以制成粉末的形态，比如尼龙、钢、青铜和钛等，因此粉末材料应用的范围也更加广泛。但这种方法制造的物体表面往往不光滑、多孔，也不能同时打印不同类型的粉末，粉末处理不当，还有爆炸的危险。SLS 成型是高温过程，产品"打印"完成后需要冷却，视打印层的尺寸和厚度不同，有的物体甚至需要一整天的冷却时间。

2.3.2 3D 打印成型工艺详解

根据 3D 打印的成型工艺类型，3D 打印技术可以分为很多种类(如表 2-1 所示)，现在市面上比较成熟的主流快速成型技术有 SLA、SLS、FDM、3DP、LOM 等。

表 2-1 3D 打印技术按成型原理分类

成型原理	技术名称
高分子聚合反应	激光立体光固化技术(Stereo Lithography Apparatus, SLA)
	高分子打印技术(Polymer Printing)
	高分子喷射技术(Polymer Jetting)
	数字化光照加工技术(Digital Lighting Processing, DLP)
烧结和熔化	激光选区烧结技术(Selective Laser Sintering, SLS)
	激光选区熔化技术(Selective Laser Melting, SLM)
	电子束熔化技术(Electron Beam Melting, EBM)
熔融沉积	熔融沉积造型技术(Fused Deposition Modeling, FDM)
层压制造	层压制造技术(Layer Laminate Manufacturing, LLM)
叠层实体制造	叠层实体制造技术(Laminated Object Manufacturing, LOM)

1. 激光立体光固化技术(SLA)

SLA 是最早实用化的快速成型技术。它使特定波长与强度的激光在计算机的控制下，由预先得到的零件分层截面信息以分层截面轮廓为轨迹连点扫描液态光敏树脂，被扫描区域的树脂薄层发生光聚合反应，从而形成零件的一个薄层截面实体，然后移动工作台，在已固化好的树脂表面再敷上一层新的液态树脂，进行下一层扫描固化，如此重复直至整个零件原型制造完毕(如图 2-6 所示)。

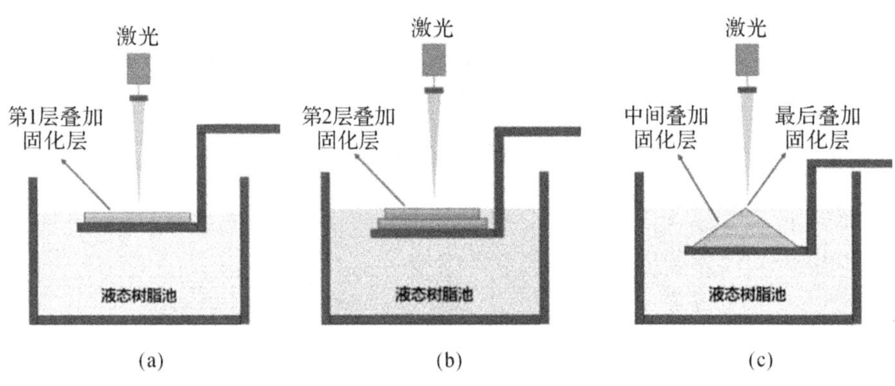

图 2-6 SLA 快速成型技术

SLA 技术主要用于制造多种模具、模型等，还可以在原料中加入其他成分，用 SLA 原型模代替熔模精密铸造中的蜡模。美国 3D Systems 公司最早推出这种工艺及其相关设备系统。这项技术的特点是成型速度快，精度和光洁度高，但是由于树脂固化过程中产生收缩，不可避免地会产生应力或形变，运行成本太高，后处理比较复杂，对操作人员的要求也较高，更适合用于验证装配设计过程。

2. 熔融沉积造型技术(FDM)

FDM 是一种挤出成型方式。将 FDM 设备的打印头加热，使用电加热的方式将丝状材料，诸如石蜡、金属、塑料和低熔点合金丝等加热至略高于熔点之上(通常控制在比熔点高 1℃左右)，打印头受分层数据控制，使半流动状态的熔丝材料(丝材直径一般在 1.5mm 以上)从喷头中挤压出来，凝固成轮廓形状的薄层，一层层叠加后形成整个零件模型(如图 2-7 所示)。

FDM 是现在使用最为广泛的 3D 打印方式，采用这种方式的设备既可用于工业生产也可面向个人用户。所用的材料除了白色外还有其他颜色，在成型阶段就可以给成品做出带颜色的效果。这种成型方式每一叠加层的厚度相比其他方式较厚，所以多数情况下分层清晰可见(如图 2-8 所示)，处理也相对简单。

FDM 技术是由 Stratasys 创始人 Scott Crump 发明。FDM 可采用标准、工程等级和高性能的热塑性材料来构建概念模型、功能性原型以及最终零件，因为它是唯一使用生产级别热塑性塑料的专业 3D 打印技术，所以这些零件具有很好的机械、热和化学强度。该技术通常应用于塑型、装配、功能性测试以及概念设计。此外，FDM 技术可以应用于打样与快速制造。但缺点是表面光洁度较差，综合来说这种方式不可能做出像饰品那样的精细造型和光泽效果。

3. 激光选区烧结技术 (selective laser sintering, SLS)

SLS 采用 CO_2 激光器作为能源，根据原型的切片模型利用计算机控制激光束进行扫

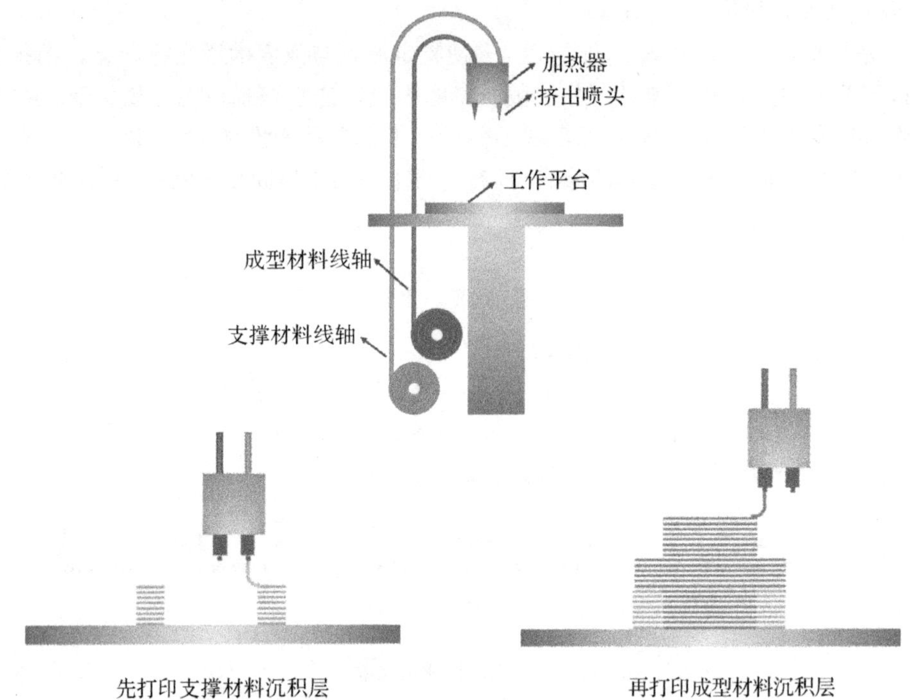

图 2-7　FDM 快速成型技术

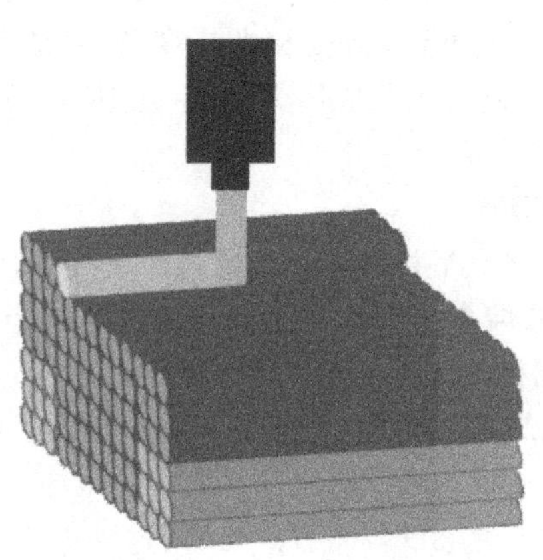

图 2-8　FDM 成型过程

描，有选择地烧结固体粉末材料以形成零件的一个薄层。一层完成后工作台下降一个层厚，铺粉系统铺上一层新粉，再进行一下层的烧结，层层叠加，全部烧结完成后去掉多余的粉末，再进行打磨、烘干等处理便可得到最终的零件。需要注意的是，在烧结前，工作台要先进行预热，这样可以减少成型中的热变形，也有利于叠加层之间的结合。具体过程如图 2-9 所示。

与其他快速成型方式相比，SLS 最突出的优点是其可使用的成型材料十分广泛，理论上讲，任何加热后能够形成原子间黏结的粉末材料都可以作为其成型材料。目前，可进行 SLS 成型加工的材料有石蜡、高分子材料、金属、陶瓷粉末和它们的复合粉末材料，成型材料的多样化使得其应用范围也越来越广泛。

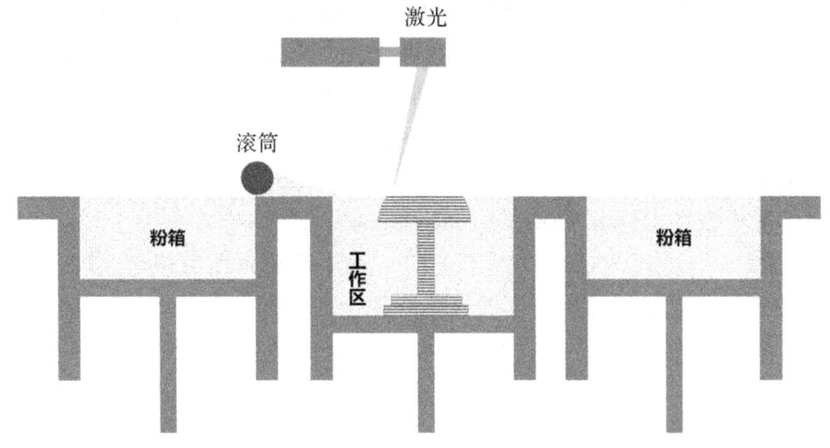

图 2-9　SLS 快速成型技术

SLS 技术另一个特点是能够制造可直接使用的最终产品，因此 SLS 技术既可归入快速成型的范畴，也可以归入快速制造的范畴。但是，这种方式的成品表面比较粗糙，无法满足表面平滑的需求。

4. 三维打印技术(3DP)

三维打印技术(Three Dimensional Printing, 3DP)才是真正的 3D 打印。因为这项技术和平面打印非常相似，甚至连打印头都是直接用平面打印机的。3DP 技术根据打印方式不同又可以分为热爆式三维打印、压电式三维打印和 DLP 投影式三维打印等。这里我们主要介绍一下常见的热爆式三维打印。它所用的材料与 SLS 类似，也是粉末状材料，所不同的是这里的粉末材料并不是通过烧结连接起来，而是通过喷头喷出黏结剂将零件的截面“印刷”在粉末材料上。

3DP 所用的设备一般有两个箱体，一边是储粉缸，一边是成型缸。工作时，由储粉缸推送出一定分量的成型粉末材料，并用滚筒将推送出的粉末材料在加工平台上铺成薄薄一层(一般为 0.1mm)，打印头根据数据模型切片后获得的二维片层信息喷出适量的黏合剂，黏住粉末成型，做完一层，工作平台自动下降一层的厚度，重新铺粉黏结，如此循环便会得到所需的产品(如图 2-10 所示)。

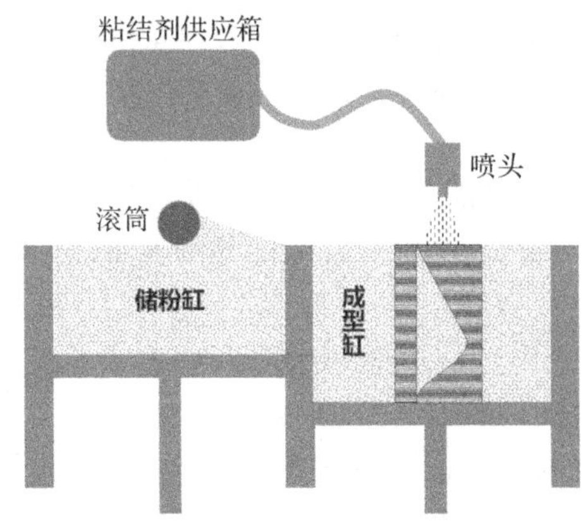

图 2-10　热爆式 3DP 快速成型技术

3DP 的原理和普通打印机非常相似，这也是三维打印这一名称的由来。其最大的特点是小型化和易操作性，适用于商业、办公、科研和个人工作室等场合，但缺点是精度和表面光洁度都较低。因此在打印方式上的改进必不可少，例如压电式三维打印类似于传统的二维喷墨打印，可以打印超高精细度的样件，适用于小型精细零件的快速成型，相对于 SLA，其设备更容易维护，产品表面质量也较好。

5. 激光熔覆成型技术(LaserEngineeredNetShaping,LENS)

LENS 的基本工作原理为：数控机床根据 NC 程序带动激光束移动，激光在基板上聚焦并产生熔池，粉末材料通过送粉器由惰性气体同轴送到激光光斑处，粉末迅速熔化并自然凝固，随着激光头和工作台的移动，迭加沉积出和切片图形形状和厚度一致的沉积层；然后将工作台下降，保证激光头与已沉积层保持原始工作机理，重复上述过程，直至逐层沉积出 CAD 设计模型形状的实体三维零件。

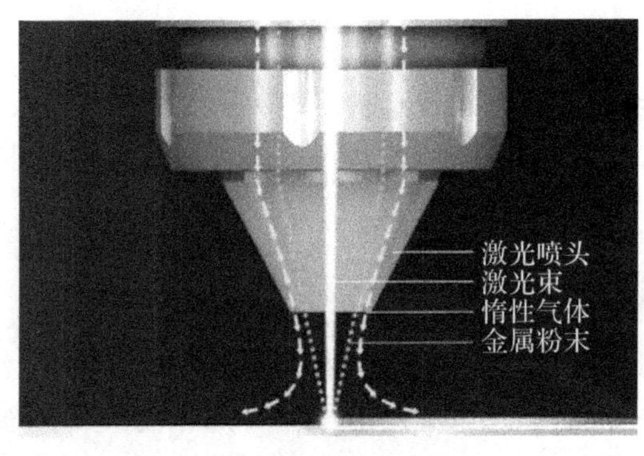

图 2-11　LENS 技术原理

该技术主要优点在于：制造过程灵活性高，成形零件致密度高、性能好、组织细小，可直接成型结构零件，可实现梯度材料的过渡或结合，技术集成度高，其缺点在于：需使用高功率激光器，设备造价昂贵，成形时热应力较大，体积收缩率过大，成形精度不高，需要后续处理才能使用，材料利用率较低，零件形状简单，不易制造带悬臂的结构。

在 1996 年，美国 Sandia 国家实验室和 HPEngine 公司共同合作研发 LENS 工艺，最初目标是零部件的修复，研究了 316 不锈钢和 Inconel625 镍基合金构件的成形工艺，并由 OptomecDesign 公司于 1997 年开始商业化运行。2002 年，中国北京航空航天大学王华明院士带领团队提出了涉及激光近净成形的工艺原理和相关装置专利申请和用于激光近净成形的金属材料专利申请。

目前 LENS 使用的材料主要是金属粉末材料，粉末近球形，粒径可以相应放宽到 53～105μm，在部分场合条件可以放宽到 105～150μm，含氧量低于 1000ppm，流动性好，纯度高。

6. 激光选区熔化技术(SLM)

激光选区熔化技术(selective laser melting, SLM)集成了激光、精密传动、新材料、计算机辅助设计/计算机辅助制造(CAD/CAM)等技术，通过 30～80μm 的精细激光聚焦光斑，逐线搭接扫描新铺粉层上选定区域，形成面轮廓后，层与层堆积成型制造，从而直接获得几乎任意形状、具有完全冶金结合的金属功能零件，致密度可达到近乎 100%。SLM 将复杂三维几何体简化为二维平面制造，制造成本不取决于零件的复杂性，而是取决于零件的体积

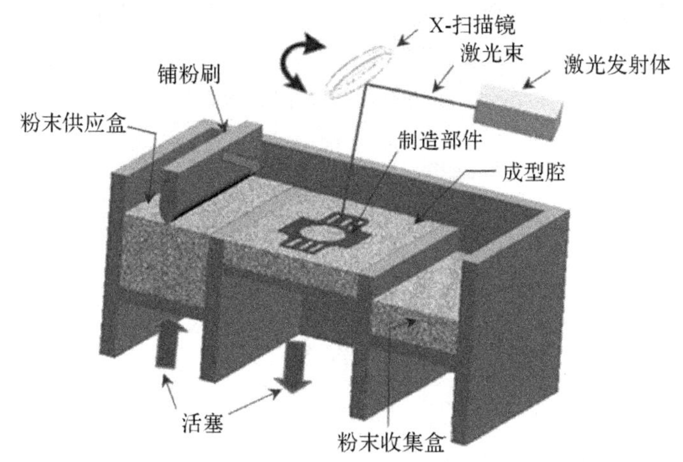

图 2-12　SLM 技术原理图

和成型方向。

SLM 是一种激光增材制造技术,同 LENS 技术一起是目前激光金属"三维打印"制造的重要方式,两者各有优势,其共同点包括:1)采用分层制造技术;2)使用高功率密度的激光器;3)直接制成终端金属产品;4)金属零件是具有冶金结合的实体,其相对密度几乎达到100%;5)适合单件和小批量模具和功能件的快速制造。

SLM 和 LENS 的区别体现在以下几个方面:

1)送粉方式不同。SLM 基于铺粉式,而 LENS 是同步送粉。SLM 在成型时,粉末通过机械装置定量地送到成型平面上,然后采用滚筒或刮板等铺粉装置推送到成型缸,要求所铺粉末平整、紧实、均匀。LENS 通过送粉装置将粉末送运到粉喷嘴,在喷嘴处粉末汇聚,要求粉末汇聚性好。

2)光路系统不同。SLM 基于高速动态扫描振镜,而 LENS 则是基于激光与数控平台的相对运动(激光束运动或者工作平台运动)。SLM 高速动态扫描振镜可让激光在 7m/s 的扫描速度下精确定位与粉末作用的位置,但扫描范围受限于扫描振镜;LENS 激光与数控平台相对运动装置简单,精度取决于机械运动平台。

3)激光与粉末作用位置不同。SLM 是激光焦点直接作用在成型平面粉床上,而 LENS 同步送粉立体成形是激光焦点光斑作用在喷嘴粉末汇聚处。

SLM 金属功能件直接制造与传统制造都需要数字化建模,而建模的过程也就是通过产品的设计来实现产品的功能。产品的设计又需要提取制造信息补充设计规则、理论,减少后反馈设计。传统制造将特征识别作为一种映射工具,而基于 SLM 的金属功能件自由制造的理念使其不限于已知的特征,即 SLM 技术拓展了现有的设计特征。同时 SLM 离散/累积制造在原理上也有一定约束,设计时需要提取的制造约束信息有:1)分层约束;2)激光光斑约束;3)激光与材料相互作用约束。

7. 叠层实体制造技术(LOM)

LOM 成型工艺用激光切割系统按照 CAD 分层模型所获得的物体截面轮廓线数据,用激光束将单面涂有热熔胶的片材切割成所制零件的内外轮廓,切割完一层后,送料机构将新的一层片材叠加上去,利用加热黏压装置将新一层材料和已切割的材料黏合在一起,然后再进行切割，这样反复逐层切割黏合，直至整个零件模型制作完毕（如图 2-13 所示），之后去除多余的部分，即可得到制件。激光切割时，除了切割出制件的轮廓线，也会将无轮廓线的区域切成小方网格（如图 2-14 所示）。网格越小，越容易剔除废料，但花费的时间也相应较长，反之亦然。

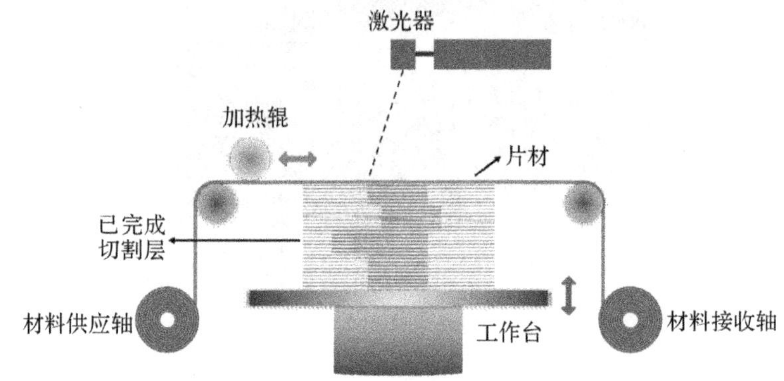

图 2-13　LOM 快速成型技术

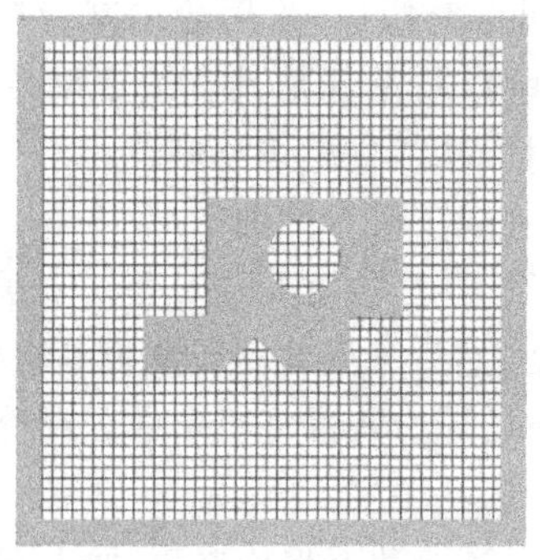

图 2-14　LOM 激光切割的轮廓线和方格线

LOM 常用的材料是纸、金属箔、塑料薄膜、陶瓷膜或其他适宜材料等，这种方法除了可以制造模具、模型外，还可以直接制造结构件或功能件。叠层制造技术工作可靠，模型支撑性好，成本低，效率高，但是前后处理都比较费时费力，也不能制造中空的结构件，主要用于快速制造新产品样件、模型或铸造用的木模。

2.4　3D 打印材料与选择

2.4.1　常见 3D 打印材料

材料是 3D 打印技术发展的重要物质基础，材料的丰富和发展程度决定着 3D 打印技术是否能够普及使用或者更好发展的关键。反过来，材料瓶颈已成为制约 3D 打印技术发展的首要问题。打印材料的使用，受限于打印技术原理和产品应用场合等因素。3D 打印所使

用的原材料都是为 3D 打印设备和工艺专门研发的，这些材料与普通材料略有区别，3D 打印中使用的材料形态多为粉末状、丝状、片层状和液体状等。

据报告，现有的 3D 打印材料已经超过 200 多种，但相对于现实中多种多样的产品和纷繁复杂的材料，200 多种也还是非常有限，工业级的 3D 打印材料更是稀少。目前，3D 打印材料主要包括工程塑料、光敏树脂、橡胶类材料、金属材料和陶瓷材料等，除此之外，彩色石膏材料、人造骨粉、细胞生物原料以及砂糖等食品材料也在 3D 打印领域得到了应用。

1. 工程塑料

当前应用最广泛的一类 3D 打印材料是工程塑料。工程塑料是指被用来制作工业零件或外壳材料的工业用塑料，是强度、耐冲击性、耐热性、硬度及抗老化性均优的塑料。常见的有 ABS 类材料、PC 类材料、PLA 类材料、亚克力(Acrylic)类材料和尼龙类材料等。

ABS(丙烯腈-丁二烯-苯乙烯共聚物)材料无毒无味，呈象牙色(如图 2-15 所示)，具有优良的综合性能，有极好的耐冲击性，尺寸稳定性好，电性能、耐磨性、抗化学药品性、染色性、成型加工和机械加工较好。它的正常形变温度超过 90℃，可进行机械加工(如钻孔和攻螺纹)、喷漆和电镀等，是常用的工程塑料之一。缺点是热变形温度较低，可燃，耐热性较差。

图 2-15　ABS 材料

ABS 是 FDM 成型工艺中最常使用的打印材料，由于良好的染色性，目前有多种颜色可以选择(如图 2-16 所示)，这使得“打印”出的实物省去了上色的步骤。

图 2-16　彩色 ABS 材料

3D打印使用的ABS材料通常做成细丝盘状，通过3D打印喷嘴加热溶解成型。由于喷嘴喷出后需要立即凝固，喷嘴加热的温度控制在高出ABS材料热熔点1～2℃，不同的ABS熔点也不同，对于不能调节温度的喷嘴，是不能够通配的，因此需要格外注意材料的来源，建议从原厂购买。ABS是消费级3D打印用户最喜爱的打印材料，如打印玩具和创意家居饰品等(如图2-17所示)。

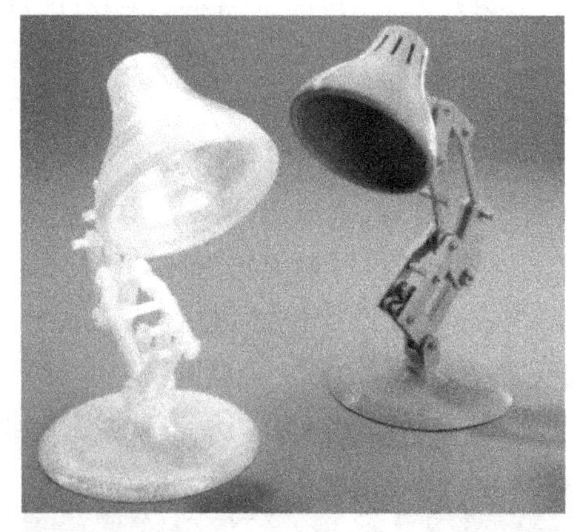

图2-17　ABS材质3D打印制品

PC中文名称聚碳酸酯，是一种无色透明的无定性热塑性材料(如图2-18所示)。聚碳酸酯无色透明，耐热，抗冲击，阻燃，在普通使用温度内具有良好的机械性能。但耐磨性较差，一些用于易磨损用途的聚碳酸酯器件需要对表面进行特殊处理。

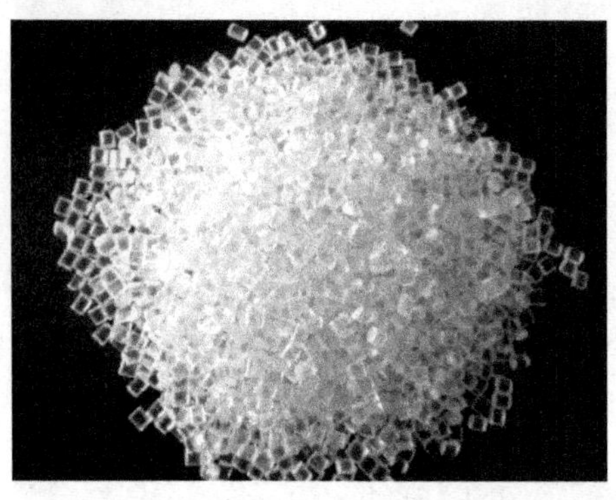

图2-18　PC材质

PC材料是真正的热塑性材料，具备高强度、耐高温、抗冲击、抗弯曲等工程塑料的所有特性，可作为最终零部件材料使用。使用PC材料制作的样件，可以直接装配使用。PC材料的颜色较为单一，只有白色，其强度比ABS材料高出60%左右，具备超强的工程材料属性，广泛应用于电子消费品、家电、汽车制造、航空航天和医疗器械等领域(如图2-19所示)。

此外，还有PC-ABS复合材料，它也是一种应用广泛的热塑性工程塑料。PC-ABS兼具了ABS的韧性和PC的高强度及耐热性，大多应用于汽车、家电及通信行业(如图2-20所示)。

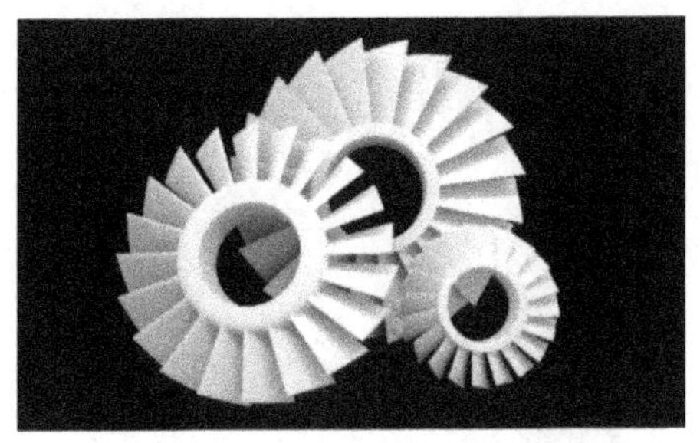

图 2-19　3D 打印 PC 材质制品

图 2-20　PC-ABS 黑色材质

使用该材料制作的样件强度较高，可以实现真正热塑性部件的生产，可用于手机外壳、计算机和商业机器壳体、电气设备、草坪园艺机器、汽车零件仪表板、汽车内部装修以及车轮盖等制造，包括概念模型、功能原型、制造工具及最终零部件等（如图 2-21 所示）。

图 2-21　PC-ABS 黑色 3D 打印材质半成品

PLA（聚乳酸纤维）是一种可生物降解的材料，它的机械性能及物理性能良好，适用于吹塑、热塑等各种加工方法，加工方便，用途广泛（如图 2-22 所示）。此外，它还具有较好的相容性，良好的光泽性、透明度、抗拉强度及延展度等，制成的薄膜具有良好的透气性，因此 PLA 可以根据不同行业的需求，制成各式各样的应用产品。

PLA 塑料熔丝是另一种常用的 3D 打印材料。相比 ABS 材料，PLA 一般情况下不需要预先加热床，更易使用且更加适合低端的 3D 打印设备。其可降解的特性，使得它在消费级 3D 打印设备生产中成为较受欢迎的一种环保材料。PLA 有多种颜色可供选择，而且还

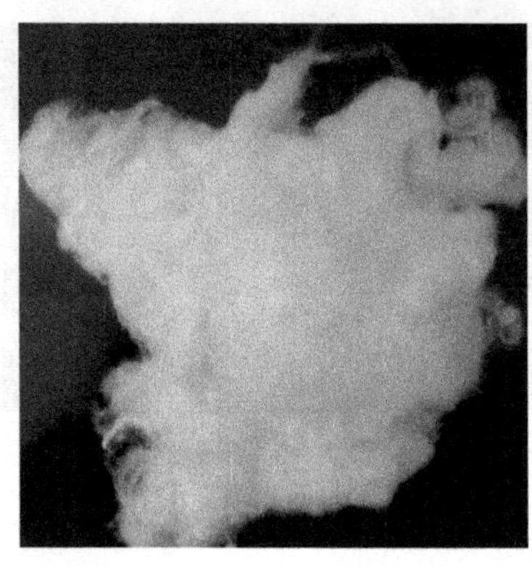

图 2-22　PLA(聚乳酸纤维)

有半透明的红、蓝、绿以及全透明的材料，但通用性不高。

PMMA(聚甲基丙烯酸甲酯，如图 2-23 所示)，也就是人们常说的亚克力材料，它是由甲基丙烯酸甲酯单体聚合而成的材料；它具有水晶般的透明度，用染料着色又有很好的展色效果。亚克力材料有良好的加工性能，既可以采用热成型，也可以用机械加工的方式。它的耐磨性接近于铝材，稳定性好，能耐多种化学品腐蚀。亚克力材料具有良好的适印性和喷涂性，采用适当的印刷和喷涂工艺，可赋予亚克力制品理想的表面装饰效果。

图 2-23　PMMA(聚甲基丙烯酸甲酯)

亚克力材料表面光洁度好，可以"打印"出透明和半透明的产品，目前利用亚克力材质，可以打印出牙齿模型用于牙齿矫正的治疗。

尼龙(如图 2-24 所示)是一种强大而灵活的工程塑料，在化学上属于聚酰胺类物质，耐冲击性大，耐磨性好，耐热性佳，高温使用下不易热劣化。自然色彩为白色，但很容易上色。尼龙材料在加热后，黏度下降比较快，因此从 3D 打印喷嘴喷出来时，比较容易流动。尼龙系列很多，其中尼龙最常使用，因其具有高熔点，耐热性佳，不易加热溶解等特性，制作出来的成品在高温下，也不易产生变化。

此外，尼龙铝粉是 SLS 成型技术的常用材料。尼龙铝粉顾名思义就是在尼龙粉末中掺杂一部分铝粉，使打印出的成品富有金属的光泽。当铝粉含量增大到 50%时，制成品的热变形温度、拉伸强度、弯曲强度、弯曲模量和硬度比单纯尼龙烧结件分别提高了 87℃、10.4%、62.1%、122.3%和 70.4%。此外，烧结件的拉伸强度、断裂伸长率、冲击强度也随着铝

图 2-24　尼龙

粉平均粒径的减小而增大。尼龙材料制品多用于汽车、家电和电子消费品领域。

2．光敏树脂

光敏树脂即 ultraviolet rays(UV)树脂(如图 2-25 所示)，由聚合物单体与预聚体组成，其中加有光(紫外光)引发剂(或称为光敏剂)。在一定波长的紫外光(250～450nm)照射下能立刻引起聚合反应完成固化。光敏树脂一般为液态，可用于制作高强度、耐高温、防水材料。

图 2-25　光敏树脂

目前，研究光敏材料 3D 打印技术的主要有美国 3D System 公司和以色列 Objet 公司(现与 Stratasys 合并)。常见的光敏树脂有 somos evolve 128 材料(somos evolve 128 是 somos NEXT的升级版)、somos 10122 材料、somos 19120 和环氧树脂。

somos 10122 材料看上去更像是真实透明的塑料，具有优秀的防水和尺寸稳定性，能提供包括 ABS 和 PBT 在内的多种类似工程塑料的特性，这些特性使它很适合用在汽车、医疗以及电子类产品领域。

somos 19120 材料为粉红色材质，是一种铸造专用材料。成型后可直接代替精密铸造的蜡膜原型，避免开发模具的风险，大大缩短生产周期，拥有低留灰烬和高精度等特点。

环氧树脂是一种便于铸造的激光快速成型树脂，它含灰量极低(800℃时的残留含灰量<0.01%)，可用于熔融石英和氧化铝高温型壳体系，而且不含重金属锑，可用于制造极其精密的快速铸造型模。

3. 橡胶类材料

橡胶类材料(如图 2-26 所示)具备多种级别弹性材料的特征,这些材料所具备的硬度、断裂伸长率、抗撕裂强度和拉伸强度,使其非常适合于要求防滑或柔软表面的应用领域。3D 打印的橡胶类产品主要有消费类电子产品、医疗设备以及汽车内饰、轮胎、垫片等。

图 2-26　橡胶材料

4. 金属材料

近年来,3D 打印技术逐渐应用于实际产品的制造,其中,金属材料的 3D 打印技术发展尤其迅速。在国防领域,欧美发达国家非常重视 3D 打印技术的发展,不惜投入巨资加以研究,而 3D 打印金属零部件一直是研究和应用的重点。3D 打印所使用的金属粉末一般要求纯净度高、球形度好、粒径分布窄、氧含量低。目前,应用于 3D 打印的金属粉末材料主要有钛合金、钴铬合金、不锈钢和铝合金材料等,此外还有用于打印首饰用的金、银等贵金属粉末材料。

图 2-27　金属材料(钛合金粉末)

钛是一种重要的结构金属,钛合金因具有强度高、耐蚀性好、耐热性高等特点而被广泛用于制作飞机发动机压气机部件,以及火箭、导弹和飞机的各种结构件。钴铬合金是一种以钴和铬为主要成分的高温合金,它的抗腐蚀性能和机械性能都非常优异,用其制作的零部件强度高、耐高温。采用 3D 打印技术制造的钛合金和钴铬合金零部件,强度非常高,尺寸精确,能制作的最小尺寸可达 1mm,而且其零部件机械性能优于锻造工艺。如图 2-27 所示。

不锈钢以其耐空气、蒸汽、水等弱腐蚀介质和酸、碱、盐等化学侵蚀性介质腐蚀而得到广泛应用。不锈钢粉末是金属 3D 打印经常使用的一类性价比较高的金属粉末材料。3D 打印的不锈钢模型具有较高的强度,而且适合打印尺寸较大的物品(如图 2-28 所示)。

图 2-28 不锈钢 3D 打印制品

5. 陶瓷材料

陶瓷材料(如图 2-29 所示)具有高强度、高硬度、耐高温、低密度、化学稳定性好、耐腐蚀等优异特性,在航空航天、汽车、生物等行业有着广泛的应用。但由于陶瓷材料硬而脆的特点使其加工成型尤其困难,特别是复杂陶瓷件需通过模具来成型。模具加工成本高、开发周期长,难以满足产品不断更新的需求。

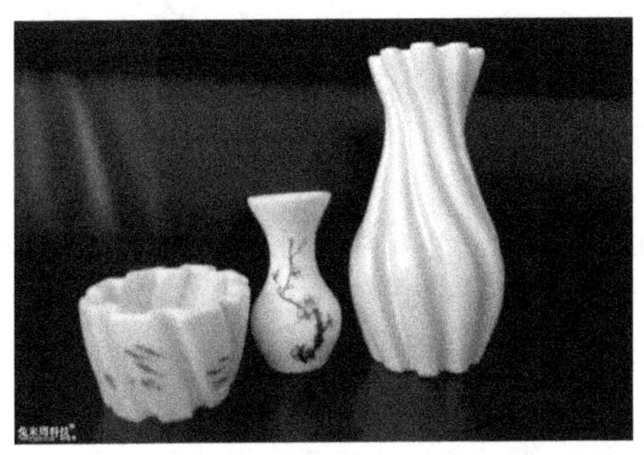

图 2-29 陶瓷材料

3D 打印用的陶瓷粉末是陶瓷粉末和某一种黏结剂粉末所组成的混合物。由于黏结剂粉末的熔点较低,激光烧结时只是将黏结剂粉末熔化而使陶瓷粉末黏结在一起。在激光烧结之后,需要将陶瓷制品放入温控炉中,在较高的温度下进行后处理。陶瓷粉末和黏结剂粉末的配比会影响陶瓷零部件的性能。黏结剂分量越多,烧结比较容易,但在后处理过程中零件收缩比较大,会影响零件的尺寸精度。黏结剂分量少,则不易烧结成型。颗粒的表面形貌及原始尺寸对陶瓷材料的烧结性能非常重要,陶瓷颗粒越小,表面越接近球形,陶瓷层的烧结质量越好。

陶瓷粉末在激光直接快速烧结时液相表面张力大,在快速凝固过程中会产生较大的热应力,从而形成较多微裂纹。目前,陶瓷直接快速成型工艺尚未成熟,国内外正处于研究阶段,还没有实现商品化。

6. 其他 3D 打印材料

除了上面介绍的 3D 打印材料外,目前用到的还有彩色石膏材料、人造骨粉、细胞生物原料以及砂糖等材料。

彩色石膏材料是一种全彩色的3D打印材料，是基于石膏的、易碎、坚固且色彩清晰的材料。基于在粉末介质上逐层打印的成型原理，3D打印成品在处理完毕后，表面可能出现细微的颗粒效果，外观很像岩石，在曲面表面可能出现细微的年轮状纹理，因此，彩色石膏材料多应用于动漫玩偶等领域。

2.4.2 3D打印材料的选择

那么该如何选择3D打印材料呢?

传统的制造机器在切割或模具成型过程中不能轻易地将多种原材料融合在一起，而随着多材料3D打印技术的发展，我们有能力将不同原材料融合在一起。以前无法混合的原料混合后将形成新的材料，这些材料色调种类繁多，具有独特的属性或功能。

在零件使用过程中通常会有下面几个方面的考虑:成本、外观、细节表现力、力学性能、化学稳固性，温度适应范围等。不过基于零件模型的制作目的，大致可分为两类:外观验证模型和结构验证模型。

(1)外观验证模型:由工程师设计制作用于验证产品外观的手板模型或直接使用且对外观要求高的模型。外观验证模型是可视的、可触摸的，它可以很直观地以实物的形式把设计师的创意展现出来，避免了“画出来好看而做出来不好看”的弊端。外观验证模型制作在新品研发、产品外形推敲的过程中是必不可少的。

基于外观验证模型的需求，建议选用光敏树脂类3D打印材料(包括高韧性光敏树脂和透明树脂两种材料)。

(2)结构验证模型:在产品设计过程中从设计方案到量产，一般需要制作模具。模具制造的费用很高，比较大的模具价值数十万乃至几百万美元，如果在开模的过程中发现结构不合理或其他问题，其损失可想而知。因此，使用3D打印制作结构验证模型能避免这种损失，降低开模风险。

基于结构验证模型的需求，对精度和表面质量要求不高的，建议选择机械性能较好、价格低廉的材料，比方说PLA、ABS等材料。

(3)如果对外观和结构强度要求都比较高，建议使用尼龙3D打印材料。

其实3D打印的主要成本在于3D打印材料的购买，要根据自己的需求选择适合的材料，毕竟无论做什么都要有成本意识。

2.5 本章小结

本章主要介绍3D打印技术的基本原理、工作流程、成型过程，并着重介绍常见3D打印成型工艺(SLA、FDM、SLS、3DP、LOM)的原理，最后介绍了常见3D打印材料以及如何选择3D打印材料。

习　题

1. 请简述 3D 打印技术的成型原理。
2. 请简述 3D 打印工作流程。
3. 3D 打印技术的成型工艺常见类型有哪些，请简述其特点。
4. 3D 打印如何选择工艺材料？

第3章 3D打印数据建模及切片处理

教学目标：了解3D打印的建模方式，了解3D打印数据获取方法及不同数据处理软件、建模软件的区别。

教学重点：了解常见3D打印建模软件的特点。

教学难点：CAD建模、CG建模方法区别的理解与掌握，掌握3D打印产品建模的注意事项，能避免和修改。

3.1 建模方法

三维建模就是在三维制作软件的虚拟三维空间中，构建出具有三维特性的数据模型。

根据构建三维模型的工作流程，可以分为正向设计和逆向设计。正向设计的流程通常是从概念设计起步到CAD建模。但对于复杂的产品，正向设计过程难度系数大、周期长、成本高，不利于产品的研制开发。逆向设计通常是根据正向设计概念所产生的产品原始模型或者已有产品来进行改良，通过对有问题的模型进行直接修改、试验和分析得到相对理想的结果，然后再根据修正后的模型通过扫描和造型系统一系列方法得到最终的三维模型。逆向设计的关键是3D扫描数据的获取及后处理，相关内容详见3.2和3.3节。

此外，根据三维模型建模方法的不同，可分为CAD建模、CG建模及其他建模方法。

(1) CAD建模(参数化建模)。CAD建模主要针对需要参数化建模设计的模型，以参数为建模核心。在模型中，参数可通过“尺寸”的形式来体现，可以使用表达式来控制图形形状和变化。参数化建模适合用于有苛刻要求和制造标准的模型设计任务(如机械类零件)，非常适用于需要定期修改的设计，可以修改或更改单个特征(如孔和倒角)，其余部分可自动跟随改变，如图3-1所示，UG软件建模。

(2) CG建模。计算机图形学(Computer Graphics, CG)，CG建模创建的是几何而不是特征，因此它能更好地进行概念构思，而不必束缚于特征及其相关性以及执行更改可能产生的影响，建模的自由度较大。常用于人物模型、动物模型、建筑场景的创建，如图3-2所示。

(3) 其他建模方法。除CAD建模和CG建模外，还有一些其他建模方式。如：Autodesk公司的123D CATCH软件，可采用不同角度的模型照片，合成出一个3D模型。除此，国外一款开源3D打印切片软件Cura，可由导入的bmp、jpg、png格式图像，生成浮雕效果的模型，可打印出浮雕的效果，如图3-3所示。

需要注意的是，由于STL文件已经成为图像处理领域的默认工业标准，因此3D打印通常采用STL格式文件。所以，在三维软件中构建完成3D模型后，还需要存储为STL文件。

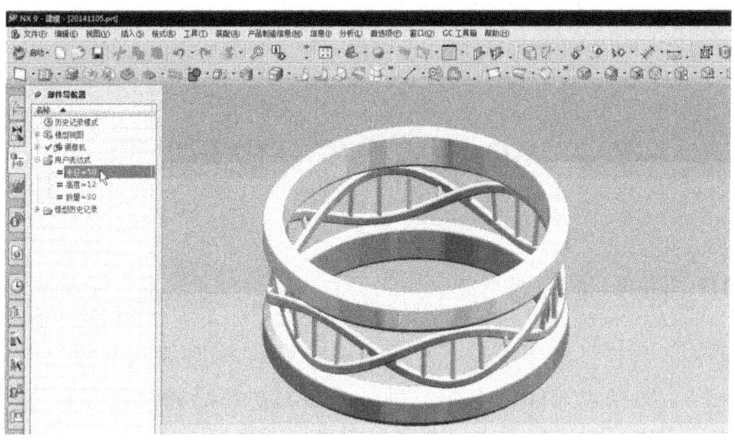

图 3-1　CAD 建模

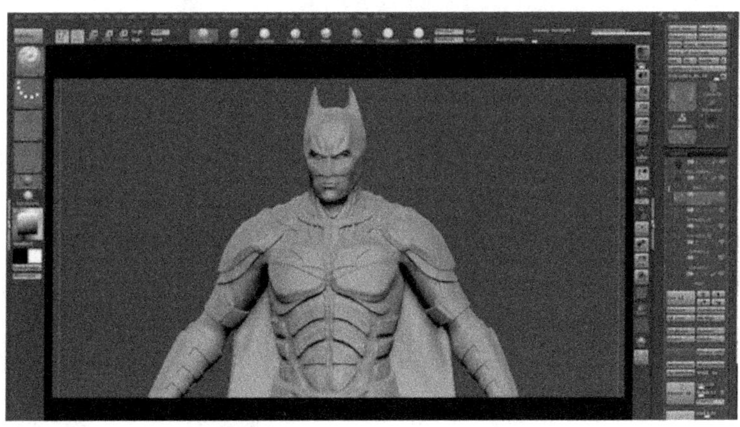

图 3-2　CG 建模

图 3-3　浮雕模型

此外，3D 打印文件还有 AMF 格式文件，主要是增加了模型的材质、纹理、颜色等信息，随着彩色 3D 打印的发展，这种文件格式可能会逐步取代 STL。不过，目前 STL 仍是 3D 打印的主流格式文件。

3.2 3D 扫描数据获取与处理

3.2.1 3D 扫描数据获取

逆向设计是将实物样件或手工模型转化为数字模型，以便利用快速成型系统、计算机辅助制造(CAM)、产品数据管理(PDM)等先进技术对其进行处理和管理，并进行进一步修改和再设计优化。

逆向造型的过程，是使用 3D 扫描仪对实物进行扫描，得到三维数据；然后对数据进行加工修复，得到精确描述物体三维结构的一系列坐标数据；数据导入三维建模软件后，再完整地还原出物体的 3D 数字模型。三维数据的获取与处理是逆向造型的基础。

三维扫描仪是随着三维信息领域的发展而研制开发的计算机信息输入的前端设备。只需对物体进行扫描，就能在计算机上得到实物的三维立体图像。可用来检测并分析现实世界中物体或环境的形状(几何构造)与外观数据(如颜色、表面反照率等性质)。

三维扫描仪大体分为接触式三维扫描仪和非接触式三维扫描仪。其中非接触式三维扫描仪又分为光栅三维扫描仪(拍照式三维扫描)和激光扫描仪。而光栅三维扫描又有白光扫描、蓝光扫描等，激光扫描仪又有点激光、线激光、面激光的区别。

1. 非接触式 3D 数据获取

非接触式测量(如图 3-4 所示)是以光电、电磁等技术为基础，在不接触被测物体的表面的情况下，得到物体表面参数信息的测量方法。非接触式三维信息获取多采用深度映像技术和多传感器技术，并结合非线性求解及其他规正化方法。

图 3-4 非接触式扫描——白光测量仪

非接触测量的优点：

(1)排除接触测量对柔性物体测量的人为等受力干扰；

(2)可以测量一些不可接触的物体，如辐射体、高温物体等；

(3)因为是数字图像处理，计算机识别，所以采集速度较快。

缺点：

(1)对专业知识要求较高，诸如图像处理、摄影测量原理等；

(2)相比接触测量仪关节臂、三坐标机等，精度不算高。

2. 接触式 3D 数据获取

接触式三维信息获取的基本原理是使用连接在测量装置上的测头(探针)直接接触被测点,根据测量装置的空间几何结构得到测量的坐标。典型的接触式三维扫描设备包括三坐标测量机和关节臂测量机(如图 3-5 所示)。

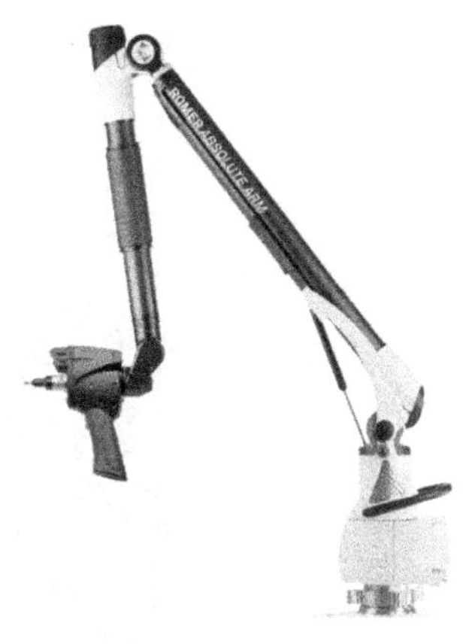

图 3-5 关节臂测量机

3.2.2 3D 扫描后处理软件

由于三维物体的复杂多样性和测量系统得到点云的海量散乱性。一般使用三维扫描仪扫描物体得到三维数据后,需要三维扫描软件进行后处理,来补充或填补一些没有扫描到的点,去掉一些杂质点或者多出来的部分,或者光滑化表面,从而使得扫描文件更完美。常见的三维扫描后处理软件有:Poly works、Imageware、Geomagic Studio、CopyCAD、Rapidform 等。

1. Poly works 软件

Poly works 是加拿大 InnovMetric 公司的产品,它能快速和高品质地处理由各种各样的三维扫描仪获取的点云数据,继而自动生成多种通用标准格式数据。Poly works 软件界面如图 3-6 所示。

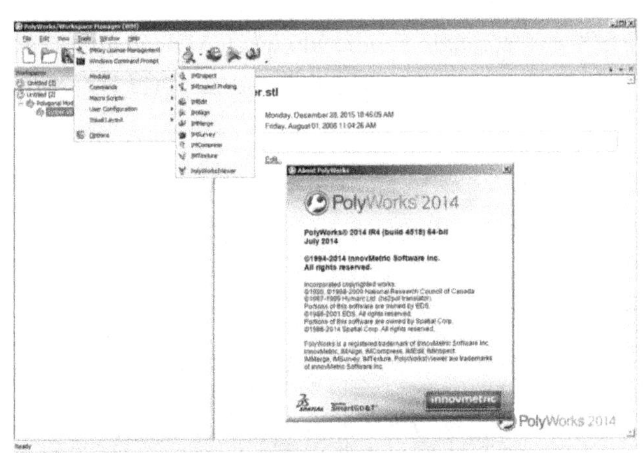

图 3-6 Poly works 软件界面

Poly works 的主要功能分成两大块:一是 Polyworks/Modeler,即自动建立模型。数据的来源是世界上的任意一种三维激光扫描仪;二是 Polyworks/Inspection,即依据具有零误差的 CAD 设计数据和用扫描仪扫描所得的实际物品数据,自动得出生产过程中造成的人为误差报告。

2. Imageware 软件

Imageware 由美国 EDS 公司出品,后被德国 Siemens PLM Software 所收购,现在并入旗下的 NX 产品线,是最著名的逆向工程软件,Imageware 因其强大的点云处理能力、曲面编辑能力和 A 级曲面的构建能力而被广泛应用于汽车、航空航天、消费家电、模具、计算机零部件等的设计与制造领域。Imageware 的软件界面如图 3-7 所示。

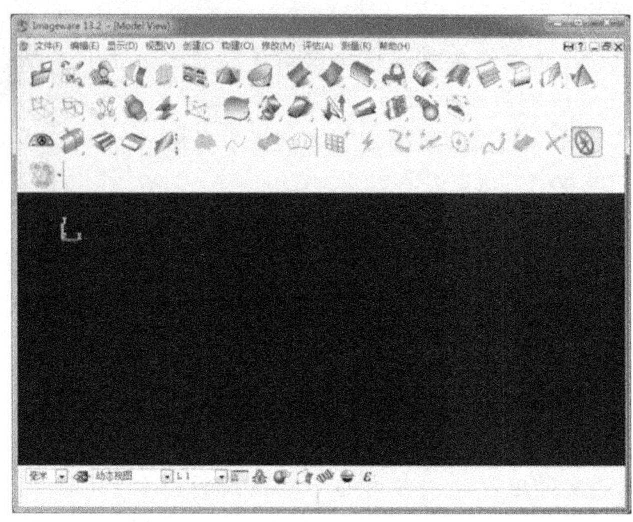

图 3-7　Imageware 软件界面

3. Geomagic Studio 软件

Geomagic Studio 由美国 Raindrop 公司出品。作为自动化逆向工程软件，Geomagic Studio 还为新兴应用提供了理想的选择，如定制设备大批量生产、即定即造的生产模式以及原始零部件的自动重造。Geomagic Studio 可以为 CAD、CAE 和 CAM 工具提供完美补充，它可以输出行业标准格式，包括 STL、IGES、STEP 和 CAD 等众多文件格式。Geomagic Studio 界面如图 3-8 所示。

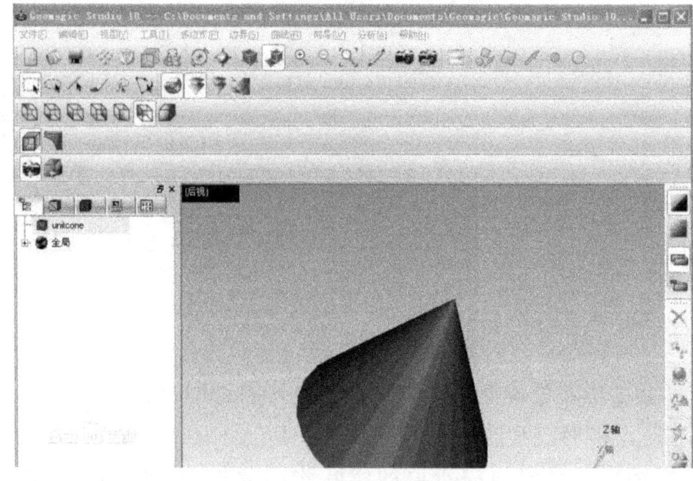

图 3-8　Geomagic Studio 软件界面

4. CopyCAD 软件

CopyCAD 由英国 Delcam 公司出品。该软件为数字化数据的 CAD 曲面的产生提供了工具。CopyCAD 能够接受来自坐标测量机床的数据，同时跟踪机床和激光扫描器。CopyCAD 的软件界面如图 3-9 所示。

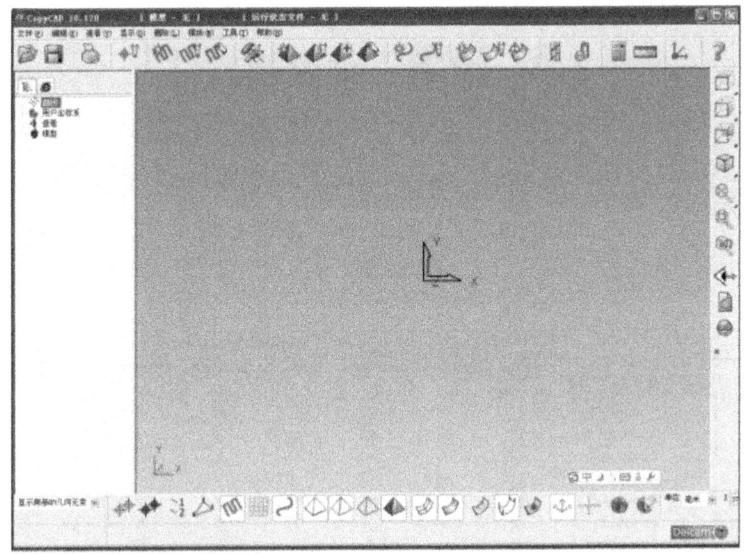

图 3-9　CopyCAD 软件界面

5．Rapidform 软件

Rapidform 由韩国 INUS 公司出品。Rapidform 提供了新一代运算模式，可实时将点云数据运算出无接缝的多边形曲面，使它成为 3D 扫描后处理之最佳化接口处理软件。Rapidform 也提升了工作效率，使 3D 扫描设备的运用范围扩大，改善扫描品质。Rapidform 软件界面如图 3-10 所示。

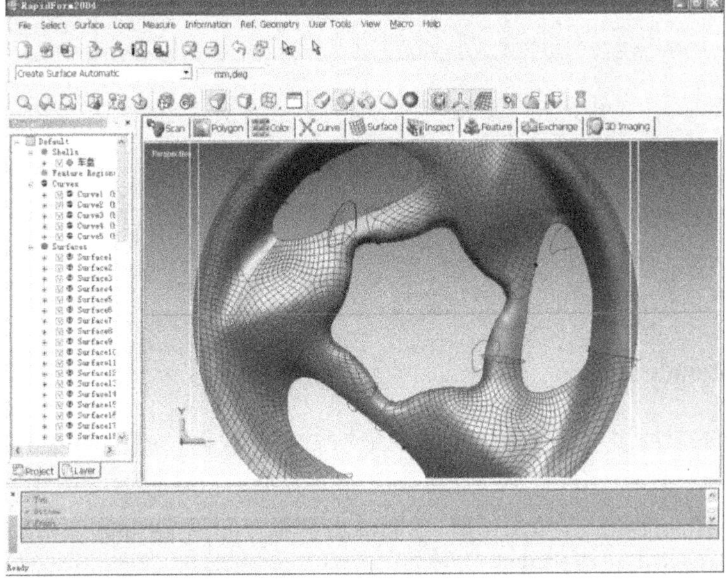

图 3-10　Rapidform 软件界面

3.3 常用三维建模软件

2015 年,知名 3D 打印公司 i. materialise 列出了全球前 25 个较流行的 3D 建模工具软件,如图 3-11 所示。

Top 25

Most Popular 3D Modeling Software for 3D Printing

		General		3D Printing Community				Total
		Social	Website	Forums	YouTube	Databases	Google	Score
1	Blender	61	91	100	100	27	100	80
2	SketchUP	87	82	79	49	80	74	75
3	SolidWorks	95	81	42	52	25	75	62
4	AutoCAD	100	78	46	43	4	85	59
5	Maya	91	80	35	50	3	93	59
6	3DS Max	90	83	24	53	2	78	55
7	Inventor	98	80	29	31	15	75	55
8	Tinkercad	78	57	38	5	100	31	51
9	ZBrush	83	69	45	42	4	50	49
10	Cinema 4D	84	76	6	28	1	62	43
11	123D Design	85	67	21	14	18	50	42
12	OpenSCAD	1	65	33	2	100	29	38
13	Rhinoceros	17	75	50	21	6	49	36
14	Modo	82	63	10	9	1	45	35
15	Fusion 360	93	81	10	3	2	4	32
16	Meshmixer	1	62	18	7	9	28	21
17	LightWave	23	52	1	8	0	32	19
18	Sculptris	0	67	7	6	4	26	19
19	Grasshopper	9	60	4	5	1	32	18
20	FreeCAD	4	59	15	8	11	5	17
21	MoI3D	0	53	3	1	0	28	14
22	3Dtin	4	57	0	0	11	1	12
23	Wings3D	0	66	1	1	0	2	12
24	K-3D	0	62	1	1	0	2	11
25	BRL-CAD	0	60	1	0	0	1	11

图 3-11 全球前 25 个较流行的 3D 建模工具软件

其中,如 AutoCAD、SketchUP、UG、Pro/E 等,适用于 CAD 建模,建模过程严格标有尺寸的图像,即参数化建模;而 Blender、Rhino 等为 CG 建模软件,可对素描等手绘图案进行立体化。

以下介绍几款广泛应用的 3D 建模软件。

3.3.1 Blender

Blender 是开源的多平台轻量级全能三维动画制作软件。Blender 软件界面如图 3-12 所示。

Blender 不仅支持各种多边形画图,也能做出动画。它以 python 为内建脚本,支持 yafaray 渲染器,同时还内建游戏引擎。

Blender 支持的 3D modeling(模型)有 polygon meshesurves、NURBS、tex 以及 metaballs。

支持的动画有 keyframes、motion curves、morphing、inverse kinematics。它也提供了画

图 particle system(粒子系统)、deformation lattices(变形栅格)与 skeletons(骨架),以及可以任意角度观看的 3D 视野(3D view with animated rotoscoping)。值得注意的特点有 field rendering(区域的描绘)、several lighting modes(光源的形式)、animation curves(运动曲线)等。

当然 Blender 也可以存取 Targa、Jpeg、Iris、SGI movie、Amiga IFF 等格式的文件。

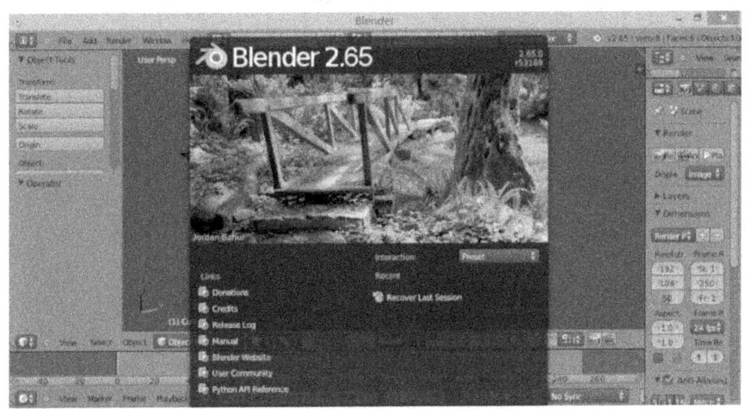

图 3-12　Blender 软件

3.3.2　SketchUP

SketchUP 软件界面如图 3-13 所示。SketchUP 是一套直接面向设计方案创作过程的设计工具,其创作过程不仅能够充分表达设计师的思想而且完全满足与客户即时交流的需要,它使得设计师可以直接在电脑上进行十分直观的构思,是三维建筑设计方案创作的优秀工具。

SketchUP 是一个极受欢迎并且易于使用的 3D 设计软件,官方网站将它比喻作电子设计中的"铅笔"。它的主要卖点就是使用简便,人人都可以快速上手,并且用户可以将使用 SketchUp 创建的 3D 模型直接输出至 Google Earth 里。@Last Software 公司成立于 2000 年,规模较小,以 SketchUp 而闻名。

SketchUP 软件产品特点:

(1)独特简洁的界面,可以让设计师短期内掌握;

(2)适用范围广阔,可以应用在建筑、规划、园林、景观、室内以及工业设计等领域;

(3)方便的推拉功能,便于设计师通过一个图形就可以方便地生成 3D 几何体,无须进行复杂的三维建模;

(4)快速生成任何位置的剖面,使设计者能清楚地了解建筑的内部结构,可以随意生成二维剖面图并快速导入 AutoCAD 进行处理;

(5)可与 AutoCAD、Revit、3DMAX、PIRANESI 等软件结合使用,快速导入和导出 DWG、DXF、JPG、3DS 格式文件,实现方案构思、效果图与施工图绘制的完美结合,同时提供与 AutoCAD 和 ARCHICAD 等设计工具的插件;

(6)自带大量门、窗、柱、家具等组件库和建筑肌理边线需要的材质库;

(7)准确定位阴影和日照,设计师可以根据建筑物所在地区和时间实时进行阴影和日照

图 3-13　SketchUP Pro 软件

分析；

(8)可简便地进行空间尺寸和文字的标注，并且标注部分始终面向设计者。

3.3.3　SolidWorks

SolidWorks 为达索系统(Dassault Systemes S. A)下的子公司，专门负责研发与销售机械设计软件的视窗产品(如图 3-14 所示)。达索公司负责系统性的软件供应，并为制造厂商提供具有互联网整合能力的支援服务。该集团提供涵盖整个产品生命周期的系统，包括设计、工程、制造和产品数据管理等各个领域中的软件系统，著名的 CATIAV5 就出自该公司之手，目前达索的 CAD 产品市场占有率居世界前列。

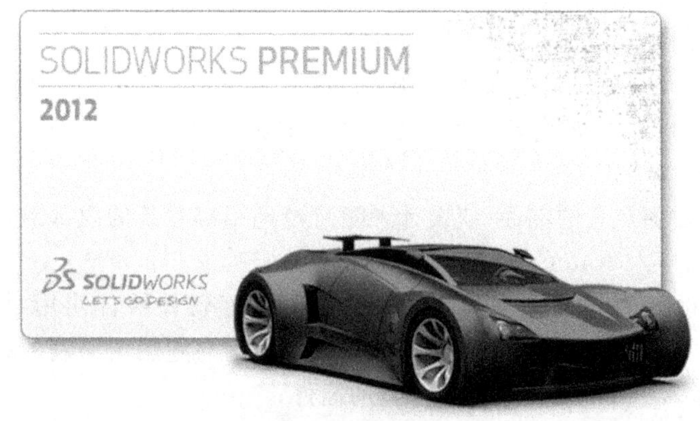

图 3-14　Solidworks 软件

SolidWorks 功能强大、易学易用和技术创新是 SolidWorks 的三大特点，使得 SolidWorks 成为领先的、主流的三维 CAD 解决方案。SolidWorks 能够提供不同的设计方案、减少设计过程中的错误以及提高产品质量。

3.3.4 Autodesk 123D

Autodesk 123D 是一款免费的 3D CAD 工具，可以使用一些简单的图形来设计、创建、编辑三维模型，或者在一个已有的模型上进行修改，软件界面如图 3-15 所示。

Autodesk 123D 系列有 6 款工具，包括 123D Catch、123D Creature、123D Design、123D Make、123D Sculpt 以及 Tinckercad。

图 3-15　Autodesk 123D 软件

3.3.5 Tinker CAD

Tinker CAD 是 3D 软件公司 Autodesk 的一款免费建模工具，非常适合初学者使用。本质上说，这是一款基于浏览器的在线应用程序，能让用户轻松创建三维模型，并可以实现在线保存和共享，其软件界面如图 3-16 所示。

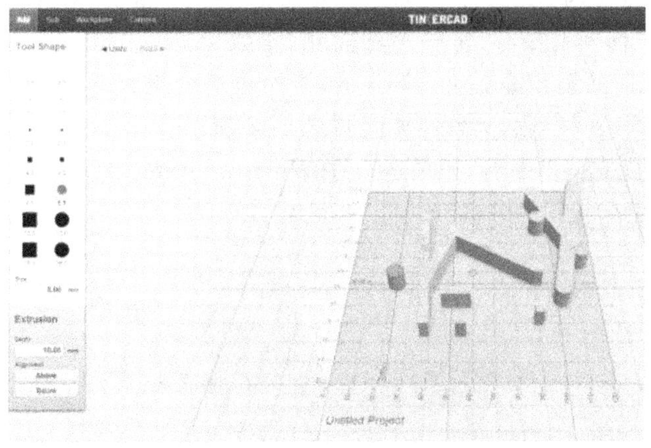

图 3-16　Tinker CAD 软件

3.3.6 3DTin

3DTin是一个使用WebGL技术开发的3D建模工具，可以在浏览器中创建3D模型，模型可以保持在云端或导出为标准的3D文件格式。允许用户在网站上自己创建、存储和分享3D模型，无须下载编辑软件，在任何操作系统下都能直接打开使用。不过3DTin只是一款在线编辑工具，功能上没有其他专业3D建模软件强大，其软件界面如图3-17所示。

3DTin内置多种模型素材，用户可以在这里制作简单的模型。制作完成后，3DTin还支持将用户制作好的模型文件导出，可以导出成STL、OBJ和DAE模型文件格式。

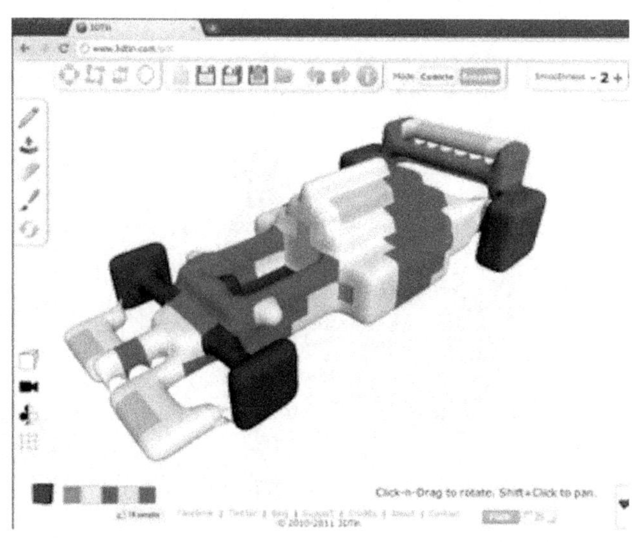

图3-17 3DTin软件

3.3.7 FreeCAD

FreeCAD是来自法国Matra Datavision公司的一款开源免费3D CAD软件，其基于CAD/CAM/CAE几何模型核心，是一个功能化、参数化的建模工具。FreeCAD的直接用户目标是机械工程、产品设计等专业设计人员，当然也适合工程行业内的其他广大用户，比如建筑或者其他特殊工程行业，其软件界面如图3-18所示。

FreeCAD也完全支持多平台，目前运行在Windows、Linux/Unix和Mac OSX的系统，所有平台上软件有完全相同的外观和功能。

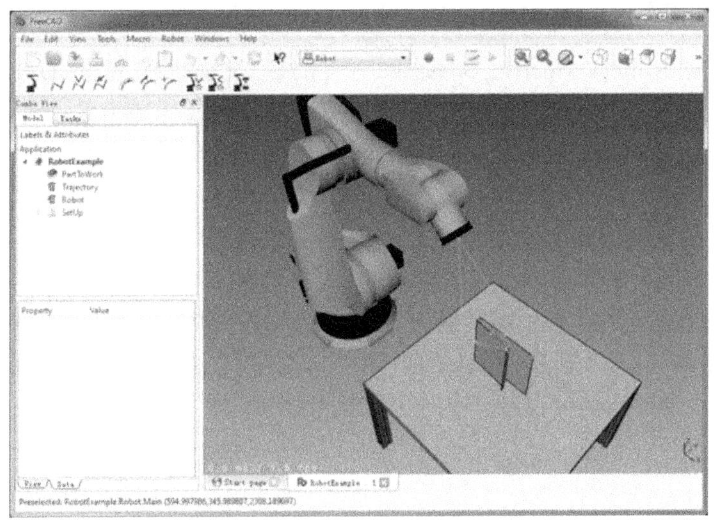

图 3-18　FreeCAD 软件

3.3.8　3D Studio Max

3D Studio Max，常被简称为 3D Max 或 3Ds Max，是 Discreet 公司开发的（后被 Autodesk 公司合并）基于 PC 系统的三维动画渲染和制作软件。其前身是基于 DOS 操作系统的 3D Studio 系列软件，其软件界面如图 3-19 所示。

在 Windows NT 出现以前，工业级的 CG 制作被 SGI 图形工作站所垄断。3D Studio Max＋Windows NT 组合的出现一下子降低了 CG 制作的门槛，最先运用在电脑游戏中的动画制作，后更进一步开始参与影视片的特效制作，例如《X 战警Ⅱ》，《最后的武士》等。在 Discreet 3Ds Max 7 后，正式更名为 Autodesk 3Ds Max 最新版本是 3Ds Max 2017。

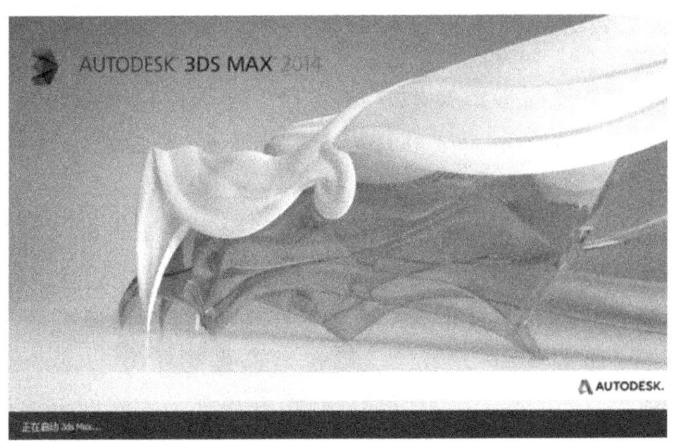

图 3-19　3D Studio Max 软件

3.3.9 Rhino

Rhino是美国Robert McNeel & Assoc开发的PC上强大的专业3D造型软件，它可以广泛地应用于三维动画制作、工业制造、科学研究以及机械设计等领域。它能轻易整合3Ds Max与Softimage的模型功能部分，对要求精细、弹性与复杂的3D NURBS模型，有“点石成金”的效能。能输出obj、DXF、IGES、STL、3dm等不同格式，并适用于几乎所有3D软件，尤其对增加整个3D工作团队的模型生产力有明显效果，故使用3D Max、AutoCAD、MAYA、Softimage、Houdini、Lightwave等3D设计人员不可不学习，其界面如图3-20所示。

Rhino，中文名称犀牛，是一款超强的三维建模工具，大小才几十兆，硬件要求也很低。不过不要小瞧它，它包含了所有的NURBS建模功能，用它建模感觉非常流畅，所以可经常用它来建模，然后导出高精度模型给其他三维软件使用。

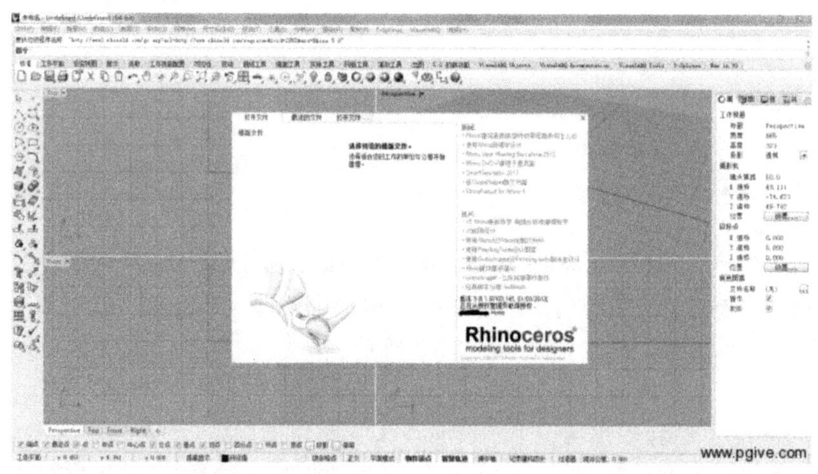

图3-20 Rhino软件

3.3.10 Pro/Engineer

Pro/Engineer软件是美国参数技术公司(PTC)旗下的CAD/CAM/CAE一体化三维软件(如图3-21所示)。Pro/Engineer软件以参数化著称，是参数化技术的最早应用者，在目前的三维造型软件领域中占有着重要地位。Pro/Engineer作为当今世界机械CAD/CAE/CAM领域的新标准而得到业界的认可和推广，是现今主流的CAD/CAM/CAE软件之一，特别是在国内产品设计领域占据重要位置。

Pro/Engineer和WildFire是PTC官方使用的软件名称，但在中国用户所使用的名称中，并存着多个说法，比如ProE、Pro/E、破衣等都是指Pro/Engineer软件，proe2001、proe2.0、proe3.0、proe4.0、proe5.0、creo1.0\creo2.0等都是指软件的版本。

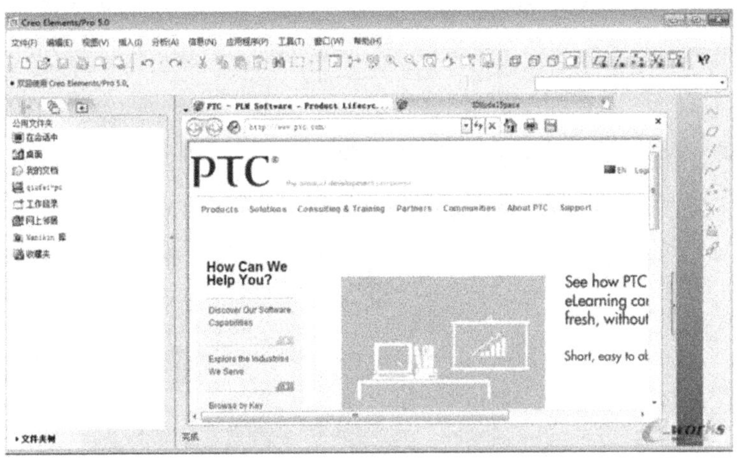

图 3-21　Pro/Engineer 软件

3.3.11　Cubify Sculpt

Cubify Sculpt 是 Geomagic Freeform 的简化版，软件界面简单，功能却很强大，能够满足 3D 打印爱好者的一般建模需求，比如制作浮雕、为模型添加底座等等(如图 3-22 所示)。

Sculpt 软件小巧却功能强大，用户可以像玩橡皮泥一样，做拉、捏、推、扭等一切可以对橡皮泥做的事，实现了技术与艺术的结合，使用户可以随心所欲地建模。

这款软件非常适合中小学生设计模型之用。

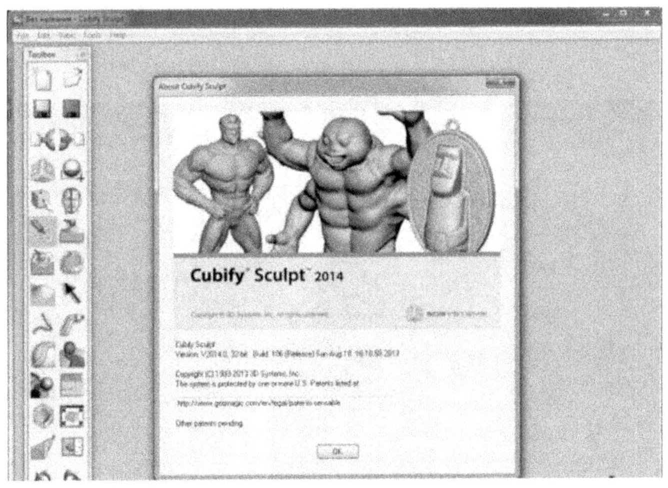

图 3-22　Cubify Sculpt 软件

3.3.12　Autodesk Alias Studiotools

Autodesk Alias Studiotools 软件是目前世界上最先进的工业造型设计软件，是全球汽车、消费品造型设计的行业标准设计工具。Alias 软件包括 Studio/paint、Design/Studio、

Studio、Surface/Studio 和 AutoStudio 等 5 个部分，提供了从早期的草图绘制、造型，一直到制作可供加工采用的最终模型各个阶段的设计工具，其界面如图 3-23 所示。

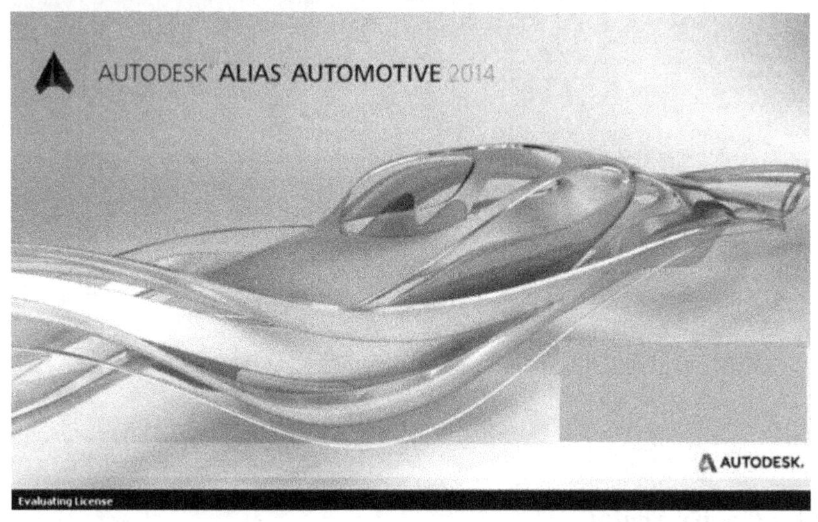

图 3-23　Autodesk Alias 软件

3.3.13　UG

UG(Unigraphics NX)是 Siemens PLM Software 公司出品的一个产品工程解决方案，它为用户的产品设计及加工过程提供了数字化造型和验证手段。Unigraphics NX 针对用户的虚拟产品设计和工艺设计的需求，提供了经过实践验证的解决方案。其软件界面如图 3-24 所示。

图 3-24　UG NX8.5 软件

UG 软件是一个交互式 CAD/CAM(计算机辅助设计与计算机辅助制造)系统,它功能强大,可以轻松实现各种复杂实体及模型的建构。它在诞生之初主要基于工作站,但随着PC 硬件的发展和个人用户的迅速增长,它在 PC 上的应用取得了迅猛的增长,已经成为模具行业三维设计的一个主流应用。

后续我们在实训章节的建模过程,也采用 UG 软件。

3.3.14 中望 3D

中望 3D 是中望公司拥有全球自主知识产权的高性价比的高端三维 CAD/CAM 一体化软件产品,为客户提供了入门级的产品设计、模具设计、CAM 加工的一体化解决方案。它拥有独特的 Overdrive 混合建模内核,支持 A 级曲面,支持 2～5 轴 CAM 加工,其界面如图 3-25 所示。

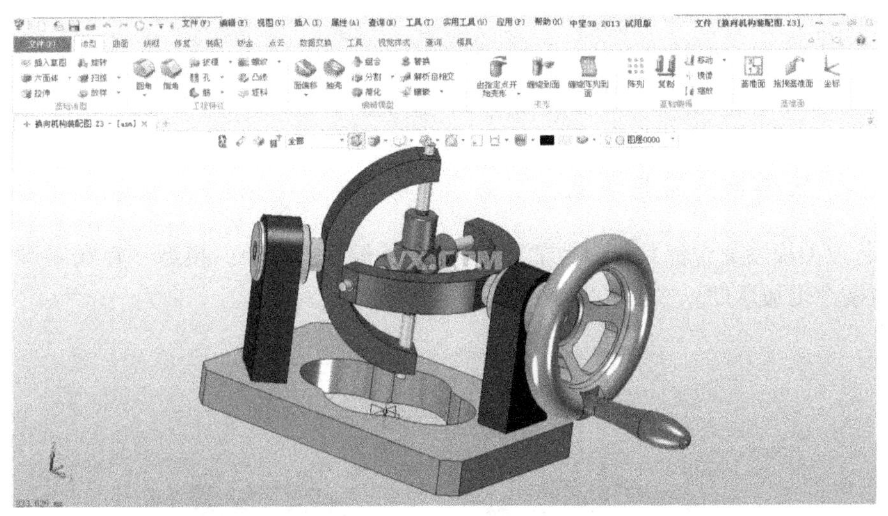

图 3-25 中望 3D 软件

3.4 3D 打印建模注意事项

当我们设计制作一个用于展示、动画或游戏中的 3D 模型时,通常只注重模型的视觉效果,基本上不需要考虑真实性。绝大多数的场景和物体仅仅包含了可见的网格,物体不需要是相互连接的。

但当 3D 模型采用 3D 打印方式制作时,情况会有很多的不同。本节将主要介绍用于3D 打印的三维模型建构过程中需要注意的事项。

3.4.1 物体模型必须为封闭的

通俗地说是“不漏水的”(watertight),有时要检查出你的模型是否存在这样的问题是有些困难。如果你不能够发现此问题，可以借助一些软件。比如3Ds Max的STL检测(STL Check)功能，Meshmixer的自动检测边界功能。一些模型修复软件当然也是能做的，比如Magics，Netfabb等。如图3-26所示，左边的模型是封闭的，右边的模型不封闭，我们可以看到软件标记的边界。

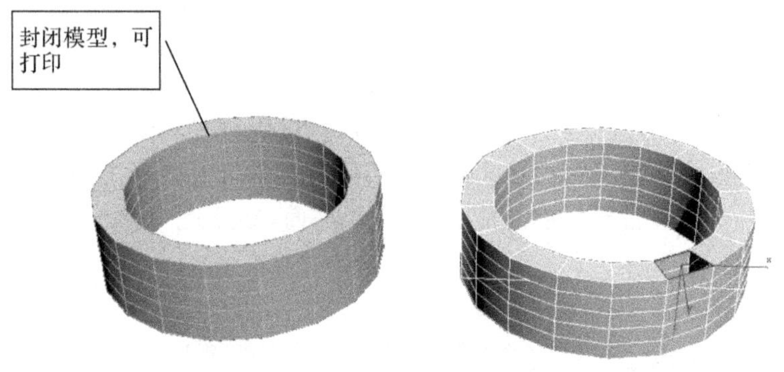

图3-26 建模物体模型必须为封闭

3.4.2 建模物体需要厚度

CG行业的模型通常都是以面片的形式存在的，但是现实中的模型不存在零厚度，我们一定要给模型增加厚度。如图3-27所示。

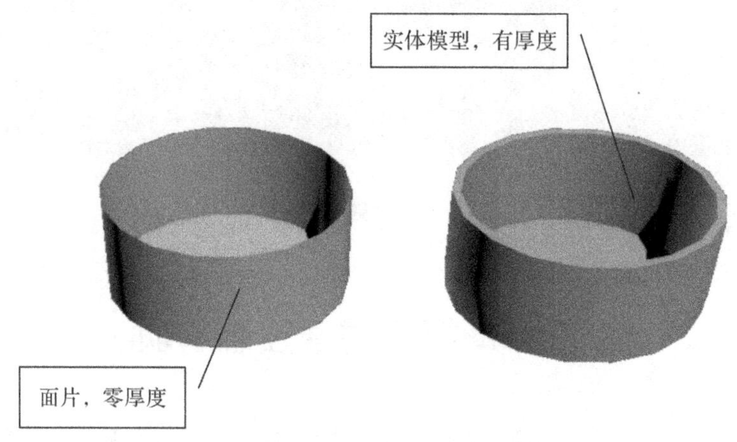

图3-27 建模物体需要厚度

3.4.3 物体模型必须为流形(manifold)

流形(manifold)的完整定义请参考数学定义。对于3D打印而言，如果一个网格数据中存在多个面共享一条边，那么它就是非流形的(non-manifold)。如图3-28所示，两个立方体只有一条共同的边，此边为四个面共享。

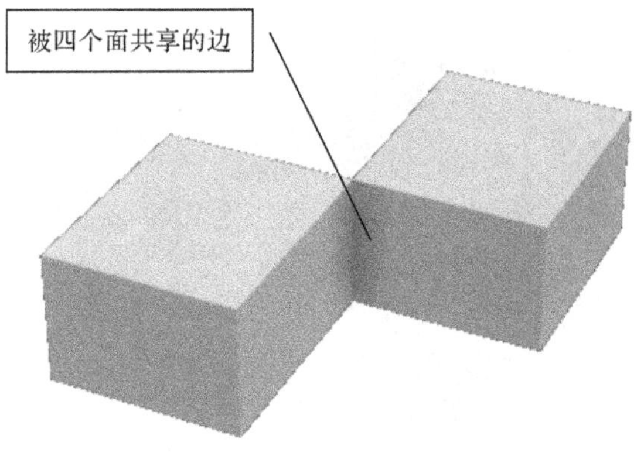

图 3-28　建模物体必须是流形

3.4.4　正确的法线方向

模型中所有的面法线需要指向一个正确的方向。如果你的模型中包含了错误的法线方向，我们的打印机就不能够判断出是模型的内部还是外部，如图 3-29 所示。

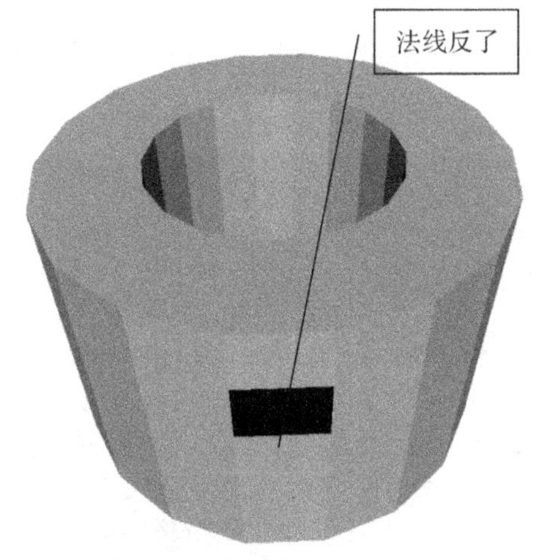

图 3-29　正确的法线方向

3.4.5　物体模型的最大尺寸

物体模型最大尺寸是根据 3D 打印机可打印的最大尺寸而定的。当模型超过 3D 打印机的最大尺寸，模型就不能完整地被打印出来。在 Cura 软件中，当模型的尺寸超过了设置机器的尺寸时，模型就显示灰色。物体模型最大尺寸根据您使用的机器而定，如图 3-30 所示。

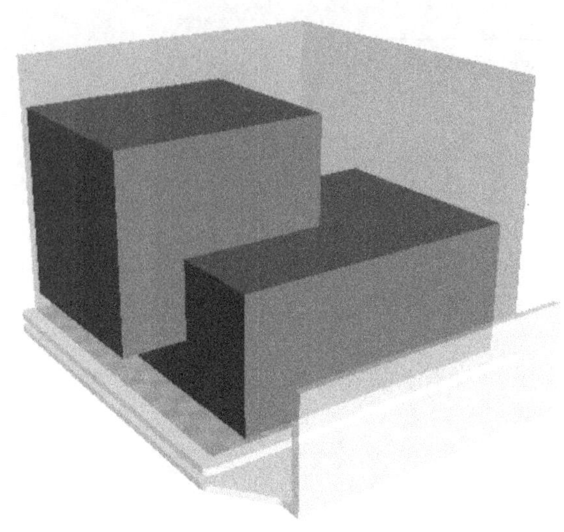

图 3-30　建模物体尺寸控制

3.4.6　物体模型的最小厚度

打印机的喷嘴直径是一定的，打印模型的壁厚应考虑到打印机能打印的最小壁厚。不然，会出现失败或者错误的模型。一般最小厚度为 2mm，根据不同的 3D 打印机而发生变化。如图 3-31 所示。

图 3-31　建模物体厚度考虑喷嘴直径

3.4.7　预留容差度

对于需要组合的模型，我们需要特别注意预留容差度。要找到正确的度可能会有些困难，一般解决办法是在需要紧密接合的地方预留 0.8mm 的宽度；给较宽松的地方预留 1.5mm的宽度。但是这并不是绝对的，还得深入了解打印机性能而定。

3.5 3D 打印的切片处理

3D 打印是把三维软件制作或用 3D 扫描而得的数据模型在现实世界中用一些真实材料堆积形成，制造过程中需要模型每一个截面的数据图形。就好比是医院做 CT 检查，CT 把我们人体某一部分的截面按照顺序扫描出来。

切片软件也就是把一个模型按照 Z 轴的顺序分成若干个截面，然后把每一个截面打印出来，最后堆叠起来就是一个立体的实物模型。

3D 打印模型的成功与否，很大程度取决于切片的好坏。切片软件的主要作用是将模型分层切片，根据模型形状生成不同的路径，从而生成整个三维模型的 GCode 代码。

目前，应用较多的 3D 打印切片软件有 Cura、Repetier-Host、Slic3r、Magics、simplify3D、Makerware、XBuilder 等。

3.5.1 Cura

Cura 是由 Ultimaker 所开发的切片软件。Cure 切片软件简单、易学，是开源免费软件。界面的功能分布是比较清晰明确的，工具栏统一在左边，右边是模型的显示界面。如图 3-32 所示。

Cura 目前汉化版本较多，比较容易上手。国内还有许多厂商基于开源软件二次开发的 Cura 软件，如：HORI3D 的 Cura。

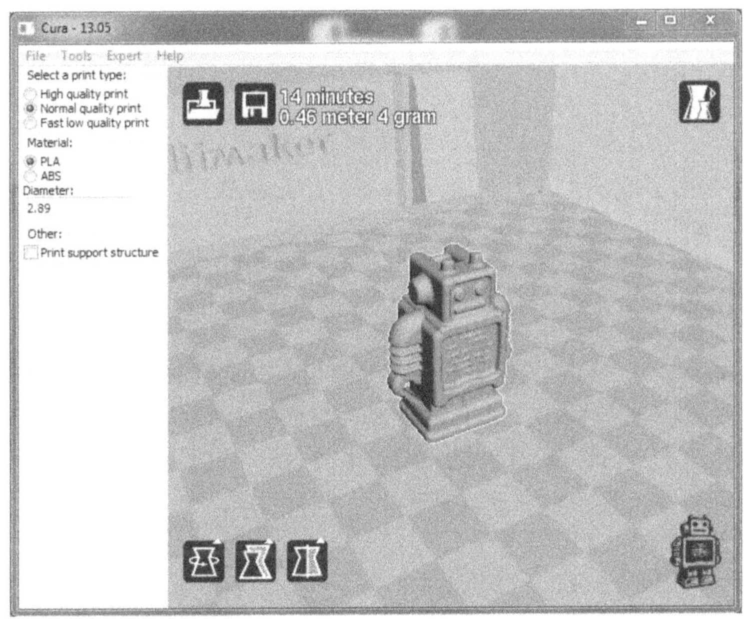

图 3-32 cura 软件

3.5.2 Repetier-Host

Repetier-Host 软件功能丰富，界面友好，是一个应用广泛的 3D 打印软件，用户可以在这个软件上设计模型，并使用相应的 3D 打印机进行快速打印。如图 3-33 所示。

Repetier-Host 可将生成 Gcode 以及打印机操作界面集成到一起，另外可以通过调用外部生成 Gcode 的配置文件，很适合初学者使用，尤其是其手动控制的操作界面，用户可以很方便地实时控制打印机。

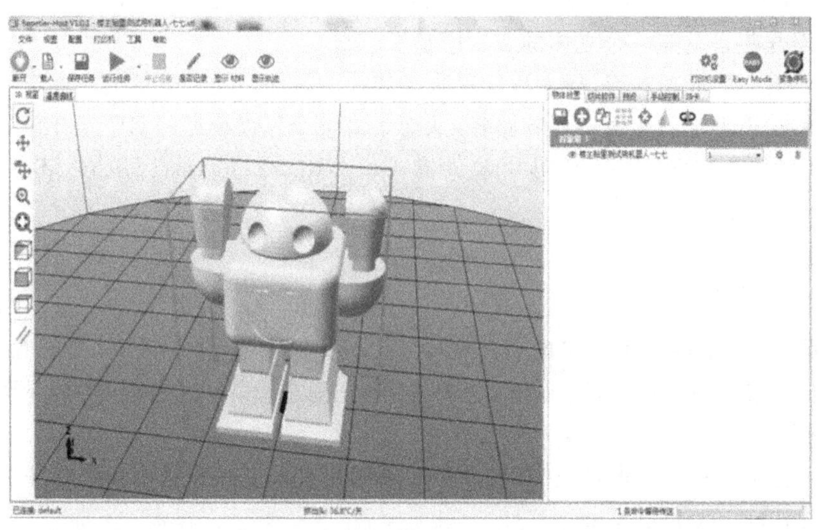

图 3-33　Repetier-Host 软件

3.5.3 Slic3r

Slic3r 是一款用于将 STL 文件转化成 Gcode 的开源软件，它具有生成快速、可配置参数灵活等特点。如图 3-34 所示。

3.5.4 Magics

Magics 是由 materialise 公司推出的一款专业快速成型辅助设计软件，可以方便用户对 STL 文件进行测量、处理等操作。对于处理 STL 文件工作，Magics 是理想的、完美的软件解决方案，是非常优秀的 STL 模型编辑、修复、生成和导出软件。此外，Magics 软件还自带 3D 打印功能以及切片功能。如图 3-35 所示。

3.5.5 Simplify3D

Simplify3D 是德国 3D 打印公司 GermanRepRap 推出的一款全功能打印软件，支持导入不同类型的文件，可缩放 3D 模型、修复模型代码、创建 Gcode 并管理 3D 打印过程。如图 3-36 所示。

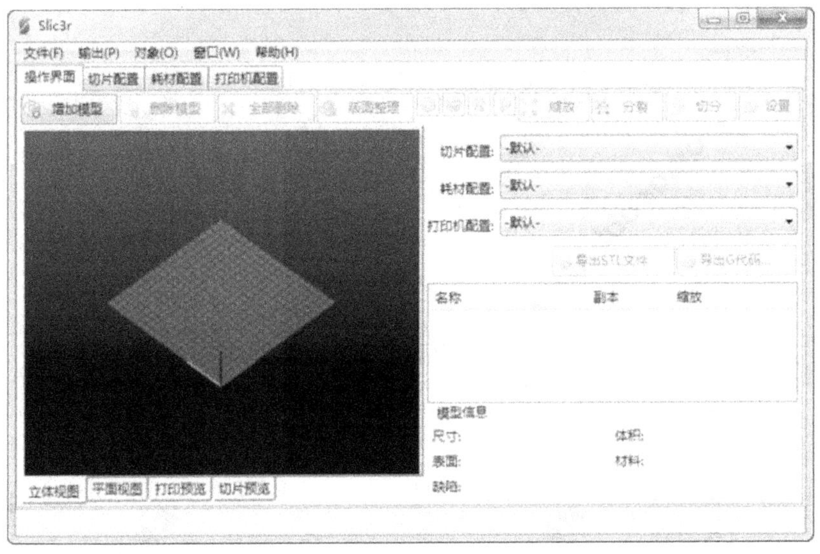

图 3-34 Slic3r 软件

图 3-35 Magics20 软件

3.5.6 Makerware

Makerware 是 MakeBot 的专用切片软件。Makerware 的界面设计美观，软件优化完善，键位设计合理，使用流畅，转码速度较迅速、稳定。如图 3-37 所示。

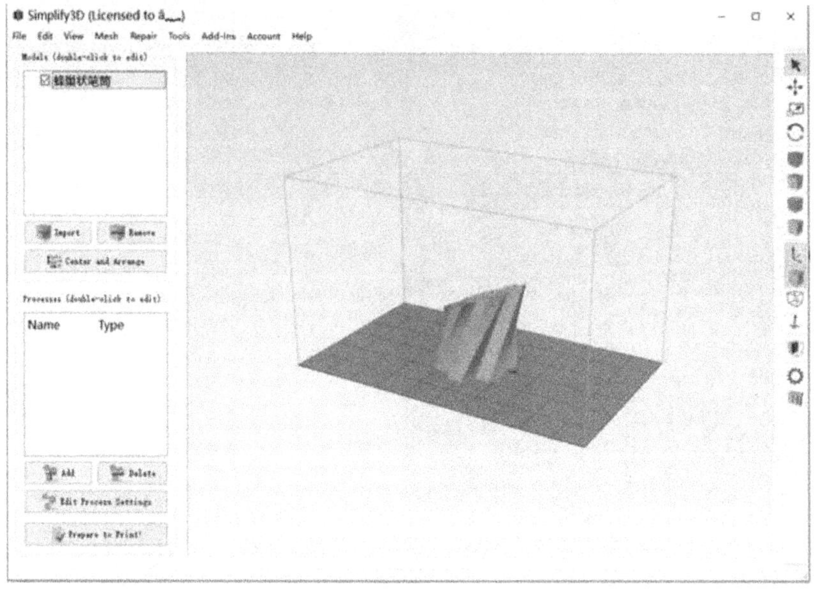

图 3-36　Simplify3D 软件

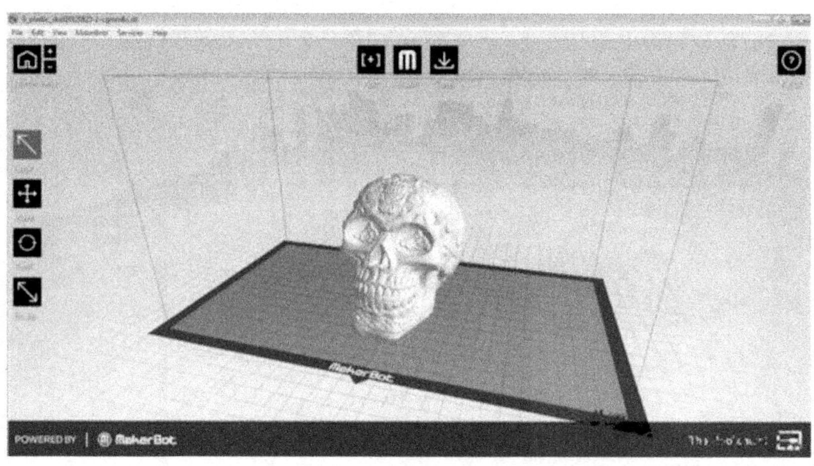

图 3-37　Makerware 软件

3.5.7　XBuilder

XBulider 也是市面上常见的 3D 打印切片软件之一。软件界面友好、操作简单、功能丰富。如图 3-38 所示。

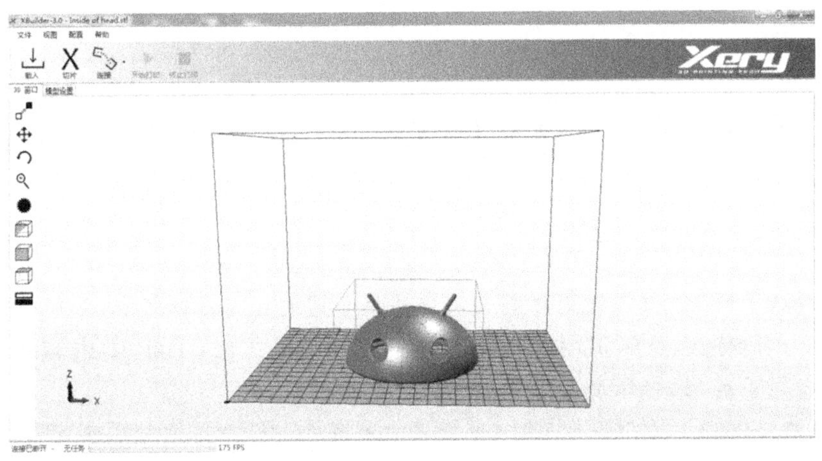

图 3-38　XBuilder 软件

3.6　本章小结

本章针对 3D 打印技术的建模思路、建模方法进行了详细讲解，对不同的 3D 扫描后处理软件、3D 打印的建模软件、3D 打印的切片软件进行介绍和对比。同时，特别强调了 3D 打印建模的注意事项。

习　题

1. 一般来说，3D 打印的建模方法有哪些？
2. 简述 3D 扫描数据获取过程。
3. 3D 扫描后处理软件有什么作用？
4. 简述 3D 打印建模软件的特点（三款以上）。
5. 简述 3D 打印建模过程中应注意的事项。

第4章 3D打印技术应用技巧

教学目标:了解3D打印表面改善常用方法及不同处理方法的特点,了解3D打印设计的特点,了解3D打印常见质量问题及改善方法,了解3D打印的成型技巧,了解3D打印设备的基本维护。

教学重点:3D打印结构设计思路、建模要求的理解,3D打印常见质量问题及改善方法的理解。

教学难点:3D打印成型技巧的理解与掌握,3D打印设备的维护。

4.1 3D打印表面改善

虽然3D打印能够制造出高品质的零件,但不得不说,零件上逐层堆积的纹路是肉眼可见的,特别是有大量支撑的情况。3D打印出来的物品表面还是会比较粗糙,这往往会影响用户的判断,尤其当外观是零件的一个重要因素时,就需要进行表面改善。

3D打印模型常见的表面改善方法有砂纸打磨、溶剂浸泡和溶剂熏蒸等。

4.1.1 砂纸打磨

砂纸打磨是利用砂纸摩擦去除模型表面的凸起,平整模型表面的纹理。可以用手工打磨或者使用砂带磨光机这样的专业设备。砂纸打磨是一种廉价且行之有效的方法,一直是3D打印零部件后期抛光最常用、使用范围最广的技术。

砂纸打磨在改善比较微小的零部件时会有问题,因为它是靠手动或机械地往复运动来打磨的,人手够不到的地方就打磨不了。一般用FDM技术打印出来的产品往往有一圈圈的纹路,用砂纸打磨消除手机壳大小的纹路,需要15分钟左右,但如果表面结构复杂,时间往往会翻倍。关键在于细节。如果零件有精度和耐用性的最低要求,一定要记住不要过度打磨,要提前计算好打磨去多少的材料,否则过度打磨会使得零部件变形报废。

4.1.2 溶剂浸泡

ABS溶于丙酮、醋酸乙酯、氯仿等绝大多数常见有机溶剂,因此可利用有机溶剂的溶解性对ABS材质的3D打印模型进行表面改善。

溶剂浸泡能快速消除模型表面的纹路,但要合理控制浸泡时间。时间过短无法消除模型表面的纹路,时间过长容易出现模型溶解过度,导致模型的细微特征缺失和模型变形。

目前,市场可购买专门用于3D打印模型的ABS抛光液,操作简单,将3D打印模型浸泡在溶剂中搅拌，待其表面达到需要的光洁效果即可取出。

4.1.3 表面喷砂

如图 4-1 所示，表面喷砂也是常用的模型表面改善工艺，操作人员手持喷嘴朝着抛光对象高速喷射介质小珠从而达到抛光的效果。喷砂改善一般比较快，5～10 分钟即可改善完成，改善过后产品表面光滑，有均匀的亚光效果。

图 4-1 表面喷砂处理

喷砂改善比较灵活，可用于大多数 FDM 材料。它可用于从产品开发到制造的各个阶段，从原型设计到生产都能用。喷砂改善喷射的介质通常是很小的塑料颗粒，一般是经过精细研磨的热塑性颗粒。据了解，RedEye 最常采用这些热塑性的塑料珠，因为它们比较耐用，并且能够提供一个从轻微到严重的磨损范围进行喷涂。此外，小苏打也是很好的喷砂介质，因为它不是太硬，虽然它可能比塑料珠不易清洁。

因为喷砂改善一般是在一个密闭的腔室里进行，所以它能改善的对象是有尺寸限制的。在 RedEye，其能够改善的最大零部件的大小为 24 英寸×32 英寸×32 英寸，而且整个过程需要用手拿着喷嘴，一次只能改善一个模型，因此不能规模应用。

喷砂改善还可以为对象零部件后续进行上漆、涂层和镀层做准备，这些涂层通常用于强度更高的高性能材料。

4.1.4 溶剂熏蒸

与溶剂浸泡类似，溶剂熏蒸是将 3D 打印零部件被浸渍在蒸汽罐里，其底部有已经达到沸点的液体。蒸汽上升可以融化零件表面 2μm 左右的一层，几秒钟内就能把它变得光滑闪亮。如图 4-2 所示，该产品中间的部分就经过了溶剂熏蒸改善。

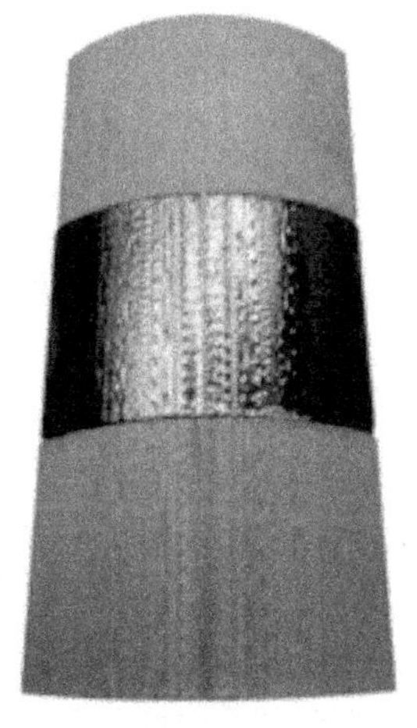

图 4-2 溶剂熏蒸处理

溶剂熏蒸被广泛应用于消费电子、原型和医疗应用。该方法不会显著影响零件的精度。但是与喷砂改善相似也有尺寸限制，最大改善零件尺寸为 3 英尺×2 英尺×3 英尺。另外溶剂熏蒸也可对 ABS 和 ABS-M30 材料进行改善，这是常见的耐用的热塑性塑料。

4.1.5 上色

因为除了全彩砂岩的打印技术可以做到彩色 3D 打印之外，其他的一般只可以打印单种颜色。有的时候需要对打印出来的物件进行上色，例如 ABS 塑料、光敏树脂、尼龙、金属等，不同材料需要使用不一样的颜料，如图 4-3 所示。

图 4-3 上色表面处理

4.2 3D 打印结构设计

3D 打印有很多优点，能够生产出超常规理念的复杂结构零件是它的最大特点，可以使零件在保证其强度的前提下大幅度减少材料的应用和减轻零件的重量。零件结构设计对发挥 3D 打印优点起着举足轻重的作用，这需要我们打破传统设计理念，充分发挥想象力和创造力。本节结合现有的资料报道和业内一些工程师的经验为您推荐几种 3D 打印零件设计理念。

4.2.1 以轻量化为目的

轻量化的设计要求就需要零件在结构上进行拓扑优化。拓扑结构优化优点在于在减少材料用量的同时仍可满足零件功能要求。3D 打印是拓扑优化复杂结构设计方案最便捷的制备方法。这在航空航天领域具有重要意义，可以显著降低飞机或飞行器重量。以减速板支架为例，如图 4-4 所示，传统技术制造的钛合金支架重量达 430.3g，通过结构优化设计后重量减轻 22%。

目前常采用的轻量化结构有以下几种：

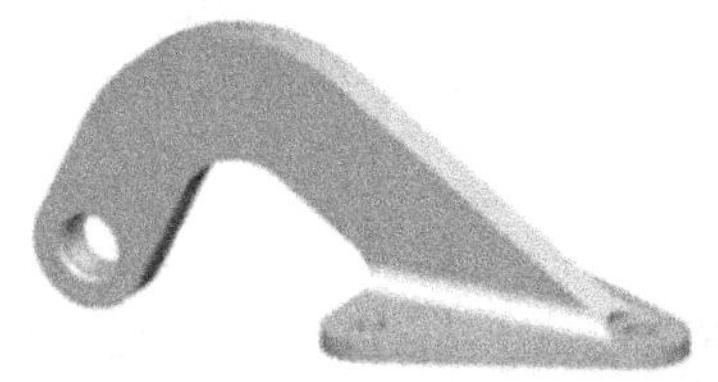
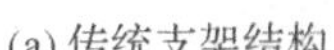
(a) 传统支架结构

(b) 拓扑优化的结构

图 4-4　结构优化对比

1. 桁架/刚架结构

桁架结构是由一些细杆通过一些节点相连而成，能在节省材料、实现打印要求的同时，满足所需的物理强度、受力稳定性、自平衡性的要求。

如图 4-5 所示为 Eurostar E3000 通信卫星上传统支架结构与优化后的桁架结构。桁架结构是由铝合金经 3D 打印一体化制造成的，整体重量较传统制造的减轻 35%，而刚性增加 40%。

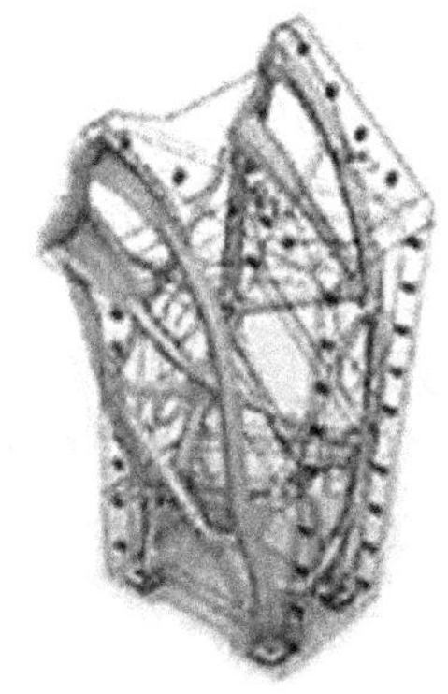

图 4-5　Eurostar E3000 通信卫星上传统支架结构与优化后的桁架结构

另外还有根据桁架结构衍生的蒙皮—刚架结构，即外表面是薄壁结构内部为铰接的杆件。这种结构运用在 3D 打印技术中可以体现为薄壁加铰接支撑杆件的形式。

2. 点阵夹芯结构

点阵夹芯结构在减重过程中的特点在于优化结构的同时亦能保证材料足够的强度。在航空航天工业中，点阵夹芯结构常被用于制作各种壁板，可用于翼面、舱面、舱盖、地板、消音板、隔热板、卫星星体外壳等的制备。如图 4-6 所示为一种点阵夹芯结构的减震梁。

图 4-6　优化的减震梁

点阵结构在减重的同时，也可起到其他特殊作用。

如图 4-7 所示，航空发动机润油系统的材料为 Ti-6Al-4V 油气分离器。其工作原理为将回油中的气体分离，这种网格结构孔隙率高达 95%，致密度降低到 0.5g/cm^2，可使得油气混合物经过时，小油滴被吸附于分离器内。Rolls-Royce公司使用这种结构实现了油气分离效率高达99%。这种结构在制造过程中问题在于未熔融的金属粉末黏附在框架上难以去除。

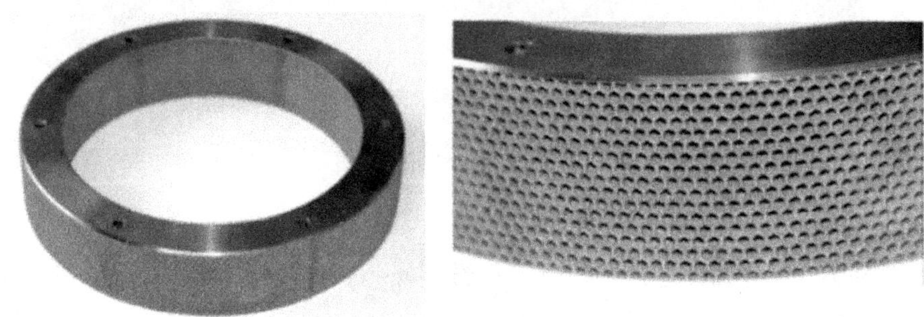

图4-7　Ti-6Al-4V油气分离器

3. 中空结构

中空结构为外壳为薄壁内部中空或内部添加简单支柱的结构。这种结构缺点在于需要内部支撑，且支撑难以去除或无法去除，如图4-8所示。

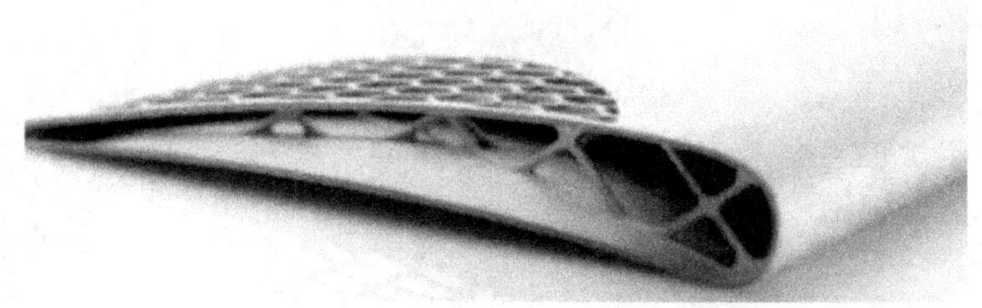

图4-8　中空结构

4.2.2　以生物相容性为目的

医学植入体中的多孔及胞格结构需要采用利于骨骼生长和细胞迁移的贯通式开孔结构。同时也为了避免由于金属高的弹性模量造成的“应力屏蔽”现象，保证植入体的力学性能与真实骨结构相匹配，就需要采用3D打印特有的多孔结构/胞格结构设计，根据需要对孔的类型、孔径尺寸、孔壁厚度及孔隙率进行设计后完成打印过程。

《粉床熔融技术在医疗植入体制造中的应用》一文中介绍了四种多孔结构/胞格结构单元，其构造与为实现轻量化要求的点阵夹芯结构类似。但是目的不同，其目的在于保证结构单元组成的生物植入体具有良好的生物相容性。以图4-9中Arcam公司EBM技术制造髋臼杯为例，经过生物体实验证明，这种结构植入体有较好的生物相容性，孔结构内有大量的骨组织长入。

图 4-9 多孔结构髋臼杯

4.2.3 其他复杂结构

1. 空间异型管道结构

空间异型管道传统的制造工艺为注塑成型、铸造等，传统工艺除去高的制造成本和长的生产周期外，对于管道需要的复杂样条曲线很难一次制备成功。随型冷却技术将模具制造与 3D 打印相结合来解决空间管道复杂形状成型的问题。

如图 4-10 所示为 Linear 公司利用随型冷却技术制备的空间异型管道结构。

图 4-10 空间异型管道

2. 一体化复杂结构

一体化复杂结构又分为静态机构和动态机构。其中静态机构设计中最有名的当属 GE 的喷油嘴。动态一体化机构特点在于免组装、可实现动态连接，传统机械构件都需要分步加工各单件，然后将单件装配起来。而 3D 打印可节省装配步骤，直接得到免组装的整体机构。典型代表——万向节，如图 4-11 所示。

如图 4-12 所示为宝马 DTM 采用 SLM 技术制备的铝合金水泵轮。这种一体化高精度的零件适合赛车运动等恶劣的环境。

在航空航天领域的复杂结构还包括发动机或导弹用小型发动机整体叶盘、增压涡轮、支座、吊耳、起落架等结构。

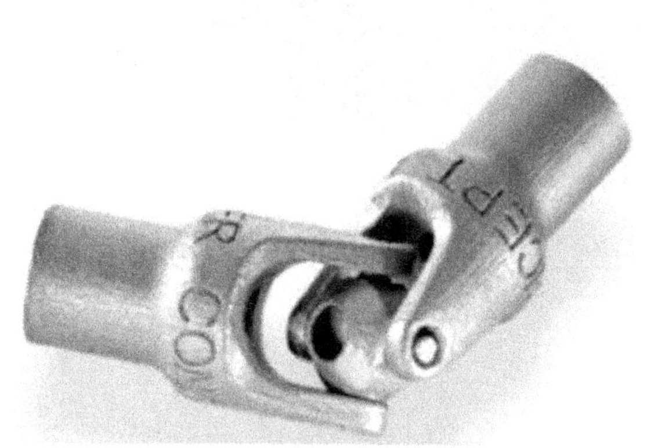

图 4-11　一体化复杂结构万向节　　　　图 4-12　铝合金水泵轮

3. 空间自由曲面结构

空间自由曲面结构采用传统方法是很难或者无法加工的。

例如，发动机叶片是这种薄壁复杂自由曲面的典型代表，如图 4-13 所示。传统的铸造方法和数控加工技术制备的叶片，分别存在表面质量差、加工效率低的缺点。增材制造技术为制造出几何精度高、表面质量好的叶片提供了技术条件。另外还可将点阵夹芯结构与自由曲面结构相结合，实现复杂曲面轻量化的目的。

图 4-13　发动机叶片

以及与此类似的空间自由曲面多孔结构，如图 4-14 所示，是一种薄壁管状燃烧室。

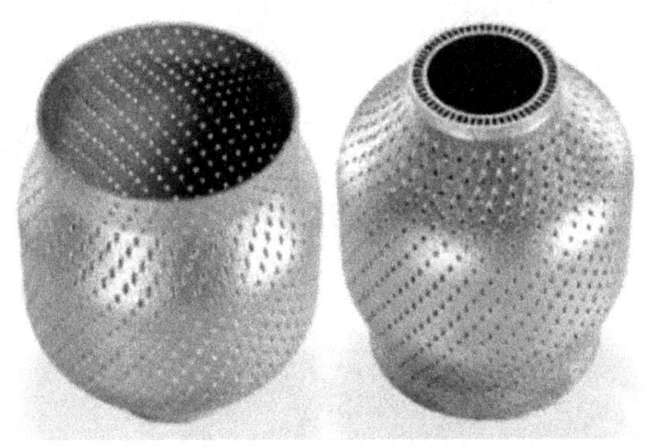

图 4-14　薄壁管状燃烧室

4.3　3D 打印常见质量问题及改善

4.3.1　翘边

1. 问题

模型底部一个或多个角翘起，无法水平附着于打印平台，会导致顶部结构出现横向裂痕，如图 4-15 所示。

图 4-15　翘边

2. 原因

翘边是常见问题，往往发生于第一层塑料因冷却而收缩时模型边缘而卷起。

3. 改善方法

使用加热打印床，使塑料保持一定温度，不至于固化——这称为“玻璃化转变温度”，就可使第一层材料平坦地附着于打印床。

在打印床上均匀地涂上一层薄薄的胶水，增加第一层材料的附着力，如图 4-16 所示。

确保打印床水平。

也可增加垫子结构，来加固打印平台的黏着力。

值得注意的是即使打印机有加热床，还是建议用胶水，并且调平打印床。

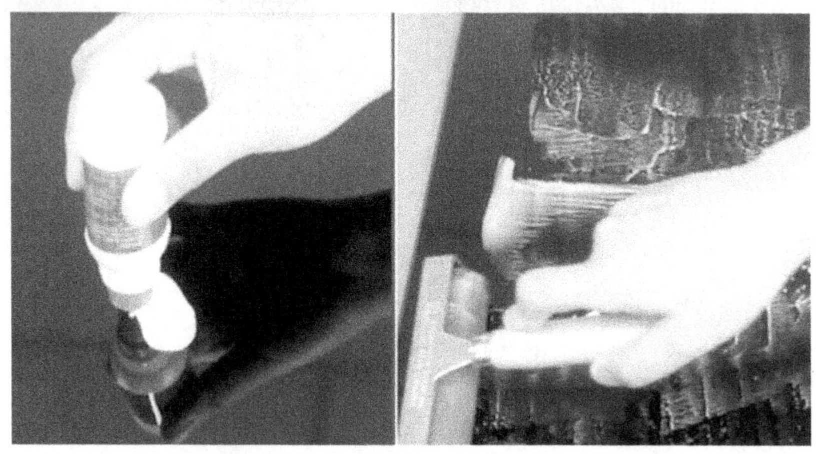

图 4-16　翘边改善方法

4.3.2　3D 打印“大象腿”

1. 问题

模型底部（即第一层）比设计的尺寸宽，如图 4-17 所示。

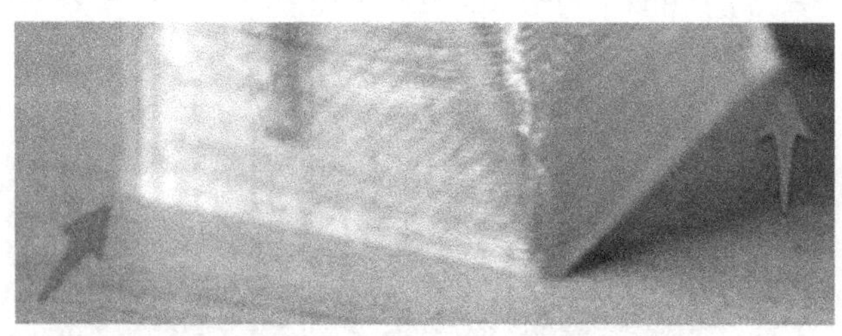

图 4-17　3D 打印“大象腿”

2. 原因

为了避免翘边过程中，用户常常会压扁第一层材料，这容易使底部突出成为“大象腿”。也可能随着模型重量的增加而对第一层材料形成挤压，如果此时底层还未固化（尤其是打印机有加热床的情况下），就可能出现此问题。

3. 改善

要想同时避免翘边和“大象腿”，有点难。为了尽可能减少模型底部的突起，建议调平打印床，打印喷头略微远离打印床（但不要太远，否则模型就无法黏附了）。此外，略微降低打印床温度。

也可以在设计 3D 模型时，在模型的底部挖个小倒角。从 5 毫米和 45°的倒角开始试验，直至最理想的效果。

4.3.3 第一层的其他问题

1. 问题

第一层材料黏附不理想，因此有些结构出现了松散；或是底部出现了不需要的材料线。如图 4-18 所示。

图 4-18 第一层出现松散或出现不需要的材料

2. 原因

这是打印床没有调平的典型案例。如果喷嘴离打印床太远，底面就会出现不需要的线条，或者第一层无法黏附。如果喷嘴靠得太近，就会结块。

此外，打印床要尽可能干净。打印平台的指纹印可能会影响第一层的黏附。

3. 改善

使用打印机软件重新调平打印平台。

清理打印平台上的指纹印。

打印前涂上一层薄薄的胶水。

4.3.4 底部结构收缩

1. 问题

模型底部零部件凹陷。

2. 原因

加热床温度过高。

加热挤出后的塑料像橡胶一样，先展开，然后冷却收缩。打印床的热度只能传递到一定高度(取决于温度)，此高度以下的塑料保温和可延展时长超过上方的塑料材料。因此，受上层重量的挤压，底部可能会凹陷。

3. 改善

降低打印床温度。有些打印机的打印床默认温度是 75℃，然而 PLA 材料的最佳温度是 50～60℃。此外，打印机内低处的冷却风扇应全速转动。

打印小型模型时，建议一次打印两份或者同时打印两件不同的模型。如此一来，打印头在每一层停留的时间就会延长。

打印底座大的模型时，不要降低打印床温度，否则，容易翘边。

4.3.5 倾斜的打印件/层错位

1. 问题

如图 4-19 所示，模型的上层移位。

图 4-19 错位

2. 原因

X 轴或 Y 轴的打印头不易移动。

X 轴或 Y 轴没有对齐，也就是说没有构成 100％的直角。

有滑轮没有固定到位。

3. 改善

关掉打印机电源，徒手试试是否能轻松移动各轴。如果感觉僵硬，或者某个方向更易/较难移动，那么在轴上抹油进行润滑。

检查各轴是否对齐：向打印机左侧和右侧移动打印头，检查滑块间距和两边的滑轮。重复此步骤，检查打印机前后方向。如果存在未对齐的情况，松开有问题的滑轮螺丝，略微推动滑块，对齐轴，然后紧固螺丝。另一轴重复上述步骤。

检查滑轮的螺丝是否紧固，需要的话，进行加固。

4.3.6 层未对齐

1. 问题

模型中间的一些层出现位移，如图 4-20 所示。

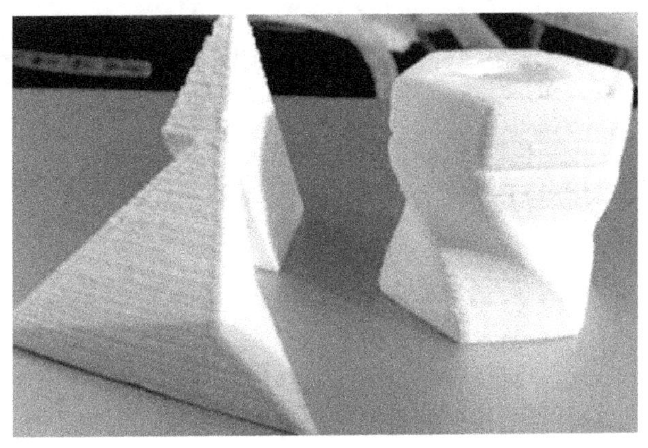

图 4-20　位移

2. 原因

打印机皮带没有紧固。

顶板没有加固，围绕底板摇晃。

Z 轴有一根杆不够直。

3. 改善

检查皮带，根据需要进行加固。

检查顶板，根据需要进行加固。

检查 Z 轴杆，更换不直的杆。

4.3.7　丢失层

1. 问题

由于跳过了某些层，导致产品存在间隙。

2. 原因

由于某些原因，打印机未能在本该打印的层提供所需的塑料材料，这就称为（临时）未挤出。可能是细丝（比如直径有差异）、细丝卷、送丝轮存在问题或者喷嘴堵塞。

打印床摩擦造成暂时性的卡死，这是由于垂直杆没有完全与线性轴承对齐。

Z 轴杆或轴承存在问题：杆歪曲、脏或抹油过度。

3. 改善

找到杆和轴承的问题，并解决。比如，如果油太多，那就擦掉。

如果杆和轴承没有对齐，查阅打印机用户指南，了解矫正方式。

找到未挤出的原因会比较难。检查细丝卷和送丝系统；打印测试，看看问题有没重现——这有助于找到问题。

4.3.8　高个模型出现裂痕

1. 问题

侧面出现裂痕，此问题在高个模型中尤其多见。

2. 原因

顶部材料比底部材料降温快——因为加热床的温度无法传递至高处。因此,顶部材料的黏合度降低。

3. 改善

将挤出机温度提高 10℃;打印床温度提高 5~10℃。

4.3.9 下陷

1. 问题

上表面出现凹陷,甚至有洞,如图 4-21 所示。

图 4-21 下陷

2. 原因

通常是由于冷却存在问题或上表面不够厚实。

3. 改善

打印上表面时,将冷却风扇设置为最高速。

确保上表面至少有 6 层厚度。

4.3.10 拉丝

1. 问题

模型零部件间出现不需要的塑料丝,如图 4-22 所示。

2. 原因

打印头在非打印状态下移动时,打印头滴落部分细丝。

3. 改善

大多数打印机都有回缩功能。启动此功能后,在非打印状态下移动打印头前打印机就会缩进细丝。这样就不会有多余的塑料材料从打印头滴落,形成拉丝了。确保在分层软件中启动此功能。

图 4-22 拉丝

4.4 3D 打印的成型技巧

4.4.1 45°法则

任何超过 45°的突出物都需要额外的支撑材料或是高明的建模技巧来完成模型打印，而有些 3D 打印的支撑结构比较难处理。添加支撑既耗费材料，又难处理，而且处理之后会破坏模型的美观。因此，要记住 45°法则如图 4-23 所示。

图 4-23 45°法则打印案例

4.4.2 尽量避免使用支撑材料

支撑材料去除后会在模型上留下印记，且去除的过程也会非常耗时。因此，模型设计时要尽量不考虑采用支撑材料的结构，以便直接进行 3D 打印。

4.4.3 设计打印底座

用于 3D 打印的模型底面最好是平坦的，这样既能增加模型的稳定性，又不需要增加支撑。可以直接用平面截取底座获得平坦的底面，或者添加个性化的底座。

尽量避免使用内建的打印底座，否则一方面会降低打印速度，另一方面根据不同软件或打印机的设定，内建的打印底座可能会难以去除并且损坏模型的底部。

4.4.4 了解打印机极限

了解待打印模型的细节，有没有一些微小的凸出物或是零件因为太小而无法使用桌面级 3D 打印机打印。要特别注意 3D 打印机一个很重要但常常被忽略的参数：线宽(Thread Width)。

线宽是由打印机喷头的直径来决定的，大部分的打印机拥有直径是 0.4mm 或0.5mm 的喷头。用 3D 打印机画出来的圆，大小都至少是线宽的两倍。举例来说，一个0.4mm的喷头画出来的圆最小直径是 0.8mm，而 0.5mm 的喷头画出来的圆最小直径则是 1mm。

4.4.5 连接零件选择合适容许公差

为需要连接的模型设计合适的容许公差。设计合适公差的技巧是：在需要紧密接合的地方(压合或联结物件)预留 0.2mm 的宽度；给较宽松的地方(枢纽或箱盖)预留 0.4mm 的宽度。

4.4.6 适度的使用外壳

对精度要求比较高的模型，不要使用过多的外壳，如对于印有微小文字的模型来说，多余的外壳会让这些精细处模糊掉。

4.4.7 善用线宽

善用线宽。例如，如果想要制作一些可以弯曲或是厚度较薄的模型，可以将模型厚度设计成一个线宽厚。

4.4.8 调整打印方向以求最佳精度

应该以可行的最佳分辨率方向来作为模型的打印方向。例如，熔融沉积(Fused-Filament Fabrication，FFF)技术的打印机，只能控制 Z 轴方向的精度，因为 XY 轴的精度已经由线宽决定了。如果模型有一些精细的设计，要确认一下模型的打印方向是否有能力印出精细特征。

如果需要，可以将模型切成好几个区块来打印，然后再重新组装。

4.4.9 根据压力来源调整打印方向

由于 3D 打印是“分层制造，逐层叠加”的，所以，层与层之间的强度相对较弱。因此，应该调整适合的打印方向，让打印线垂直于应力施加处。

同样，在打印的过程中，大尺寸模型可能会在打印台上冷却时，沿着 Z 轴的方向裂开。

4.5 3D 打印设备维护

设备维护及常见打印问题处理是 3D 打印专业人员的必备技能。本小节以 UP Plus2 3D 打印机为例，说明 3D 打印机的常用维护与操作技巧。

4.5.1 喷嘴清理

多次打印之后喷嘴可能会覆盖一层氧化的 ABS。当打印机打印时，氧化的 ABS 可能会熔化，造成模型表面点型变色，因此需要定期清洗喷嘴。

清洗喷嘴的方法如下：(1)预热喷嘴，熔化被氧化的 ABS；(2)使用一些耐热材料，例如纯棉布或软纸清理喷嘴，如图 4-24 所示。

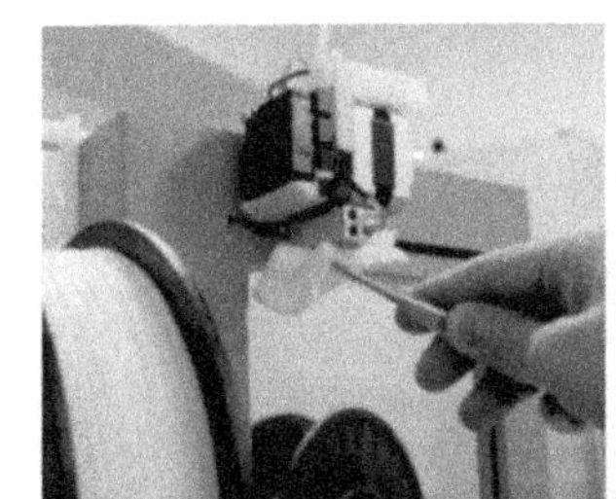
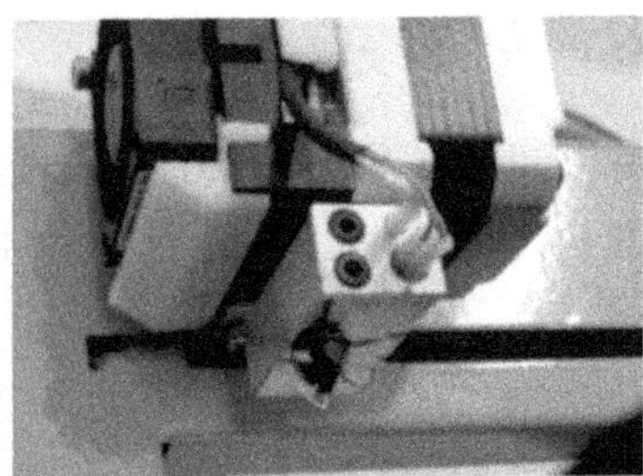
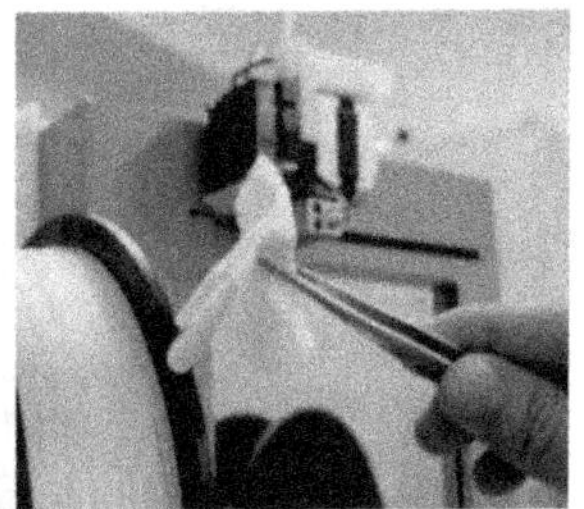
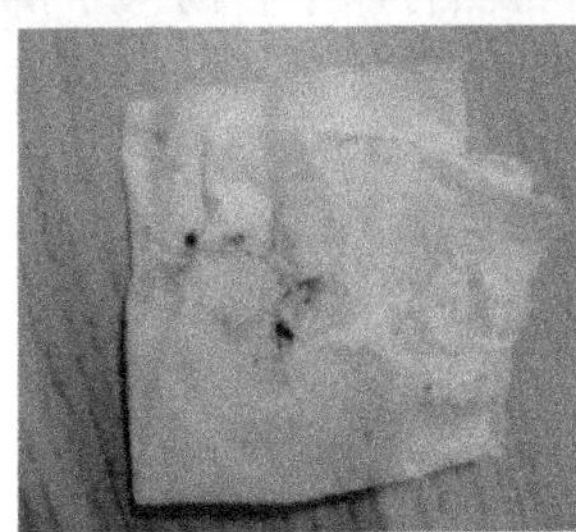
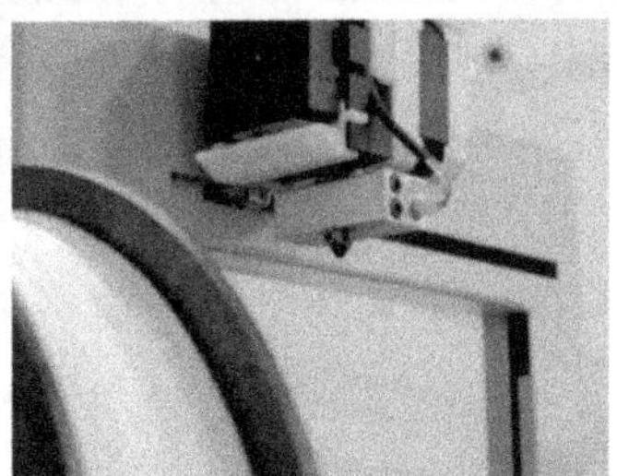

图 4-24 清理喷嘴

由于 3D 打印的丝材长时间暴露在外，容易吸附空气中灰尘和其他杂质，积聚在喷嘴内部，影响丝材正常喷出，甚至造成喷嘴堵塞。在打印工作时，可以通过观察丝材表面质量和测量喷嘴喷出丝材的直径来了解喷嘴的工作情况。当喷出丝材直径明显小于喷嘴出丝口直径或表面粗糙时，则说明喷嘴内部积聚杂质，需要进行喷嘴清理。

"UP Plus2 3D 打印机喷嘴"疏通步骤:(1)加热喷嘴温度至最高温度,用喷嘴扳手顺时针取出喷嘴;(2)用酒精灯烧热喷嘴,待堵塞的物质自然挥发即可;(3)喷嘴冷却后,清洗并安装。如图 4-25 所示。

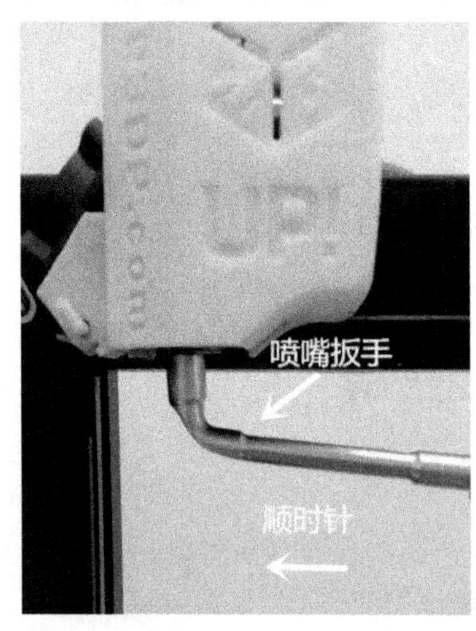

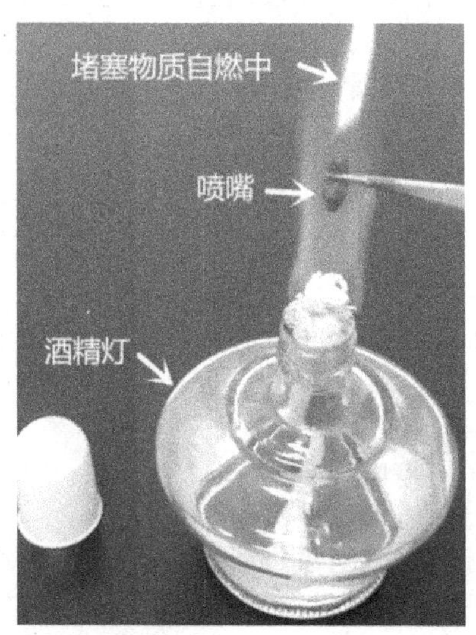

图 4-25　UP Plus 2 清理喷嘴

4.5.2　打印平台水平校准

3D 打印,要求打印平台具有较高的水平度,因为打印平台的水平度直接影响打印初始阶段喷嘴与打印平板之间间隙的均匀程度。间隙过大,容易出现基底翘边;而间隙过小,则容易堵塞喷嘴。

在正确校准喷嘴高度之前,需要检查喷嘴和打印平台四个角的距离是否一致。

UP Plus2 3D 打印机,可借助"水平校准器"检测打印平台的水平情况。也可通过软件中的"自动水平校准"选项,在打印数据生成过程中,使用水平校准器依次对平台的九个点进行校准,并自动对打印工作平台各个位置进行补偿。

若打印平台水平程度较差时,可通过调节平台底部的弹簧来矫正。拧松一个螺丝,平台相应的一角将会升高。拧紧或拧松螺丝,直到喷嘴和打印平台四个角的距离一致。如图 4-26 所示。

4.5.3　垂直校准

垂直校准可以确保打印平台完全沿着 X 轴、Y 轴和 Z 轴的水平方向进行。UP Plus2 3D 打印机控制软件附带校准模型文件。垂直校准需借助校准模型,操作步骤如下:

(1)校准模型打印完成后,测量 X1 和 X2 的长度,从 3D 打印菜单中打开校准对话框,在相应的文本框中输入 X1 和 X2 的测量值,如图 4-27 所示。

(2)取下 L 形组件,测量其偏差,如图 4-28 所示。在 Z 对话框中输入准确值。如果此值

图 4-26　平台水平校准

在偏离右侧，输入 Z 框中的值就是一个正的数值。如果此值在偏离左侧，输入 Z 框中的值就是一个负值。

(3)测量中心组成部分的高度，在不进行缩放的情况下应该是 40mm。在 H 框校准对话框中输入测量的准确值。

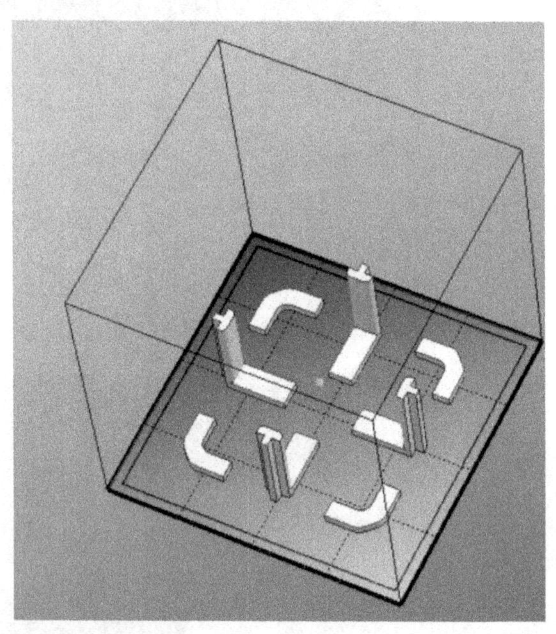

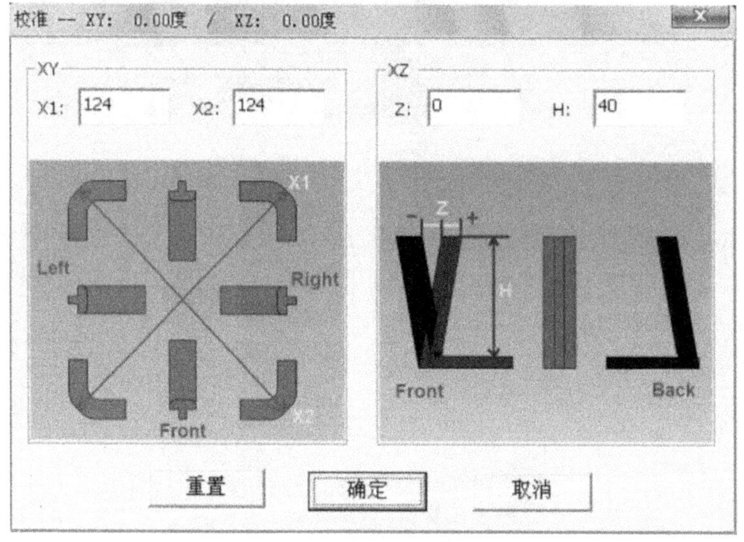
校准 -- XY: 0.00度 / XZ: 0.00度
XY
X1: 124
X2: 124
XZ
Z: 0
H: 40
X1
Left
Right
Front
X2
Z
H
Front
Back
重置
确定
取消

图 4-27　校准界面

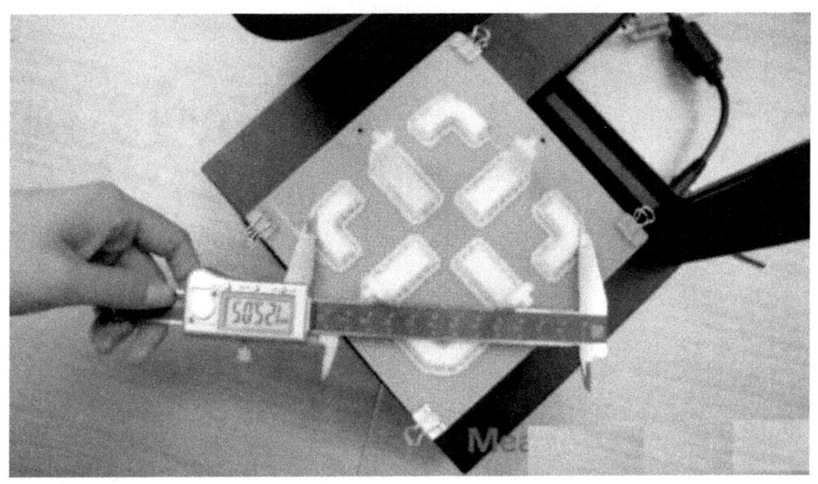

图 4-28　检测垂直校准模型打印结果

4.6　本章小结

本章对 3D 打印技术应用技巧进行了详细讲解，包括：表面改善，3D 打印结构设计，成型过程中常见质量问题及改善，3D 打印的成型技巧及设备简单维护方法。

习　　题

1. 列举 3D 打印产品表面处理方法，并说明其特点。
2. 简述 3D 打印结构设计要求。
3. 列举 3D 打印常见质量问题及改善方法。
4. 有哪些 3D 打印的成型技巧？
5. 简述 UP Plus 2 3D 打印设备的常规维护方法。

第5章　SLA及正向造型实例：瓷鸣·手机共鸣音箱

教学目标：了解SLA技术的成型特点和实施过程，了解3D打印产品正向设计的方法及过程。

教学重点：3D打印SLA技术实施过程的理解与掌握，3D打印后处理方法的理解。

教学难点：产品正向造型设计思路、建模要求的理解与掌握，SLA成型技术技巧的理解与掌握。

5.1　案例描述

瓷鸣·手机共鸣音箱(以下简称音箱，如图5-1所示)由“器道”品牌创始人李锋设计，2013年获德国红点设计概念奖，2015年获中国工业设计界最高奖——红星奖。

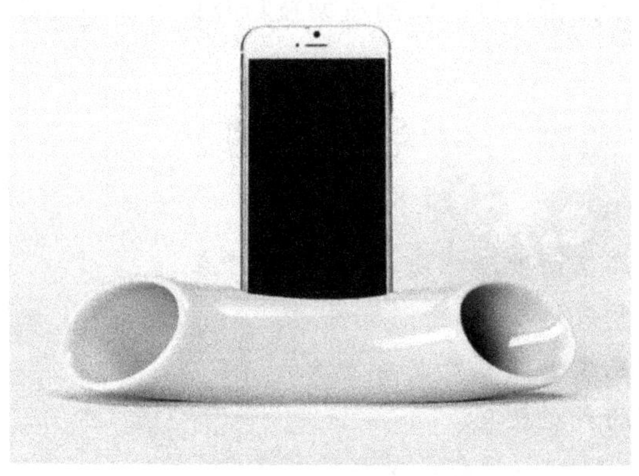

图5-1　瓷鸣·手机共鸣音箱

共鸣音箱的工作原理是：当手机放入共鸣音箱的座槽内时，音乐就会通过声孔进入共鸣腔，在这里形成共鸣，从而增大音量、加重低音，然后从左右两个出声口传出，进而使单孔出声的手机形成了立体声效果(如图5-2所示)。

本案例是一个典型的正向设计，即根据产品的功能定位，完成产品的概念设计，包括：产品的工作原理、设计关键点及外形等；然后制作产品的测试模型，以验证产品是否达到设计目标。

从自然扩音效果和低碳环保的角度来考虑，产品的测试原型应该选择陶瓷材料制成。因为陶瓷质地坚实细密、表面光滑，敲击声清脆悦耳，具有独特的音质和音色，自古就是制作

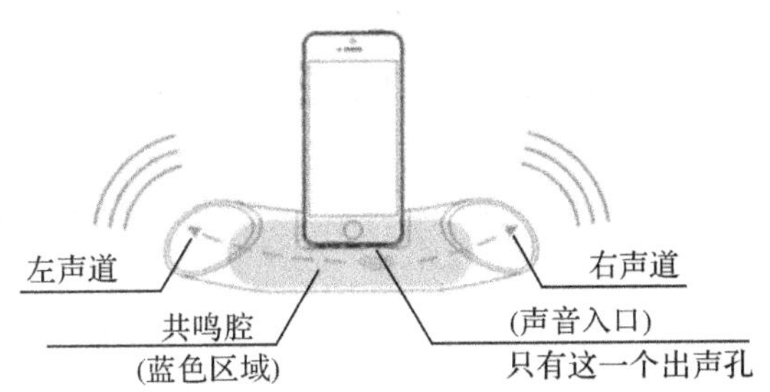

图 5-2　共鸣音箱原理示意

乐器的良好材料。但由于音箱从设计到产品，需要经过对形态、尺度、重心、出音孔朝向、手机的放置位置和角度进行反复的计算和测试，而陶瓷器具制作工艺复杂、价格较高、制作时间较长，用作测试原型费时费力。

3D 打印技术不仅可以精准地还原设计细节，而且制造速度快。因此，3D 打印技术可帮助用户在产品开发过程中快速得到产品的样机，以供设计验证与功能验证，检验产品可制造性和可装配性等，能加快产品的实用化和商业化的进程。

本例是一个共鸣音箱，结构相对简单，但需要较为光滑的表面，因此选择激光立体光固化(SLA)快速成型方法来进行模型制造较为合适。

如何用 3D 打印技术制作测试模型呢？首先要从模型的三维设计开始。

5.2　设计思路

5.2.1　产品功能定位

本例作为手机共鸣音箱，在设计之初，首先要考虑的就是音箱和使用者之间的位置关系。根据现实的使用情景分析，手机在使用音箱播放音乐时，一般是放置在桌面上，所以在设计音箱时要特别考虑人耳与声源的位置关系(如图 5-3 所示)。

图 5-3　人机位置关系

可以看出：

- 声音的传播相对于人耳来说是倾斜向上。
- 手机屏幕相对于人眼来说也是倾斜向上。

根据以上分析的使用环境、条件以及使用体验，绘制出已形成的概念图如图5-4所示。

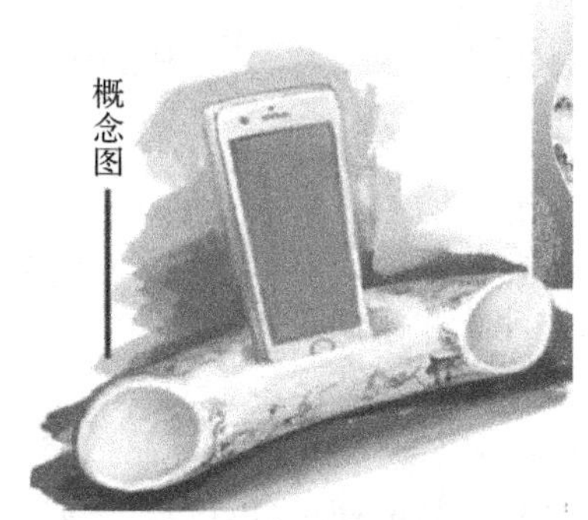

图5-4　概念图

剖析概念图，可以明确并最终形成对手机音箱组成和结构的设计，如5-5所示。

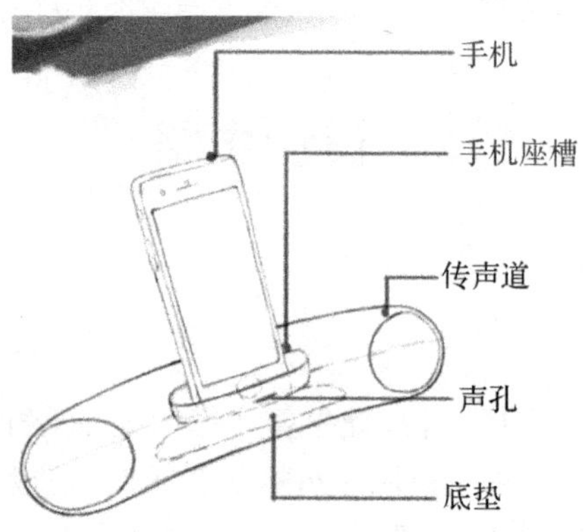

图5-5　手机音箱设计

本次设计的手机音箱包括：

- 手机座槽(用于放置手机)；
- 声孔(手机与音箱之间的传声道，处于隐藏部位，概念图上就没有单独给予其介绍)；
- 传声道(音箱发声的部位)；
- 底垫(让音箱“站稳”的部分)。

5.2.2　产品设计关键

1. 外形设计关键

考虑到前述的设计构想和主题，本例中手机音箱的外形采用弧形外观。弧形由环形切割而来(如图5-6所示)。切割的形状，已经决定了声道的位置，若要满足声道传声倾斜向上的条件就要用底垫来辅助形成，所以底垫的位置是一个比较关键的地方。手机座槽的位置也因此需要处于与底垫对应的地方。

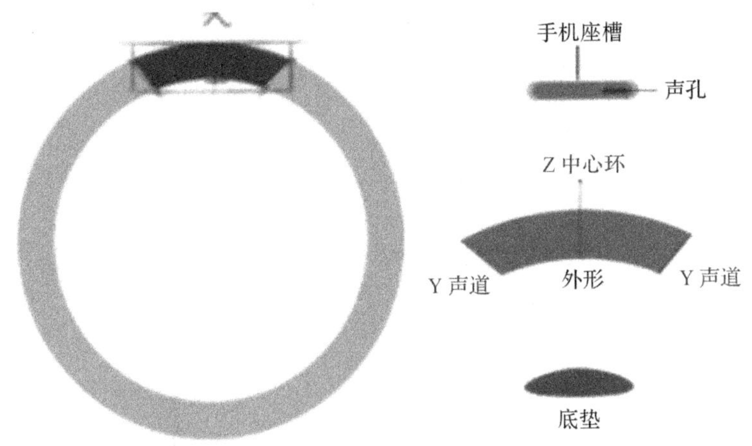

图 5-6　弧形外观

2. 底垫和手机座槽设计关键

用 Z 中心环来解析底垫和手机座槽所处的位置以及底垫的关键(如 5-7 所示)。

图 5-7　手机座槽位置和底垫的关键

3. 声道设计关键

底垫的位置巧妙地让瓷鸣音箱“站立”起来，使传声道可以倾斜向上(如 5-8 所示)。

图 5-8　声道位置设计

5.2.3　产品三视图

根据上面一系列的细节分析绘制瓷鸣·手机共鸣音箱的三视图(如图 5-9 所示)。

至此，设计完毕。

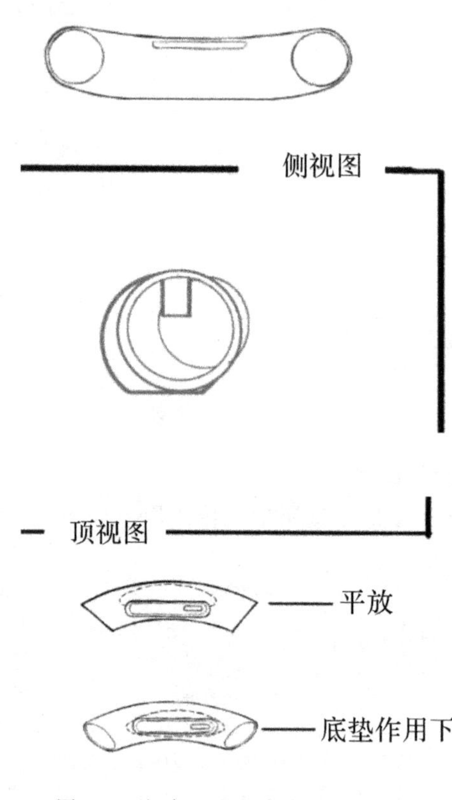

图 5-9　瓷鸣·手机共鸣音箱三视图

5.3　正向造型数据建模

本例所需的三维模型采用主流的三维建模软件 UG NX 来完成。

实体建模就是利用建模软件的实体建模模块所提供的功能，将二维轮廓图延伸成为三维的实体模型，然后在此基础上添加所需的特征，如抽壳、钻孔、倒圆角等。除此之外，UG NX实体模块还提供了将自由曲面转换成实体的功能，如将一个曲面增厚成为一个实体，将若干个围成封闭空间的曲面缝合为一个实体等。

5.3.1　总体分析

应用实体建模和草图等命令，完成如图 5-10 所示零件“瓷鸣”的实体造型设计。

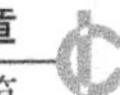

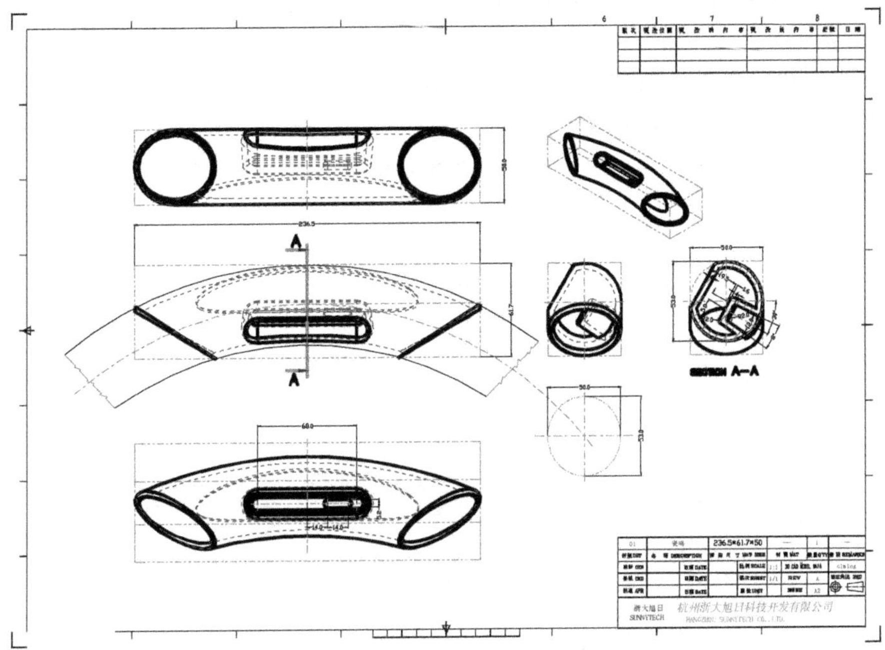

图 5-10　瓷鸣 2D 图

5.3.2　设计分析

UG NX 的特征建模实际上是一个仿真零件加工的过程，如图 5-11 所示，图中表达了零件加工与特征建模的一一对应关系。

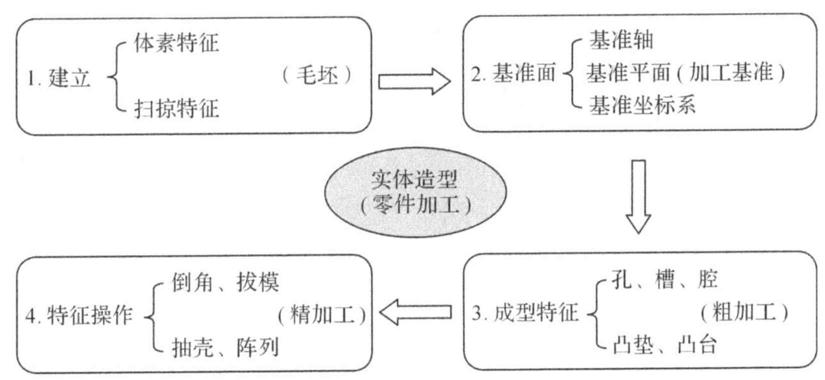

图 5-11　建模一般流程

本例是一个艺术造型的手机共鸣音箱。它的外形结构简洁，主要由音箱主体及中间手机座槽组成，整体是一个空心的壳体，属于特殊类型的实体造型。

对于手机音箱的设计除了要用到实体建模操作命令外，还要运用草图、曲线造型命令才能完成。此外，在细节设计中，会遇到一些特殊的操作技巧，如基准平面创建、倒圆角、抽壳等方法。

依据产品2D图，手机音箱的建模思路如图5-12所示，由图可知其三维模型设计过程可按以下步骤进行：

(1)创建手机音箱主体，其形状是一段弧形圆环。

(2)创建手机座槽及音箱放置平面。

(3)细节设计，主要包括抽壳、音箱孔及圆角设计。

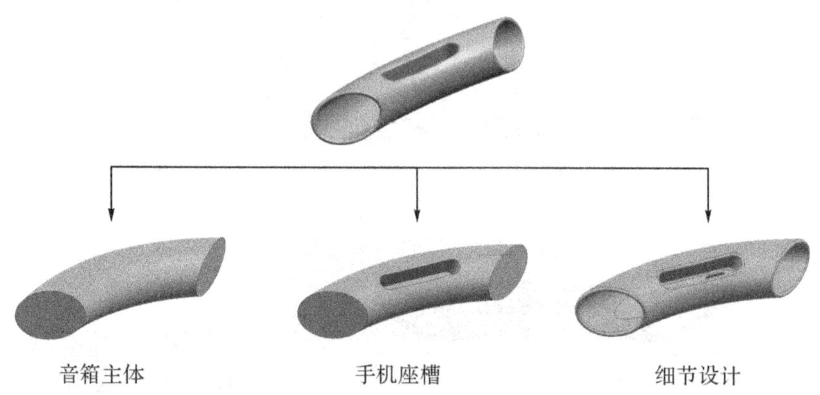

图5-12　手机音箱设计拆分

创建完成后的手机音箱数模如图5-13所示。

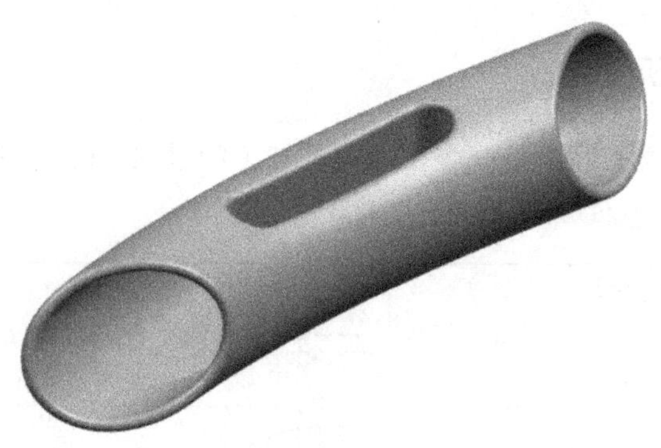

图5-13　手机音箱3D模型图

5.3.3　建模实施

1. 创建音箱主体

(1)绘制扫掠轨迹曲线草图

使用“草图”命令，进入(XC-YC)平面，用“圆”命令画出直径490的圆形。单击“完成草图”按钮，如图5-14所示完成扫掠轨迹曲线草图。

(2)创建截面轮廓椭圆

首先，调整“WCS方向”坐标系，将ZC轴沿着YC轴旋转－90°，如图5-15WCS坐标系所示。

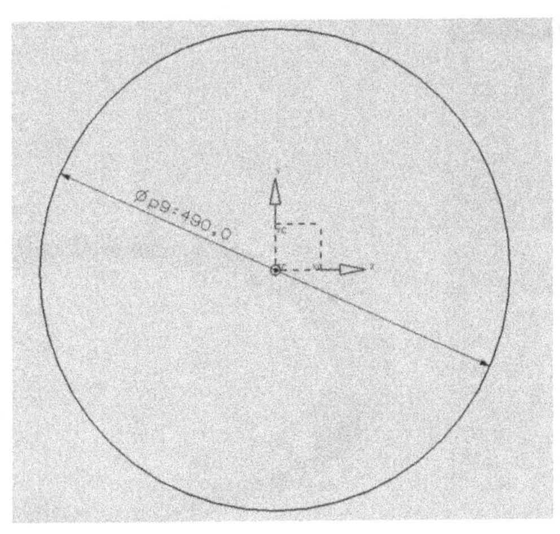

图 5-14　扫掠轨迹曲线

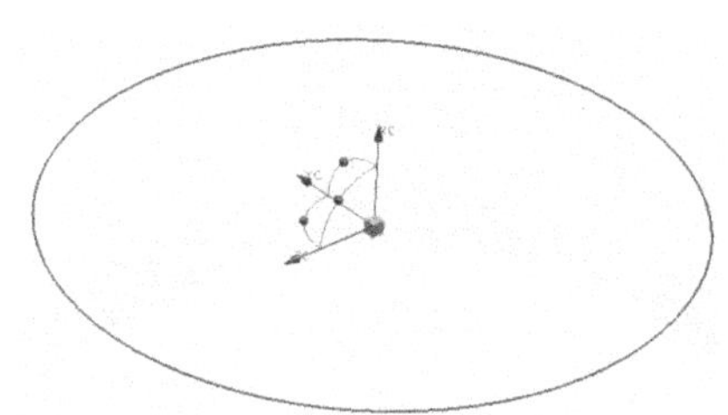

图 5-15　WCS 动态坐标调整

然后，选择“插入”“曲线”“椭圆”命令，进入(XC-YC)平面，用“椭圆”命令，在选择条中选择“象限点”，设置椭圆的长半轴 25，短半轴 26.5，单击“确定”按钮，完成截面轮廓椭圆创建，如图 5-16 所示。

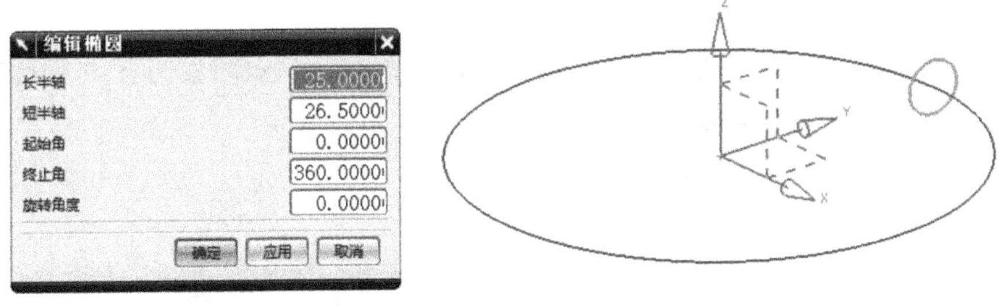

图 5-16　创建椭圆曲线

(3)扫掠拉伸主体

选择“插入”“曲面”“扫掠”命令，在截面对话框中选择椭圆，在引导线对话框中选择草图中创建的直径 490 的圆，单击“确定”按钮完成椭圆环的扫掠，如图 5-17 所示。

(4)修剪椭圆环

首先，创建修剪曲线草图。如图 5-18 所示中两条直角即为修剪曲线。

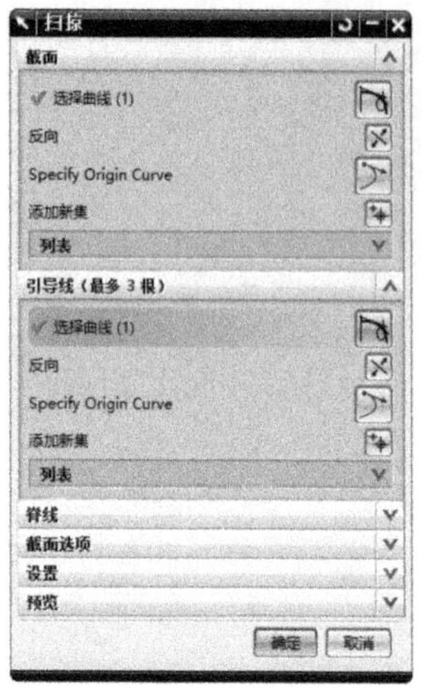

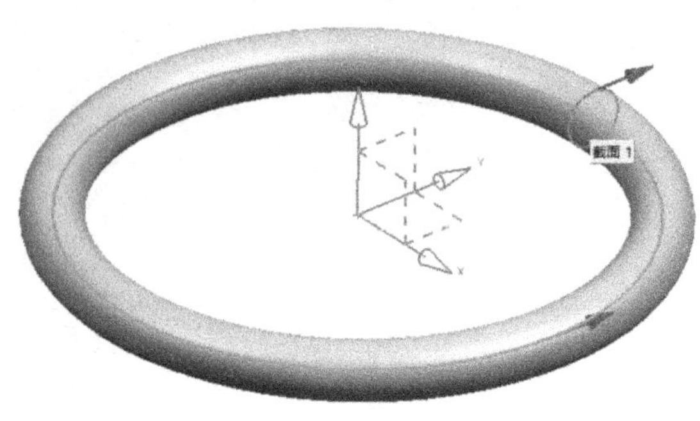

图 5-17　创建椭圆环

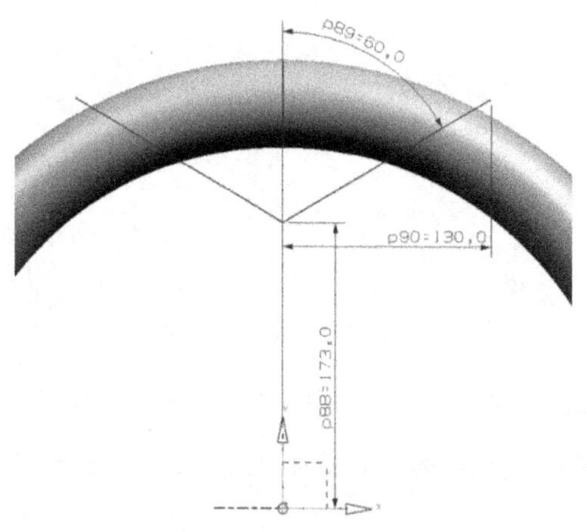

图 5-18　绘制两条直线

然后，选择刚刚创建的草图曲线进行拉伸完成修剪平面的创建，如图 5-19 所示。

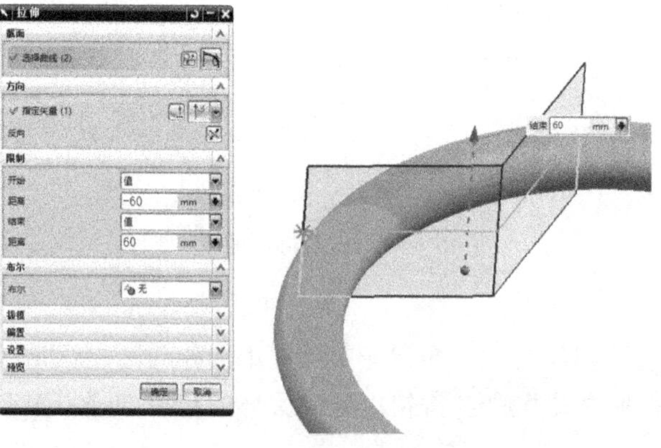

图 5-19　创建修剪平面

最后，单击“修剪体”命令，如图 5-20 所示，完成对椭圆环的修剪得到音箱的主体结构。

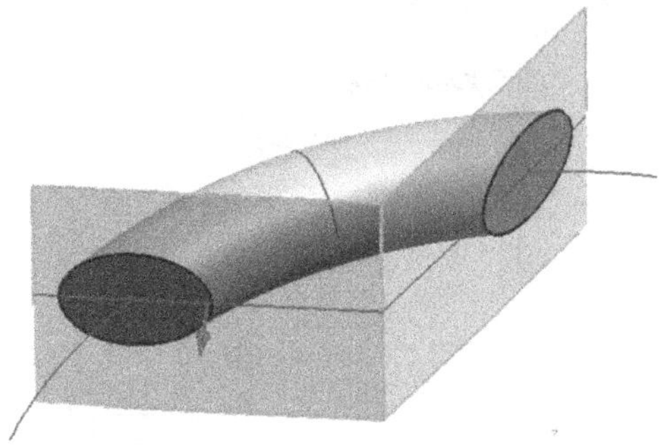

图 5-20　修剪椭圆环

2. 创建手机座槽及底垫

(1)创建 WCS 坐标系，选择椭圆中心点

调整坐标系角度，选择 YZ 平面旋转点，输入角度 30°，如图 5-21 所示，完成手机座槽坐标系创建。

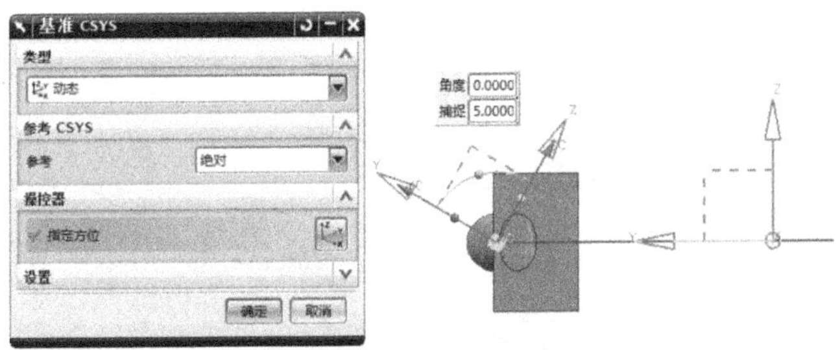

图 5-21　创建 WCS 坐标系

(2)绘制手机座槽及声孔曲线草图

选择 XC-YC 平面进入草图界面，完成如图 5-22 所示草图创建。

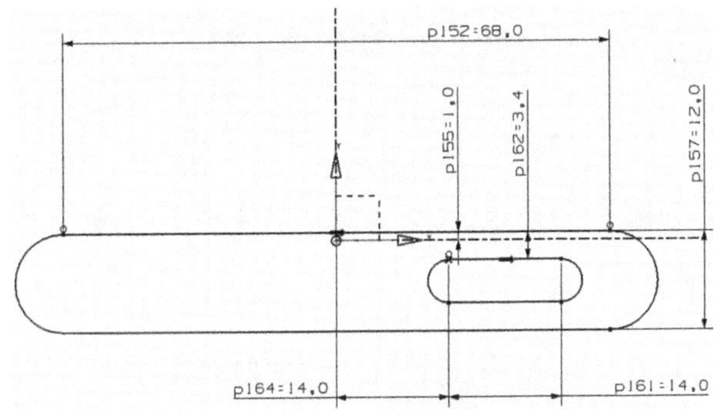

图 5-22　手机座槽及声孔曲线

(3)创建手机座槽

选择“拉伸”命令,单击“确定”完成手机座槽的创建,如图 5-23 所示。

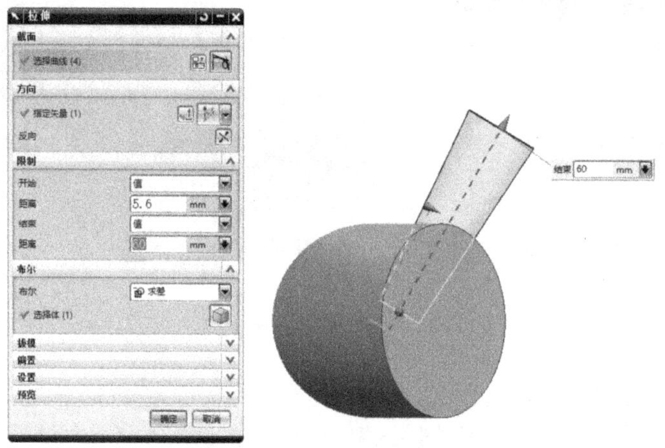

图 5-23　创建手机座槽

(4)创建音箱底垫

利用“修剪体”命令对主体进行裁剪。如图 5-24 所示,完成底垫的创建。

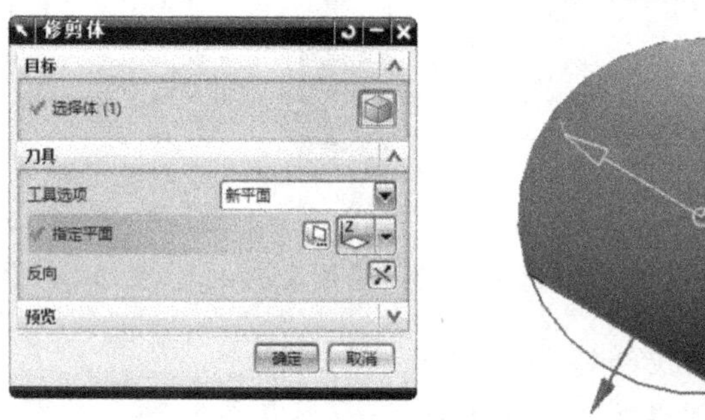

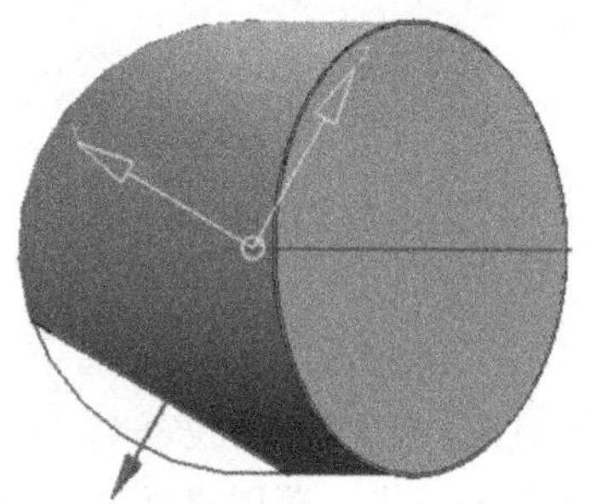

图 5-24　创建音箱底垫

3. 细节设计

(1)抽壳处理

利用“抽壳”命令,如图 5-25 所示,选择椭圆环的两个侧面,输入厚度为 4mm,单击“确定”按钮,完成壳体创建。

(2)创建声孔

选择“拉伸”命令,如图 5-26 所示,依次选择拉伸截面及方向,单击“确定”按钮,完成声孔的创建,如图 5-27 所示。

(3)圆角处理

如图 5-28 所示,对手机音箱外观进行倒圆角。

如图 5-29 所示为手机音箱整体造型。

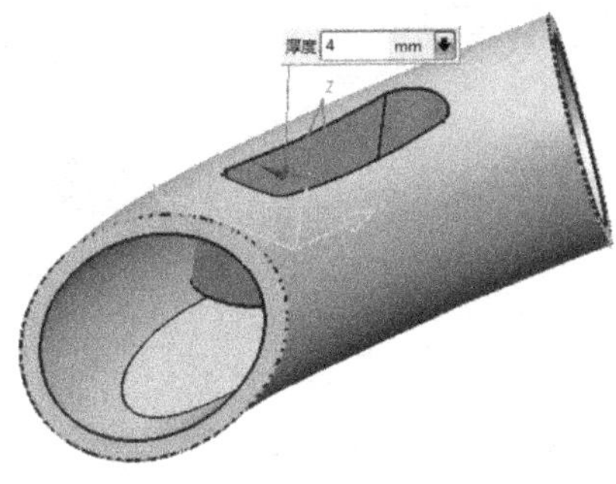

图 5-25 抽壳处理

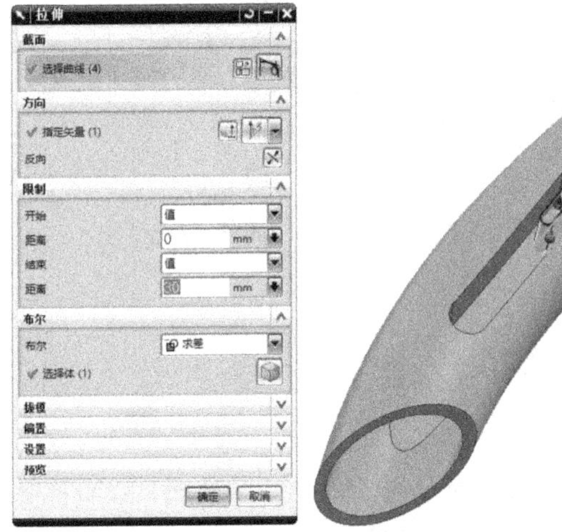

图 5-26　拉伸声孔

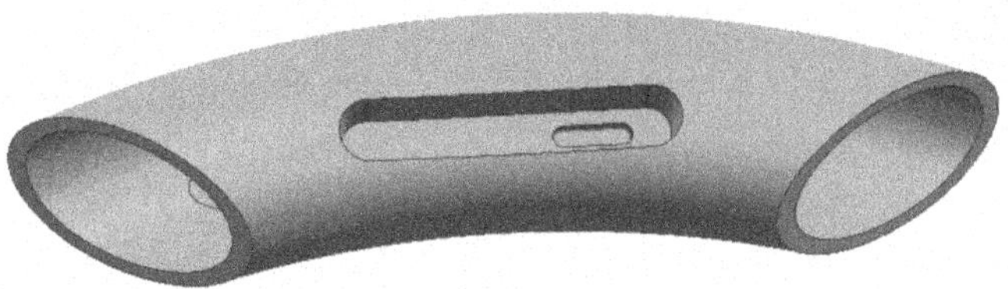

图 5-27　声孔的效果

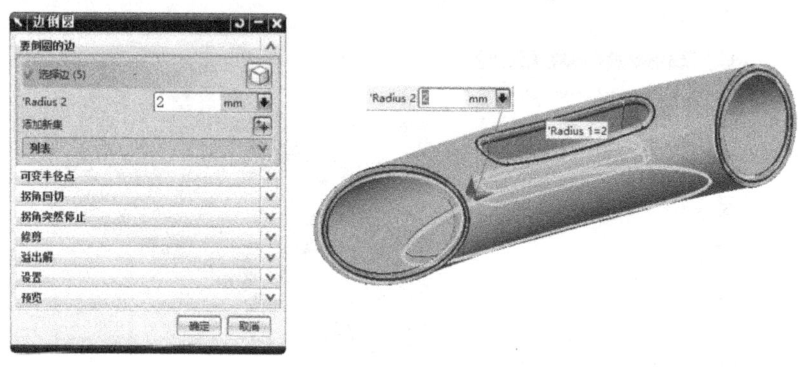

图 5-28　对整体进行倒圆角

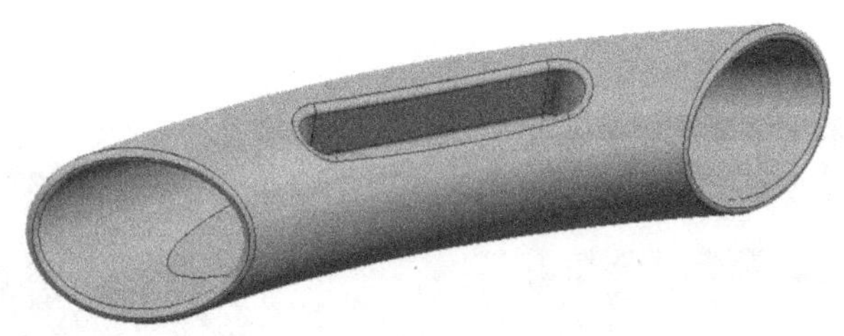

图 5-29　瓷鸣·手机共鸣音箱的整体造型

5.4　数据处理

设计完成，首先要将三维数模设计文件转化输出成快速成型设备能够运行的数据文件。数模分层处理软件可以看作数模和快速制造之间的桥梁，拥有对数据进行检查、修复、优化和分层处理等功能。数据处理技术对数模进行分层处理，并将其处理成层片文件格式后送入 3D 打印设备，3D 打印设备接收数据处理后的层片文件即可开始进行快速成型制造。

本例中使用的数据处理软件是比利时 Materialise 公司推出的 Magics（如图 5-30 所示）专业 STL 文件处理软件，软件功能详见第 11 章。通过软件将数模文件从模态结构转换成数字结构，接下来的操作都是在数字结构下进行的，而数据处理的方法及精度也直接影响成型件的质量。

5.4.1　导入文件

在 Magics 中导入设计数模（如图 5-31 所示），导入方式很简单。

5.4.2　检查修复

将音箱的数模放置在虚拟的加工平台上，打开修复向导，对零件的数模进行诊断和修复。三维数模从模态到数字的转化，会不可避免地产生一些错误，常见的错误有法向错误、

图 5-30　Materialise 公司产品介绍

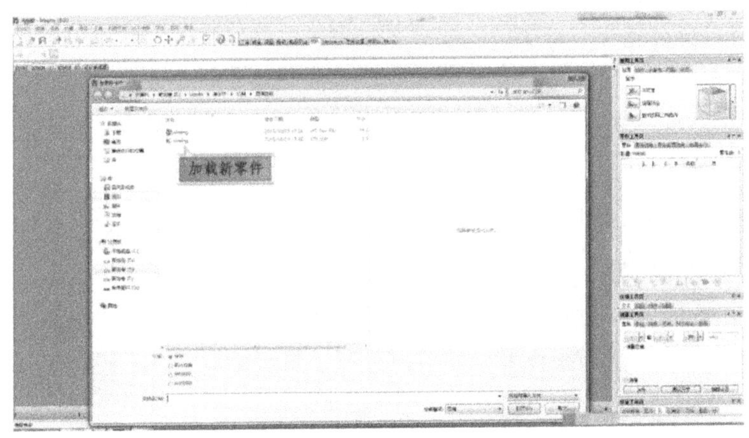

图 5-31　导入三维数据模型

间隙错误、特征丢失错误等。Magics 的修复向导功能强大，可以轻松修复翻转三角形、坏边、洞等各种缺陷，软件会自动进行分析和修复，使之成为完好的 STL 文件。如图 5-32 所示。

5.4.3　零件摆放

确定好数据模型无误后，就要调整零件在加工平台上的摆放位置和角度。对于光固化快速成型技术来讲，零件在加工平台上如何摆放，对加工时间、加工效率和加工质量都会有影响。很多数据处理软件提供自动摆放零件的功能，可依据零件的几何形状，自动对零件进行嵌套排放，针对多个零件同时加工的情况，可使加工平台上摆放的零件最多，加工时间最短，且保证加工时零件之间不会相互干涉。当然这一点是针对多个零部件同时制造的情况，用以提高生产效率，对于本例来讲，作为单独制造的零件，音箱模型放置在加工平台中央即可（如图 5-33 所示），至于具体摆放角度和方向要根据零件结构及支撑结构来确定。

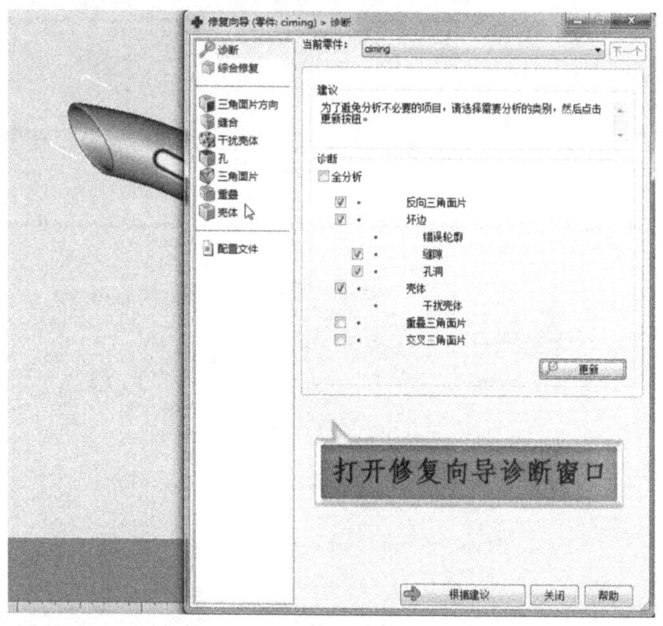

图 5-32　对导入数据进行诊断和修复

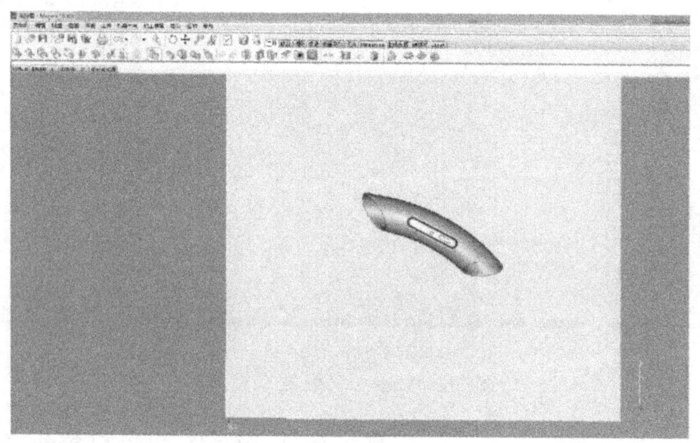

图 5-33　音箱模型在加工平台上的初步摆放

5.4.4　生成支撑

在快速成型制造中，大多数零件都需要用到支撑。支撑的作用不仅仅是支撑零件，提供附加稳定性，也是为了防止零件变形。零件变形可能是由于热应力、过热或者添加材料时刮板的横向扰动引起的，通过支撑结构，以最少的接触点完成热量传递，可以获得表面质量较好的零件，也方便零件的后处理。Magics 有自动生成支撑的功能模块，可以自动、简单、快捷地生成支撑结构。支撑的适用性和可靠性对于零件的最终表面质量至关重要。

本例在生成支撑前，需要设置零件的加工方向，加工方向决定着支撑的生成，同时支撑会对表面质量带来影响，这一点在立体光固化快速成型中尤为明显。首先设置的是零件的加工底面（如图 5-34 所示）。

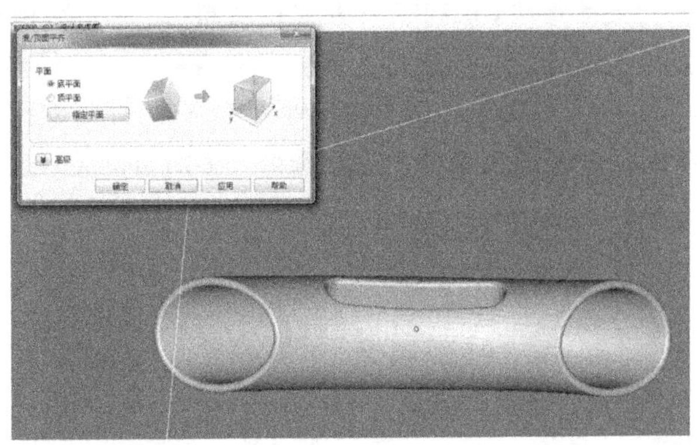

(a) 水平方向

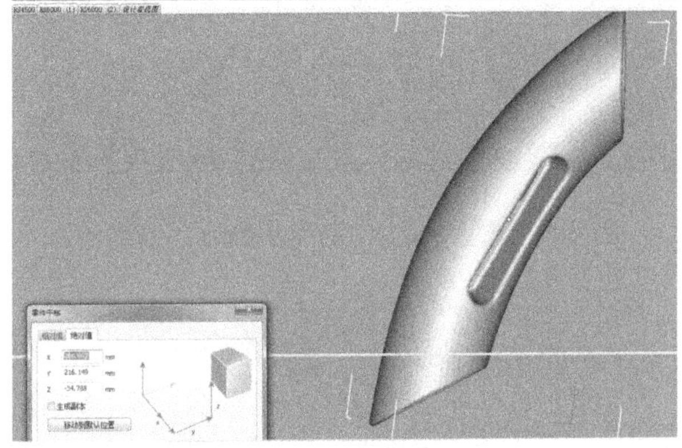

(b) 竖直方向

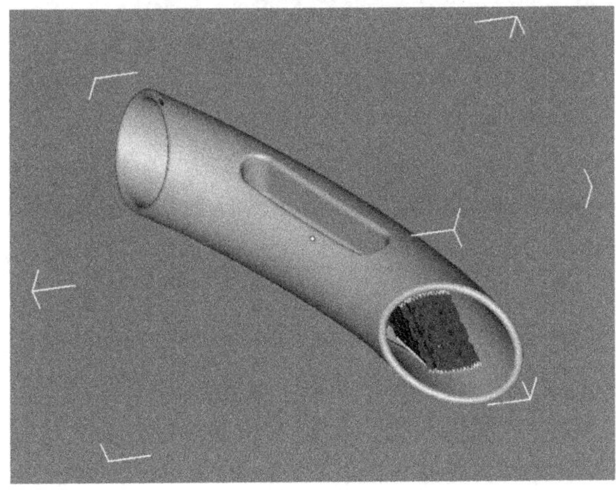

(c) 倾斜方向

图 5-34　音箱模型在加工平台上的放置方向

如图 5-34 所示的三种放置方向中，以音箱较为平滑的底面作为设置底面水平放置时如图 5-35 所示，支撑水平架构在音箱底部，但是底部的支撑结构较薄且竖直放置，在制件取出和后处理时较难进行，不易移除，在去除支撑的过程中有破坏零件的风险。以竖直方向放置

(如图 5-36所示),产生的支撑最少,有利于节省支撑材料,但是支撑相对不够稳定,可能会在加工过程中出现变形,也不是合适的选择。综合以上两种方向的优点,选择一定角度倾斜放置音箱模型(如图 5-37 所示),增加底部支撑的厚度和宽度,提高支撑的稳定性,并且通过创建带角度的支撑,降低后处理的复杂性。重新选好底面后自动生成支撑结构。

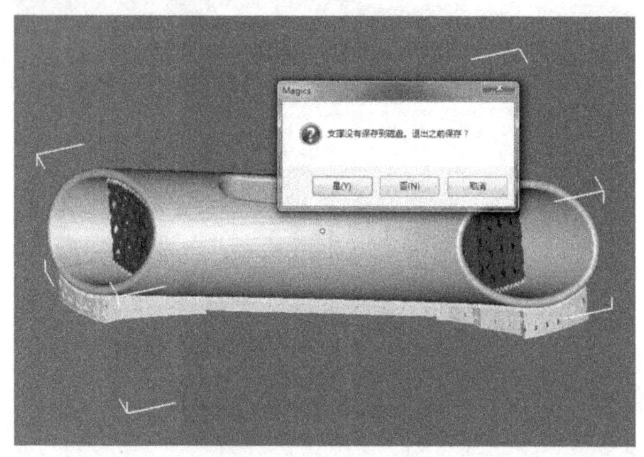

图 5-35　水平方向放置的音箱模型的支撑结构

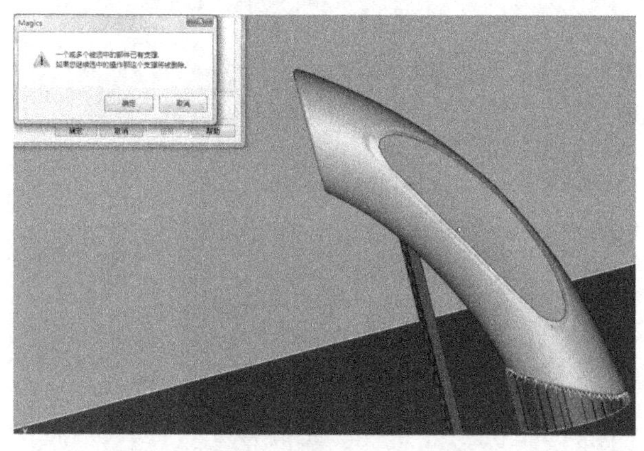

图 5-36　垂直方向放置的音箱模型的支撑结构

支撑创建完成后预览,观察支撑是否合理,如不合理要删除相关支撑,重新调整零件的摆放及角度,然后再次生成支撑预览,直至满意。Magics 还有支撑修改、增加、删除、查看等功能(如图 5-38 所示),使用者可以根据实际需求和经验对自动生成的支撑进行修改、删除等操作。支撑结构的类型有块类支撑、柱类支撑等多种,为用户提供更多的选择,用户可依照实际需求和加工条件选择合适的支撑结构。支撑结构确认好后,要进行保存和输出的工作。

5.4.5　切片处理

完成所有支撑编辑工作后,即可开始对模型进行切片处理并保存文件送到快速成型设备上进行加工了。切片处理是数据处理的重要步骤,是将 3D 模型转化为 3D 打印设备本身

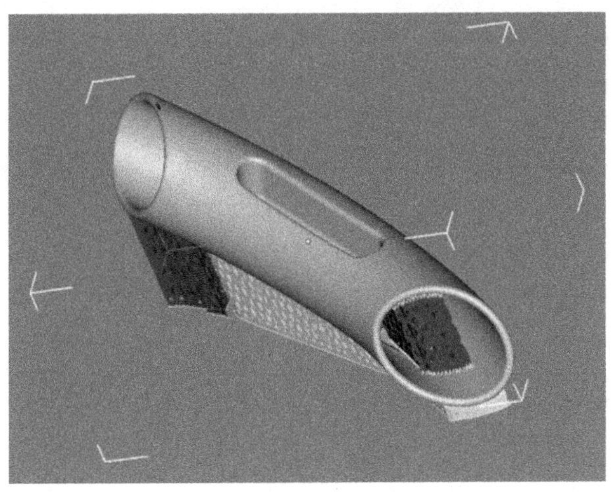

图 5-37　倾斜方向放置的音箱模型的支撑结构

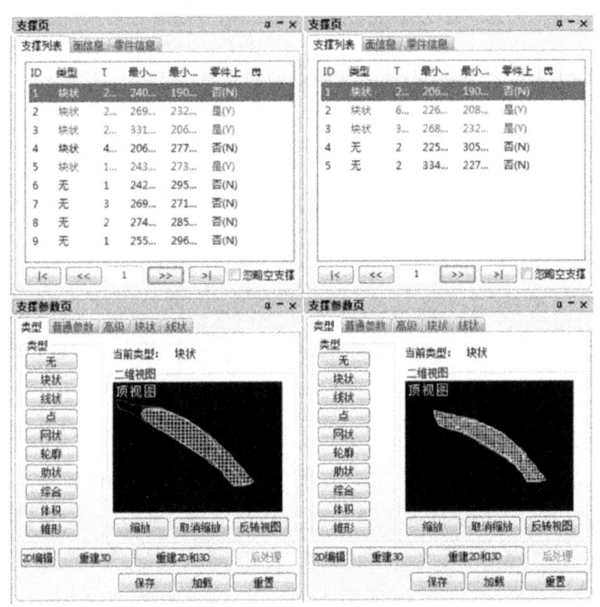

图 5-38　Magics 支撑功能列表及各项参数

可执行的代码(如 G 代码、M 代码等)的过程。打开切片对话框(如图 5-39 所示)，设置相关参数。修复参数采用默认值即可，不用改动。设置切片参数，其中切片厚度即激光成型每扫描一层固化的厚度，对话框中两处切片厚度的数据要保持一致。需要注意的是，应勾选"包含支撑"，否则切片文件不包含支撑文件，会直接导致坏件。设置完毕后，可以预览整个加工过程，确认无误后选择合适的保存位置保存生成 *.cli及 * _s. cli 两个文件，并将切片生成的文件按机器型号拷贝至相应的文件夹，至此整个数据处理过程就完成了。

图 5-39　Magics 切片功能对话框及相关参数

5.5　模型成型过程

得到切片数据后，即可转入快速成型设备开始加工了。将切片数据导入 SLA 快速成型设备。可先在设备上模拟整个零件制作过程，再次检查是否有不当之处以便及时修改，还可以看到系统预估的制作加工时间，方便安排生产(如图 5-40 所示)。

整个 SLA 快速成型过程，几乎不需要人工操作，点击“开始”即开始加工，设备系统界面实时反映总加工高度、当前加工高度、支撑速度、填充速度、轮廓速度及扫描线间距等参数，方便操作人员实时监控加工过程。另有形象化的加工进程演示界面，直观地展示当前加工状态，以便及时发现有无加工失误之处，可以及时暂停。在加工平台上，可以清晰地看到激光的扫描路线(如图 5-41 所示)。光敏树脂经激光照射固化，层层叠加成型，最终制成产品(如图 5-42 所示)。

整个快速制造过程持续 4 小时左右，大大节省了制造时间。快速成型的最后一步是沥干附着在此时得到的产品表面的多余材料(如图 5-43 所示)。随后，转至后处理平台，等待进行去除支撑、清洗、二次光固化和打磨等后处理工序。

SLA 快速成型设备参数如下表 5-1 所示。

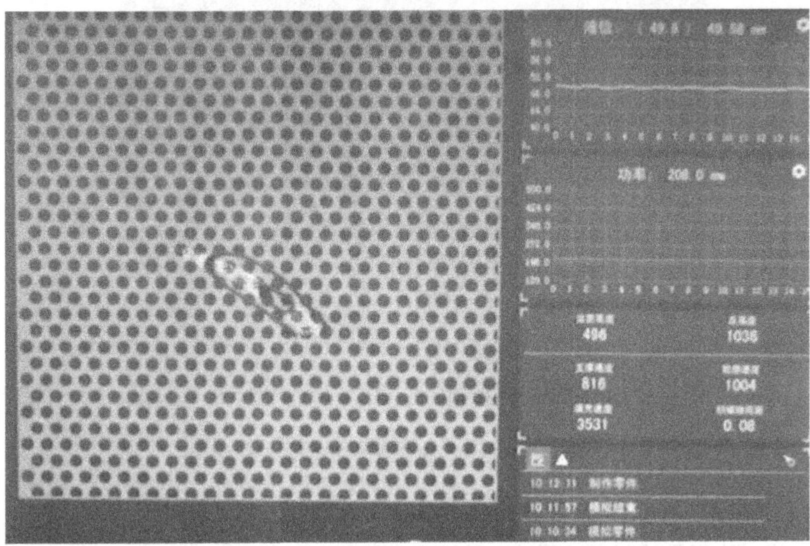

图 5-40　SLA 快速成型设备操作系统界面

图 5-41　音箱 SLA 快速成型加工平台现场

图 5-42　SLA 快速成型制成的音箱产品

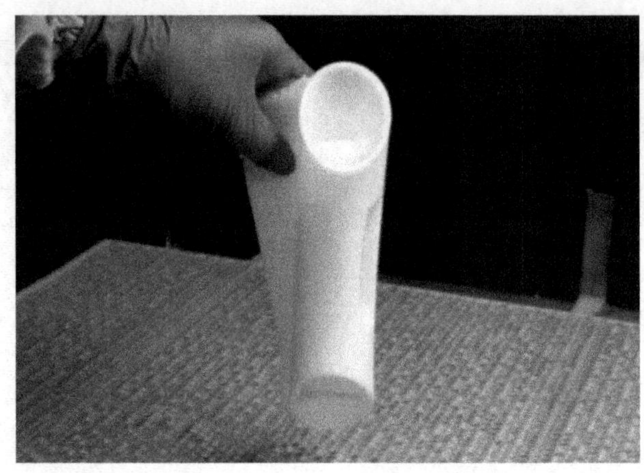

图 5-43　沥干附着在成型产品上的多余树脂

表 5-1　瓷鸣・手机共鸣音箱 SLA 快速成型设备参数

案例名称	瓷鸣・手机共鸣音箱		
成型方式	SLA	成型材料	光敏树脂 9000
快速成型	设备型号	上海联泰 RS6000	
	成型方向	由下到上	
	支撑结构和材料	有/支撑材料和模型材料相同	
	曝光原理	激光束在材料表面进行逐点扫描	
	成型尺寸	600mm×600mm×400mm	
	分层厚度	0.05～0.25mm	
	成型精度	±0.1%×L(L≤100mm) 或 ±0.1%×L(L>100mm)	
	激光功率	500/1000mW	
	光斑直径	0.12～0.20mm	
	扫描速度	6～10m/s	
	外形尺寸	1460mm×1250mm×1900mm	
成型设备提供商	上海联泰科技股份有限公司		

5.6　成型后处理

快速成型得到初步产品后，还要对其进行必要的后处理工序才能得到最终的产品。

5.6.1　去除支撑

音箱的支撑有外部的支撑和腔体内部对悬空部分的支撑。两部分支撑都是块状支撑，整体呈蜂窝形。外部支撑和部分内部支撑只需要用手轻轻掰掉即可去除(如图 5-44 和图 5-45所示)，处理支撑时要戴防护手套。内部悬空部分的支撑待酒精清洗时边洗边去除。

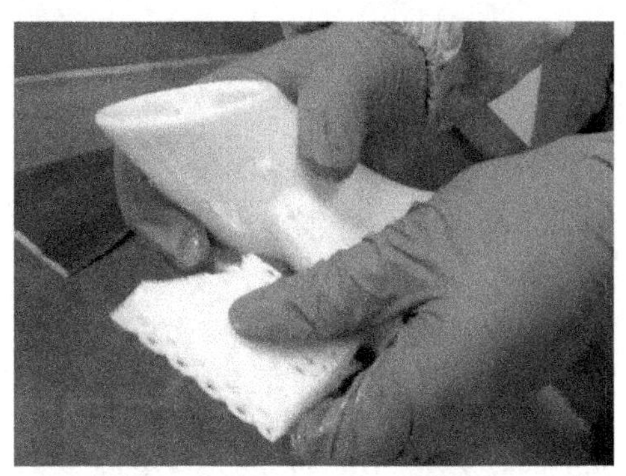

图 5-44　手剥去除音箱外部支撑

图 5-45　剥除音箱支撑体

5.6.2　清洗

从快速成型设备上取下的产品表面附着有黏腻的光敏树脂，需要进行清洗，清洗剂一般使用 95％的工业酒精。为了节约酒精和清洗得彻底，一般清洗 3 遍。第一遍使用已多次使用过的酒精（如图 5-46 所示），用刷子、清洁布等对音箱的外表面和腔体内部进行大致清洗，之后就可以用小刮刀除去音箱内部悬空部分的支撑了（如图 5-47 所示）。

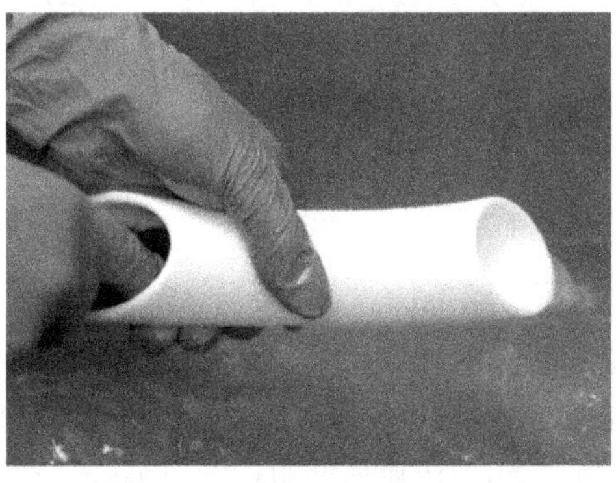

图 5-46　第一遍酒精清洗

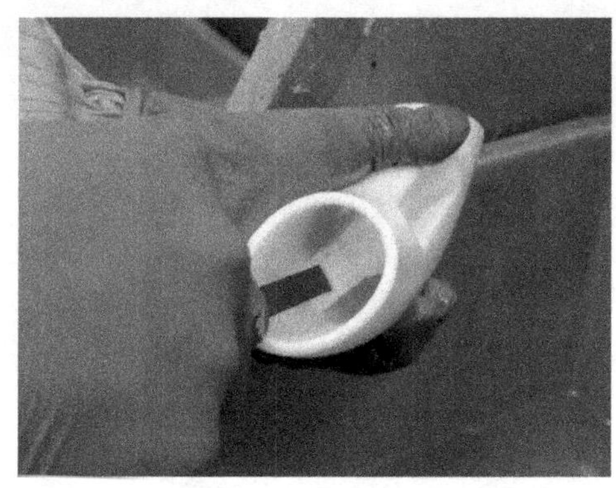

图 5-47　用小刮刀去除内部悬空部分的支撑

将表面的附着物大致清洗去除掉后，再换较为干净的酒精进行二次清洗（如图 5-48 所示），并用小刮刀仔细地将内部悬空部分遗留的较难去除的支撑进一步去除干净（如图 5-49 所示）。最后用全新的 95%工业酒精对音箱进行最后的清洗，清洗后用高压气枪冲刷干净（如图 5-50 所示）。清洗剂可以循环使用，但一般也不超过 3 次，清洗过程中也要注意相关的防护措施，避免受到不必要的伤害。

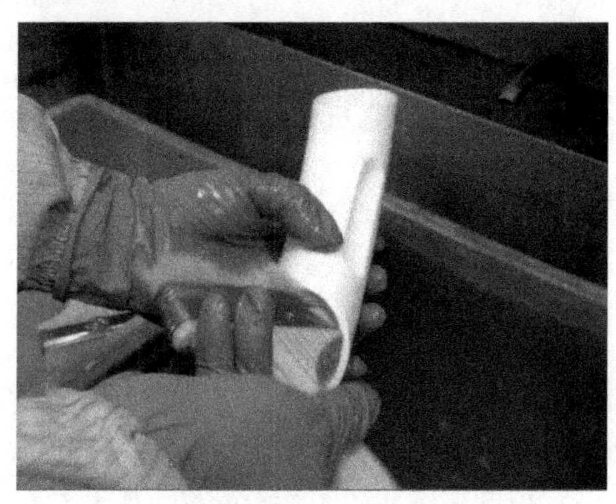

图 5-48　二次清洗

5.6.3　二次固化

为保证树脂固化完全，有时会使用紫外光进行二次固化（如图 5-51 所示）。把清洗干净的音箱模型放入紫外灯箱，固化 15～20 分钟即可。

5.6.4　打磨

固化完毕，再进行最后的打磨即可完成。打磨分为机器打磨和手工打磨，首先用砂纸进行手工打磨，对内外表面进行修整，然后再用喷砂机打磨音箱，修整手工不能接触到的部分，对整个音箱进行最后的磨光。SLA 快速成型制造的手机共鸣音箱加工完成（如图 5-52 所示）。

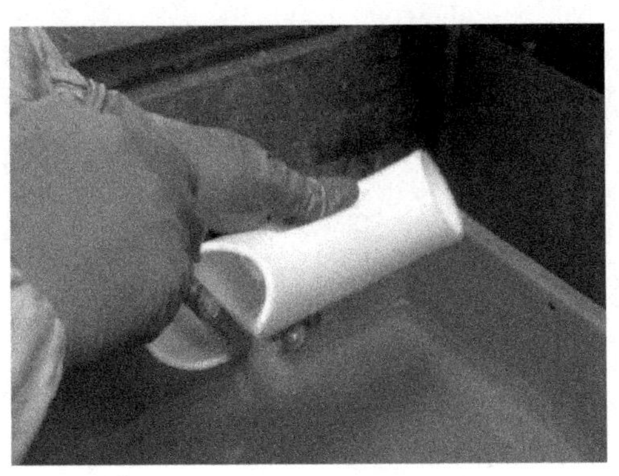

图 5-49 进一步去除内部支撑

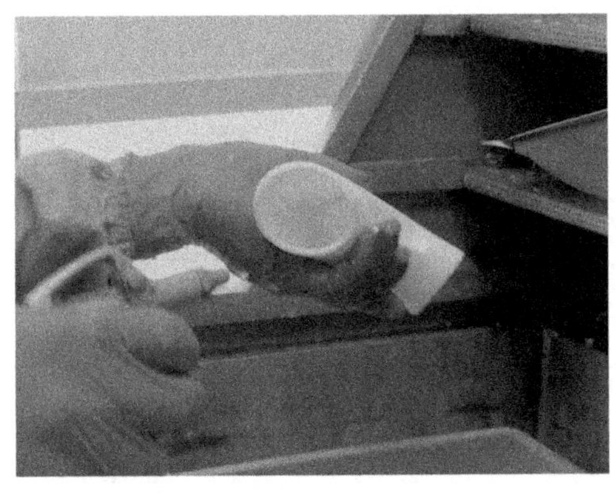

图 5-50 高压气枪冲刷

图 5-51 紫外灯箱二次光固化

至此就完成了从三维数模到实物模型的快速制造，整个过程大约 6 个小时，相比传统制造制作模具再生产来说，大大节约了时间成本，且成型全过程可实现无人值守，也节约了人力成本。就产品本身来讲，本例中制作的音箱能够准确还原设计理念，可以看到 SLA 快速制造的音箱表面光滑细腻，质量高，细节还原精度高。经测试，光敏树脂材料制成的音箱具有共鸣放大声效的功能，即 SLA 快速成型方法制造的产品在功能上也达到了使用要求。

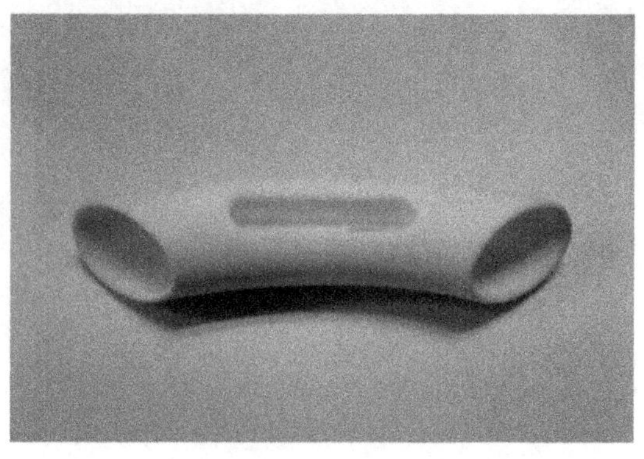

图 5-52 SLA 快速成型制造的手机共鸣音箱

5.7 本章小结

本章为 SLA 案例实训教学内容，对瓷鸣·手机共鸣音箱的 3D 打印过程进行了详细讲解，包括：案例分析、正向设计思路、数据建模、数据处理、模型成型过程、成型后处理。

实训项目任务工单

项目名称	SLA 实例：瓷鸣·手机共鸣音箱			日期	
任务名称				指导教师	
学生姓名		学号		班级	

实训内容和要求

实训仪器及实施过程

实训报告内容（详述完成任务的主要方法及思路）

心得体会

考核评价

学生自评		小组评价		教师评价		综合评价	

第 6 章　FDM 及逆向造型实例：摩托车后视镜壳体

教学目标：了解 3D 打印 FDM 技术的成型特点和实施过程，了解 3D 打印产品逆向造型开发的方法及过程。

教学重点：3D 打印 FDM 技术实施过程的理解与掌握，3D 打印后处理方法的理解。

教学难点：产品逆向造型设计思路、建模要求的理解与掌握，FDM 成型技术技巧的理解与掌握。

6.1　案例描述

后视镜(如图 6-1 所示)对于摩托车或汽车来讲，是重要的安全件。通过它能够观看车后方、侧方和下方的情况，使驾驶者可以间接地看清楚这些位置的行车情况，起着"第二对眼睛"的作用，扩大了驾驶者的视野范围。

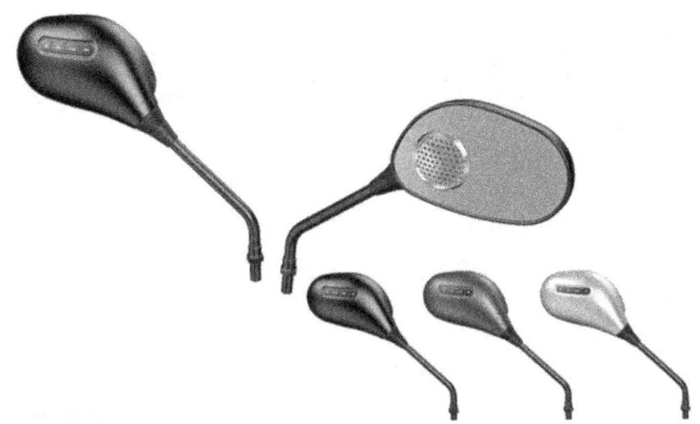

图 6-1　摩托车后视镜

后视镜要发挥作用，镜面技术的不断强化是重中之重，但对后视镜壳体也有一定的技术要求。后视镜装在车外，长期日晒雨淋，所处环境恶劣，汽车行驶过程中要经受颠簸冲击，因此在选用后视镜的材料时应兼顾温度、湿度、强度与冲击、弯曲性能等方面的要求，同时还要求材料不易老化、耐腐蚀、注塑性能和泊漆性能好等。注重性能的同时，壳体也要满足美观协调的要求并与整体设计风格相一致。

考虑到使用模具试制的高昂制造成本和时间耗损，使用 3D 打印来验证后视镜壳体设计模型的功能、与镜面的契合度以及与整车设计风格的匹配度等问题是经济有效的选择。

6.2 后视镜三维建模

本例后视镜的三维模型基于逆向造型技术完成。限于篇幅所限，三坐标测量机测量后视镜点云数据的方法与过程请参阅相关资料。

6.2.1 总体分析

摩托车后视镜壳体作为曲面件，主要由曲面和圆角构成。

建模前，对后视镜壳体的大致分析如下：

● 产品为壳体，内侧无附属结构，且厚度均匀。也就是说在制作完产品外侧后可通过抽壳得到其内侧。

● 应在产品基准坐标确定的前提下进行制作。

● 为了避免壳体顶部圆角边扭曲，在对数模四周侧面实施脱模处理时，所给予的角度值应尽可能一致。

完成后的摩托车后视镜外壳数模如图 6-2 所示。

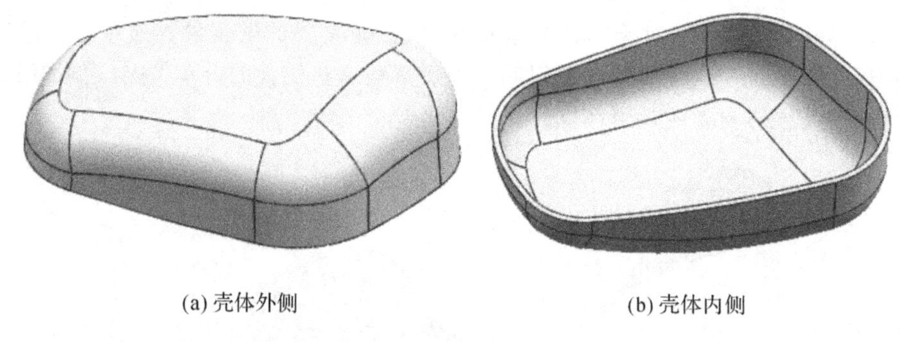

(a) 壳体外侧　　(b) 壳体内侧

图 6-2　后视镜外壳数模

6.2.2 设计分析

摩托车后视镜外壳产品较简洁，以下从基准与精度两方面来进行设计分析。

1. 基准

通过观察产品可知(如图 6-3 所示)其分型线位于壳体外侧底边，而产品底面显而易见为平面。因此，底部平面的法线方向即为后视镜外壳的脱模方向。

产品平放于洁净的台面上进行测量，此台面可视为基准平面，测量数据中有此台面的测量点，使用“三点构面”方法做出产品的基准平面。做基准平面时要注意基准平面与测量数据的误差应尽可能低，选取点与结果如图 6-4 所示。

理论上三点获取的基准平面可作为产品底平面，但制作时仍须对其进行校验。由于基准平面与测量数据的误差在软件中只能单个测量，为了提高制作效率，制作侧面前先使用“矩形”命令，根据三点获取的基准平面绘制出产品的底平面边框，再通过“有界平面”命令使之生成片体，如图 6-5 所示。

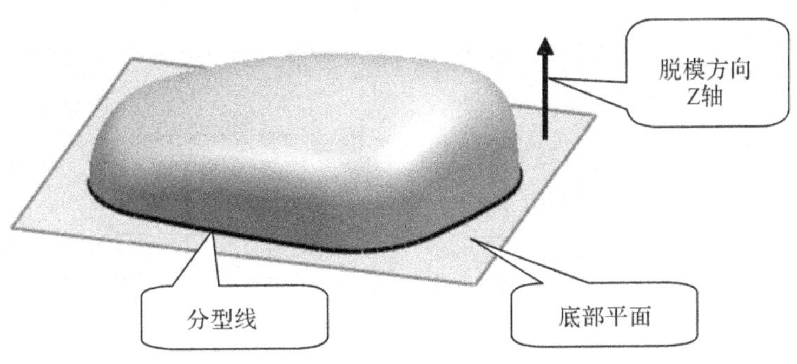

图 6-3　产品分型线、脱模方向

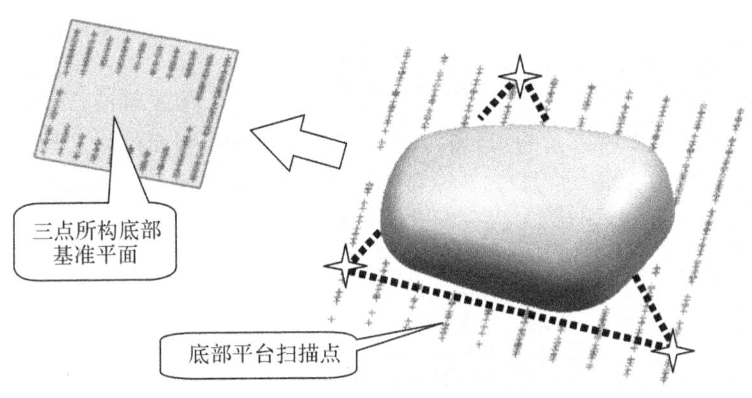

图 6-4　底部基准平面的生成

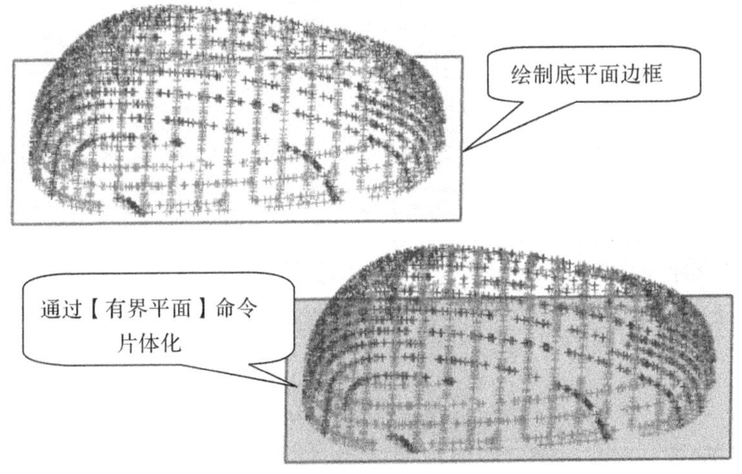

图 6-5　绘制底平面边框并使之片体化

使用软件中“偏差测量”命令，检查所有平台扫描点至底平面片体的距离，结果应保证在本例所制定的精度要求内（如图 6-6 所示）。若测量值出现异常，可通过测量数据的趋势来判断其是否为冗余测量点。

图 6-6 校验底平面

要确定一个产品的设计坐标系，只有 Z 轴是不够的，还需要 X 轴或 Y 轴。后视镜外壳除基准平面外主要由曲面和圆角构成，所以这里可根据较长两侧面的底边构造直线，求出两者的角平分线即为产品 X 轴（如图 6-7 所示），这里的 X 轴只需大致平分产品即可。

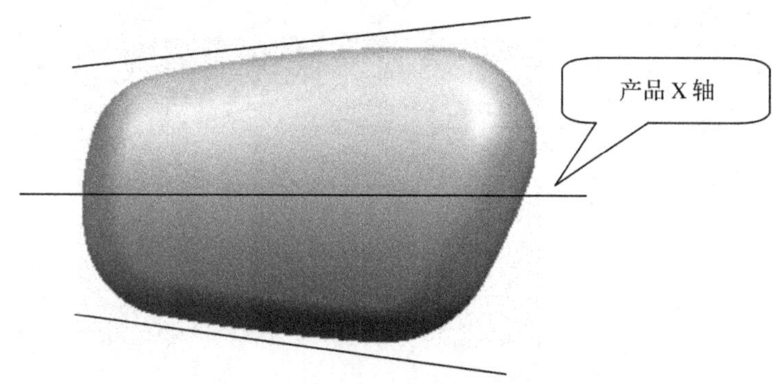

图 6-7 后视镜外壳 X 轴确定

将坐标放置于校验后的底平面上，使坐标原点大致位于壳体测量数据的中心，绘制出坐标轴线（如图 6-8 所示）。

2. 精度

产品测量数据根据所处位置分为：平台扫描点、外侧扫描点与分型点（如图 6-9 所示）。

后视镜壳体属于中小型件，且面型较为简单，当前数模设定与测量数据的误差如表 6-1 所示。

表 6-1 后视镜外壳与测量数据误差一览

位置	精度要求（与测量数据误差）
基准（底平面）	±0.15mm
外侧	±0.3mm

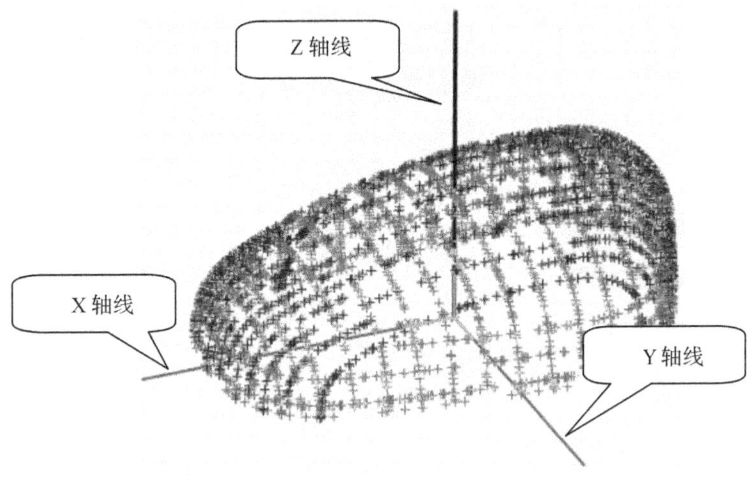

图 6-8　完成基准轴线

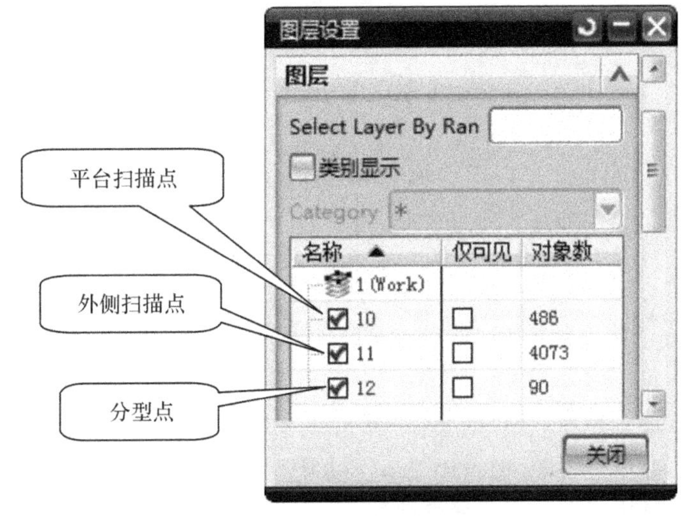

图 6-9　后视镜外壳测量数据

6.2.3　建模实施

建模的方法应根据产品的几何特征灵活选择。例如采用构造线制作单面时，构造线应为平面线，其所在平面与最终面基本垂直；构造线在满足过点情况下应尽量简单(线的阶数、段数尽量少)；面的控制顶点排列要整齐等。

后视镜外壳几何解构如图 6-10 所示，后视镜外壳主要可以分为周边侧面、主体顶面和圆角处理三大部分。

1. 周边侧面

如图 6-11 为周边侧面各部位示意图，制作思路是参考测量数据先绘制出壳体外侧底边线，再以此底边线为截面线拉伸得到相关侧面，接着在侧面与侧面之间倒出圆角，这样即可

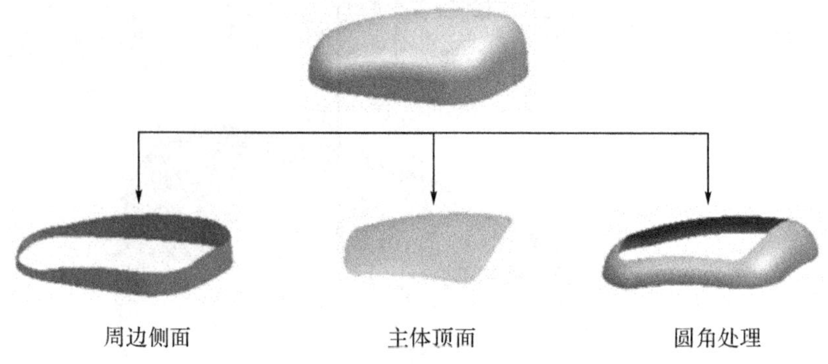

图 6-10　后视镜外壳几何解构

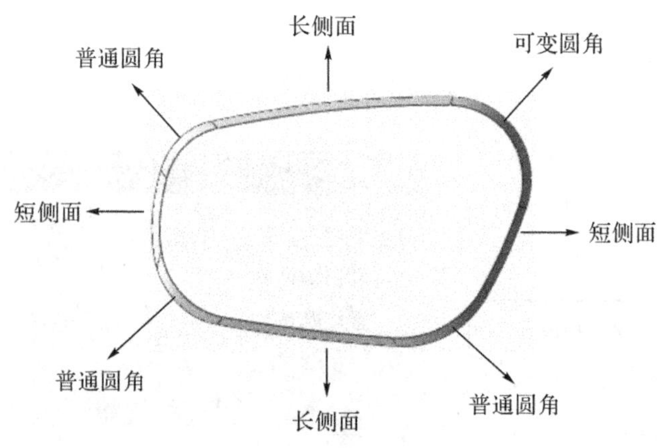

图 6-11　周边侧面各部位

完成这一环节的制作。

在相关面满足测量数据的精度要求的前提下，截面线应符合"先直后圆再样条"的原则。即能做直线的地方要做成直线，做直线无法达到过点精度要求时可考虑圆弧，在直线和圆弧都达不到过点精度要求时再考虑用样条曲线。

如图 6-12 所示为常规 3 阶 1 段样条及其在调整控制点后所产生的曲率梳变化，软件中也有此命令，通过该命令可以以图形比例的方式显示曲线的曲率，清楚地检测到曲线的连续性、突变、拐点等。一般来说图中第三行所产生的结果在制作时是不予采用的，第四行交叉型则视情况而定。

首先将测量数据中的分型点沿产品 Z 轴方向投影至底平面上(如图 6-13 所示)。投影分型点的方法当前是可以接受的，因为测量人员测量时是选取外侧面靠近底边处进行测量的；若选取外侧面底边向上 1mm 处，而产品脱模角度为 3°，那么测量数据沿脱模方向投影后与外侧面底边的偏差值约为 0.05mm(如图 6-14 所示)。

由于产品底边趋势较平缓，所以优先考虑圆弧制作。在已确定的坐标位置插入草图并参照投影后的分型点进行绘制，注意所绘线与侧面圆角所构成的区域应形似等腰三角(如图 6-15 所示)，这样才有利于下一步的圆角制作。

以绘制的壳体外侧底边线为截面线沿产品的 Z 轴方向进行拉伸构成实体(如图 6-16 所

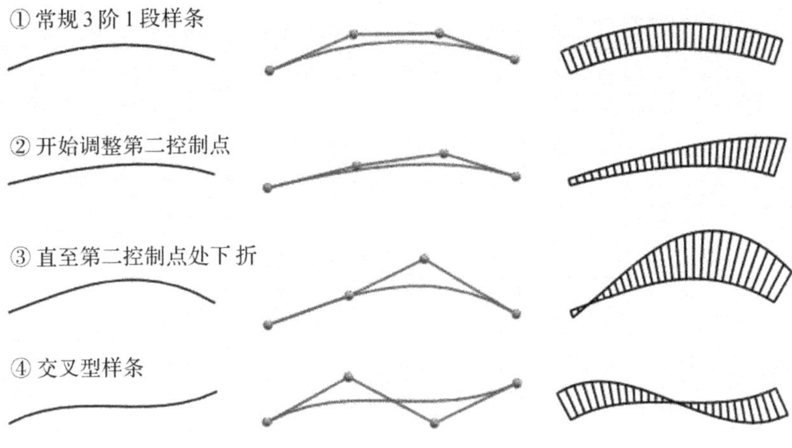

图 6-12　3 阶 1 段样条曲率变化

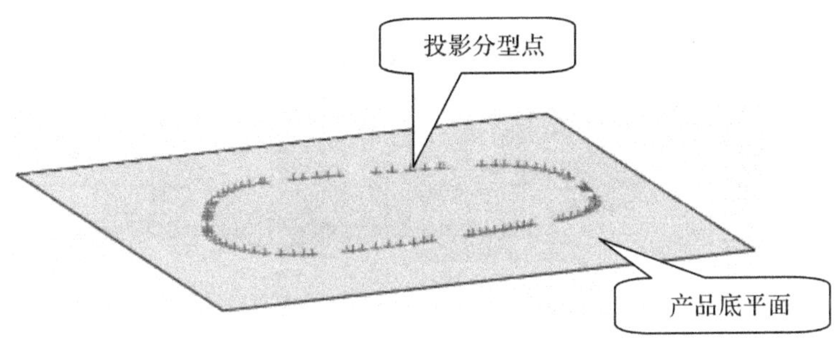

图 6-13　投影分型点

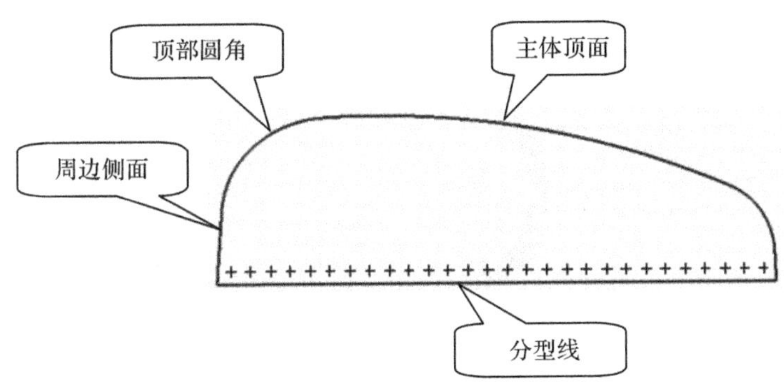

图 6-14　分型点测量原理

示)，脱模角可参考测量数据。

再完成圆角的制作(如图 6-17 所示)，注意图中标示圆角为变半径圆角，其余圆角大小可参考测量数据。

2. 主体顶面

在实际项目的制作过程中，针对主体顶面一般有两种建构方法。一种是使用“通过曲线网格”命令制作，另一种是使用“从点云”命令拟合。由于采用拟合方法所构建的面在调整时

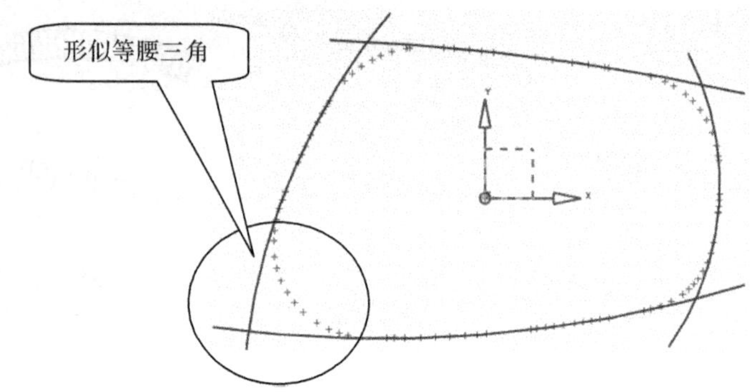

图 6-15　外侧底边线绘制

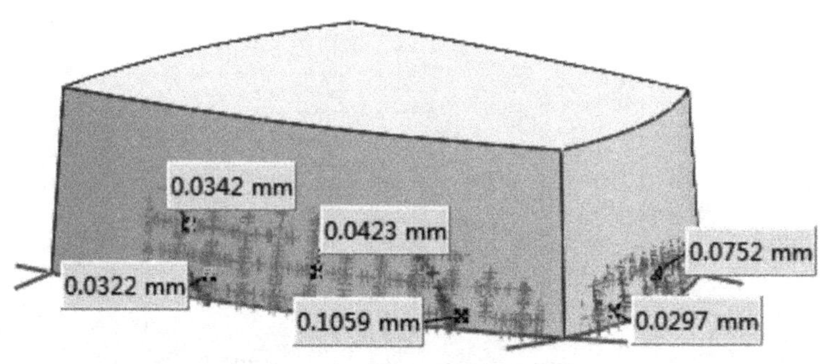

图 6-16　拉伸实体、添加脱模角

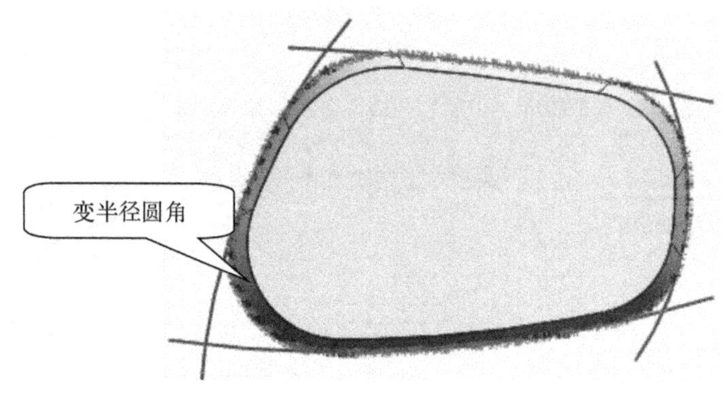

图 6-17　圆角制作

更易于操作，因此参照此方法进行讲解。

首先将软件中的拾取方式改为套索，参考产品外观后再避开圆角区域将主体顶面的测量数据挑出（如图 6-18 所示），若一并选取圆角区域的点，容易造成拟合结果扭曲。

使用软件中“从点云”命令对选出的顶面测量数据进行拟合。注意在使用此命令时，拟合视角与拟合结果有直接关系，当前的做法是先将拟合视角置于设计坐标位置再进行拟合（如图 6-19 所示）。

曲面是用一个（或多个）方程来表示的，曲面参数方程的最高次数就是该曲面的阶数。

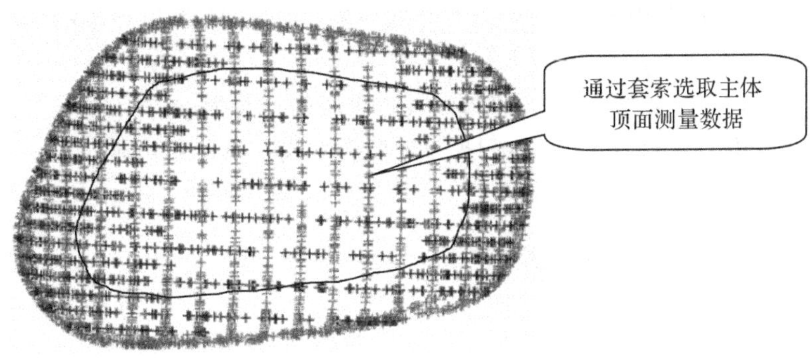

图 6-18　顶面测量数据选取

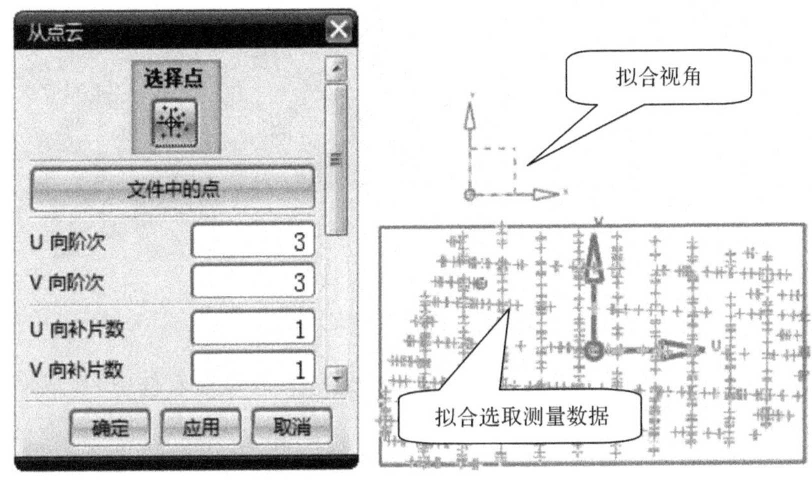

图 6-19　面拟合

构建曲面时需要定义 U、V 两个方向的阶数，且阶数介于 2～24，通常尽可能使用 3～5 阶来创建曲面。

使用软件中"扩大"命令对顶部拟合面进行扩大，结果须保证超出上一环节所制作的实体（如图 6-20 所示）。

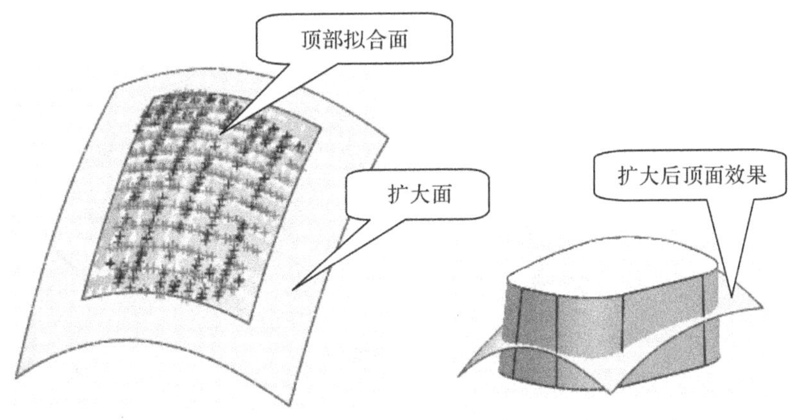

图 6-20　拟合面扩大

扩大后的面应通过“截面分析”命令查看其曲率梳，主要检查面的等参栅格(即面的 U、V 方向)与其斜 45°方向(如图 6-21 所示)。

曲面的参数表达式一般使用 U、V 参数，因此曲面的行与列的方向常用 U、V 来表示。通常曲面横截面线串的方向为 V 方向，扫掠方向或引导线方向为 U 方向。

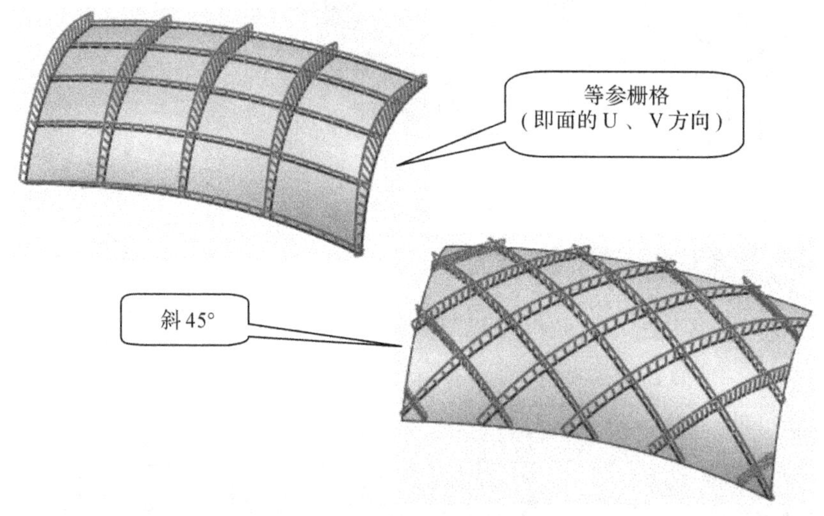

图 6-21　顶面曲率梳分析

如图 6-22 所示，若面的曲率在边角处出现鱼尾扭曲，应通过软件中“X 成形”命令调整面的控制点使其达到要求。

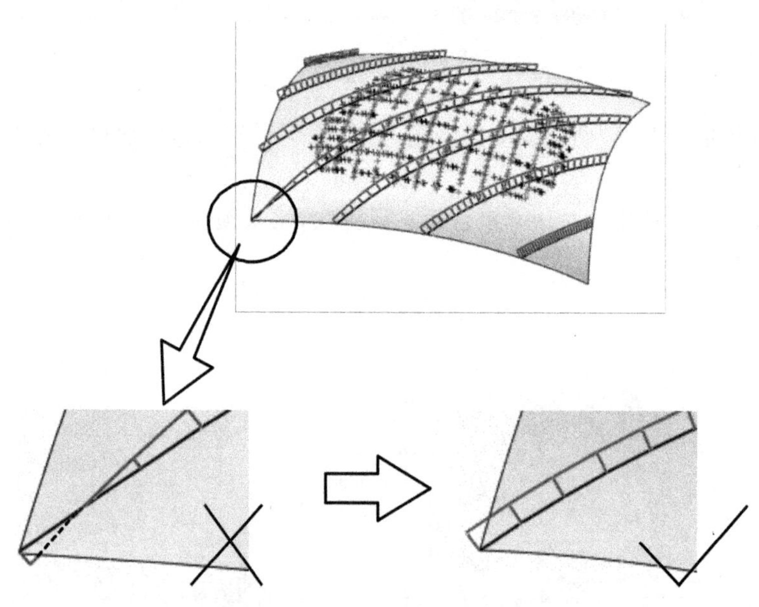

图 6-22　曲率梳要求

由于拟合面置于设计坐标位置进行拟合，所以其控制点的排列从产品 Z 轴查看为横平竖直，调整时应确保此几何关系。因此，在使用“X 成形”命令时，也应尽量从产品 Z 轴方向

来上下调整控制点，如图 6-23 所示便是使边角处曲率去除鱼尾的调整方法。

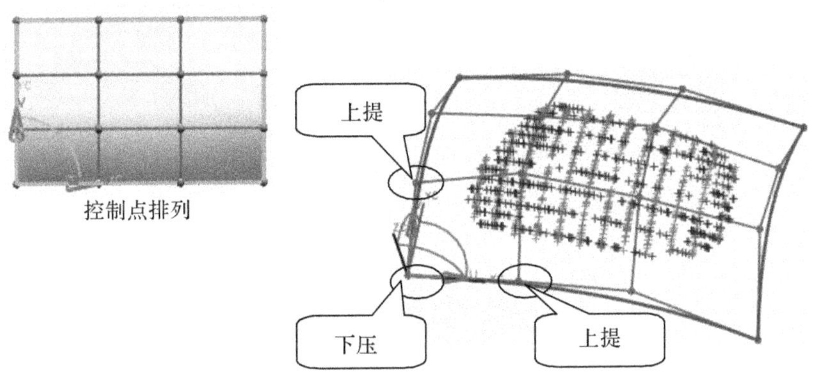

图 6-23 顶面的调整

再次使用软件中“偏差测量”命令检查测量数据至顶面的距离，结果如图 6-24 所示。

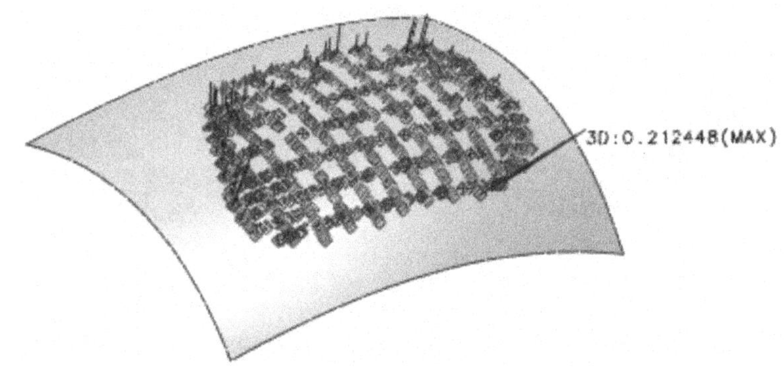

图 6-24 顶面与测量数据误差结果

以调整好的顶面作为刀具修剪上一环节所制作的实体(如图 6-25 所示)。

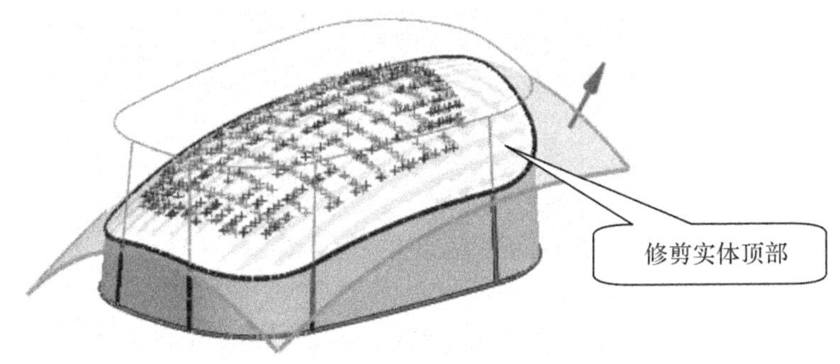

图 6-25 实体顶部修剪

3. 圆角处理

根据产品外观可以判断其主体顶面与周边侧面之间衔接的圆角分为两段，中间为过渡区域，当前的制作思路是采用倒圆角变半径的方法来实现(如图 6-26 所示)。

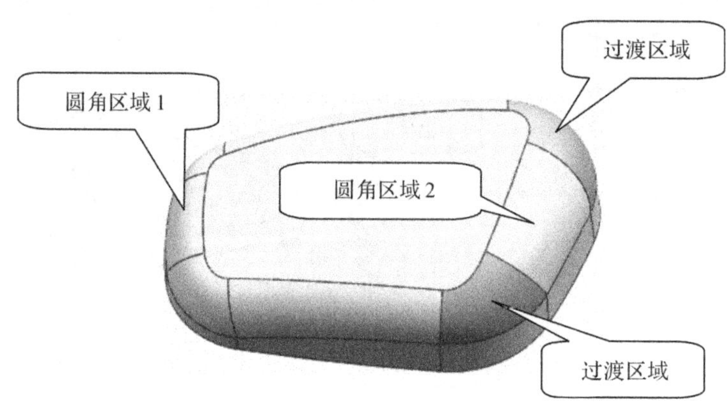

图 6-26　顶部圆角区域

选取如图 6-27 所示高亮边为倒圆边，并在过渡区域中给予变半径点。

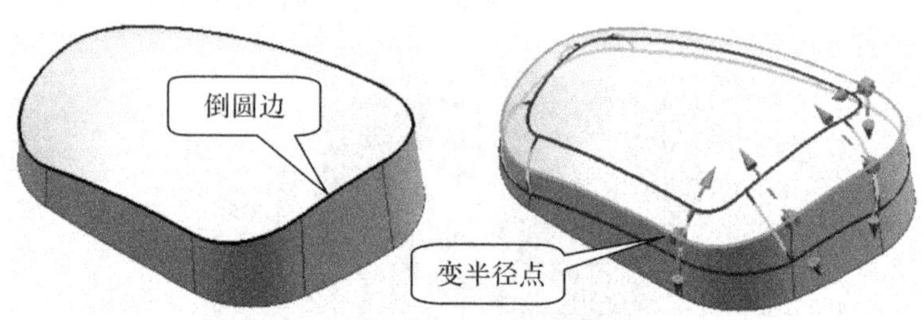

图 6-27　倒圆边与变半径点

圆角区域 1 与测量数据的误差相对来说较易调整，过渡区域、圆角区域 2 与测量数据的误差如图 6-28 所示。

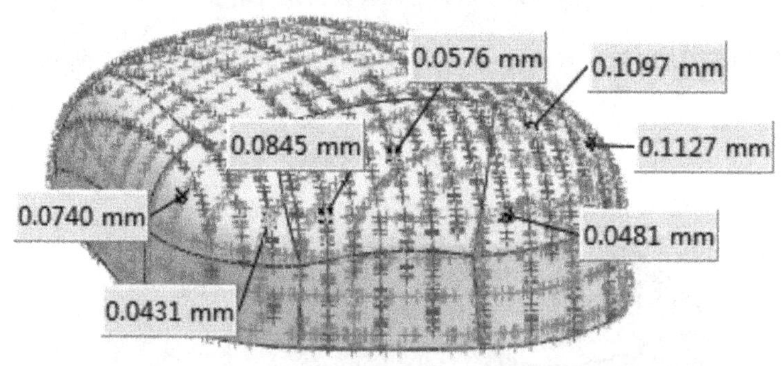

图 6-28　过渡区域、圆角区域 2 与测量数据误差

选取数模底平面对产品进行抽壳(如图 6-29 所示)，至此摩托车后视镜外壳完成制作。

后视镜外壳完成结果如图 6-30 所示，由于数模的制作从始至终都保留了参数，所以即使要修改也可在软件部件导航器中做相应调整。

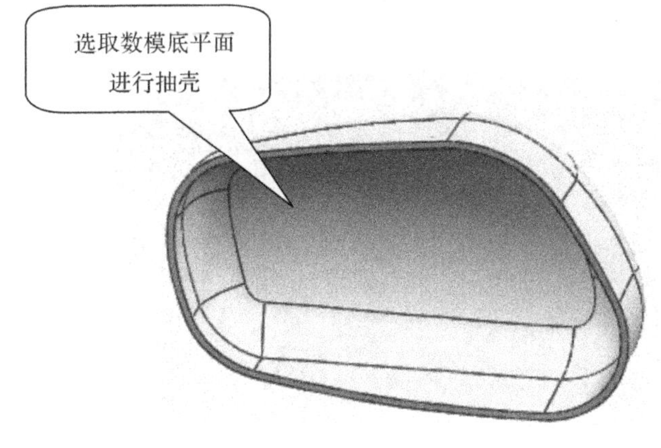

图 6-29　抽壳处理

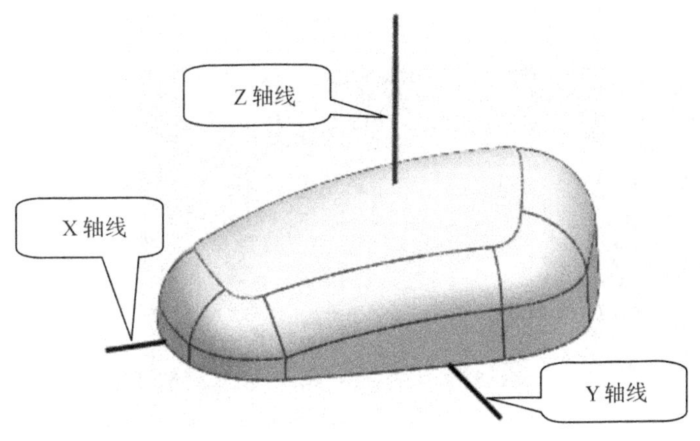

图 6-30　后视镜外壳完成结果

6.3　数据处理

逆向造型完成，本例选定 FDM 快速成型技术制造模型。本例采用美国 Stratasys 公司 Fortus 系列高精度熔融沉积式(FDM)3D 打印机，其配套的前端处理软件 Insight(如图 6-31 所示)用于完成成型制造前的数据处理工作。

Insight 是 Stratasys 公司推出的功能强大的软件系统。Insight 可以将导入的 STL 文档自动分层、生成成型路径和相关的支撑结构(如图 6-32 所示)，也可以手工操作成型、支撑结构或工具路径，为用户提供了更好的灵活性。

此外，Insight 中的 Control Center™(如图 6-33 所示)是联系客户工作站和 Fortus 设备系统的软件模块，可以管理加工任务及监控 Fortus 设备系统的实时生产状况，使数据处理与设备系统管理融为一体，最大限度地提高控制系统的效率、吞吐量和利用率，同时减少响应时间。

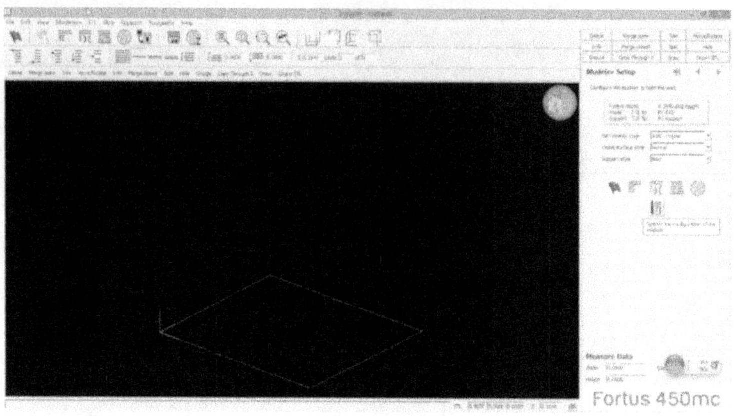

图 6-31　Insight 系统界面

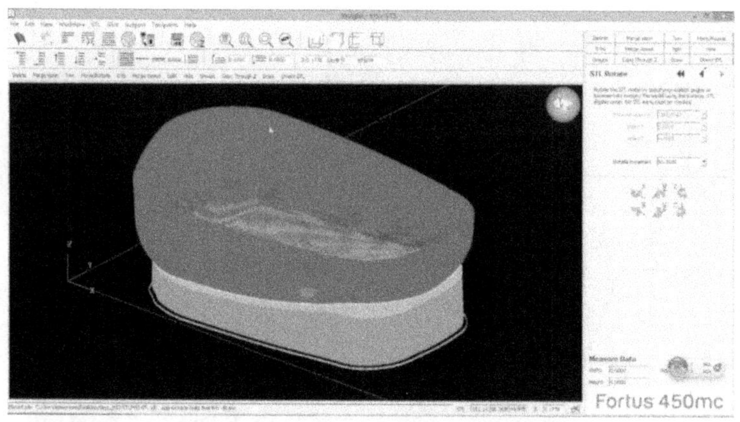

图 6-32　对工件自动分层和生成支撑

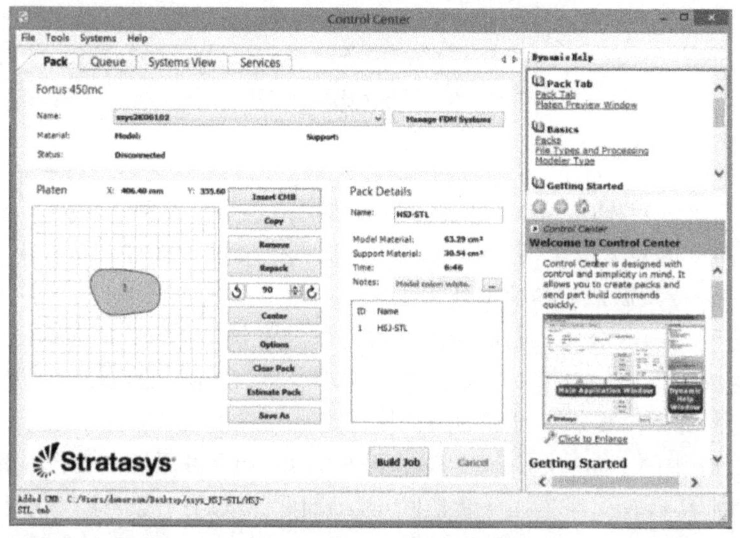

图 6-33　Control Center^{TM}工作界面

Insight 使操作更加容易，允许使用单一按钮自动处理工件，或者定制工件，以达到外观、强度、分辨率、材料用量甚至输出的最优化设计。

使用 Insight 处理后视镜壳体的数据模型，转换为 Fortus 设备可执行文件主要通过以下几个步骤来实现。

6.3.1 参数设置

Insight 使用的第一步是设置相关参数，比如选择模型的成型材料和支撑结构的材料等。本例中，需要设置的参数有模型的成型材料(Model material)、支撑结构的成型材料(Support material)和切片厚度(Slice height)。

本例中，后视镜壳体模型的成型材料选择白色聚碳酸酯(PC)。PC 属于工程塑料，具有较好抗冲击强度、热稳定性和阻燃特性等，且比较耐磨，常用于汽车、内饰等。PC 虽然具有很好的机械特性，但流动性较差，因此这种材料的注塑过程较困难，在工业生产中后视镜壳体常采用 ABS 来制造，ABS 易加工，抗冲击强度也较高。但对于熔融沉积快速成型来讲，受 PC 较差流动性的影响较小，可以用来制造对强度、耐磨等特性要求较高的产品。

支撑结构的成型材料选择 Stratasys 公司的支撑专用线材：褐色的 SR-100 support，这种支撑材料和 PC 较易剥离，方便后处理。根据所选的成型材料和成型设备 Fortus 450mc，选择中等厚度的切片厚度 0.1778mm 作为切层厚度(如图 6-34 所示)，这个厚度对成型质量影响很大，需要参考模型的形状及其他具体要求。0.1778mm 的层厚属于中等层厚，精度较高，FDM 快速成型一般采用 0.2mm 左右切片厚度进行制作，对精度有较高要求时，可采用

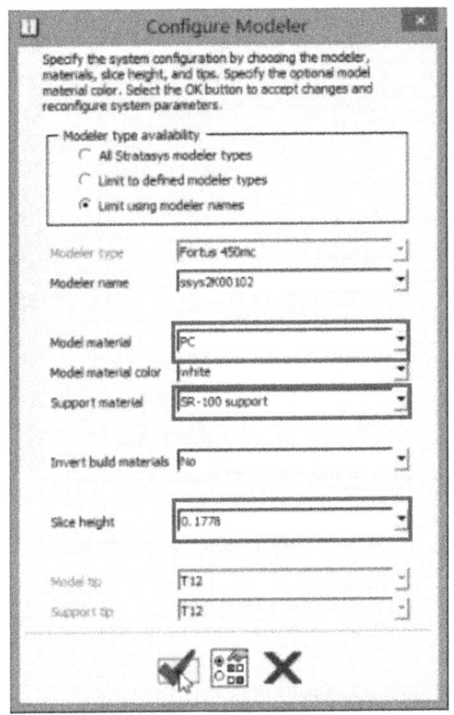

图 6-34　Insight 的参数设置界面

0.1mm左右的层厚，如果只是追求“快速”成型，则可选择0.3mm左右的层厚进行相对低质量但高速成型的制作。

6.3.2 导入数据

Insight导入数据和大多数软件相同(如图6-35所示)，点击“File”，再点击“Open”，找到存放数模文件的位置，“打开”即可，导入方式简单方便。

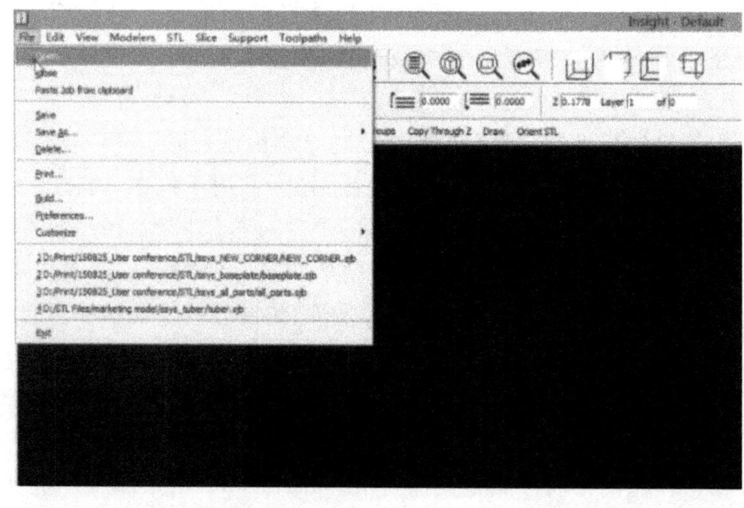

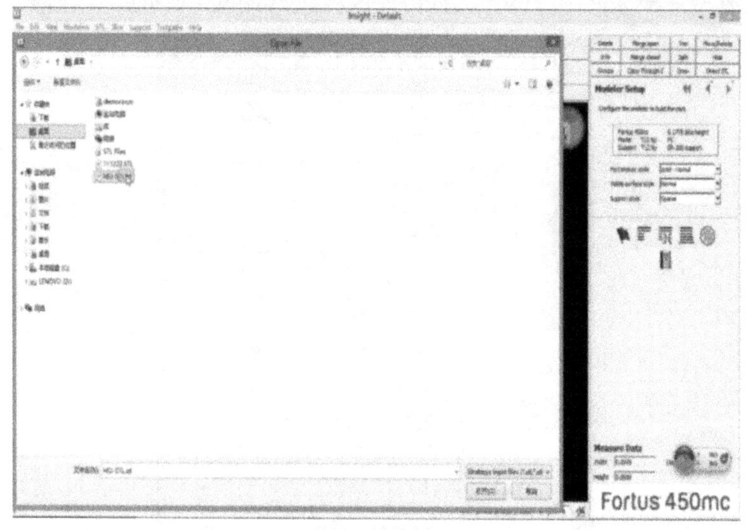

图6-35　在Insight中导入数据

6.3.3 零件摆放

导入数据检查无误后，开始摆放零件。本例中的后视镜壳体模型是一个凹形的碗状零件(如图6-36所示)。在分层制造过程中，当上层截面大于下层截面时，上层截面的多出部分将会出现悬空，从而使截面部分发生塌陷或变形，影响零件原型的成型精度，甚至使产品

原型不能成型。考虑到以上因素以及支撑结构的稳定性和最大可能节省支撑材料，选择将凹形开口向上，以较平缓的底部连接支撑的姿态摆放(如图 6-37 所示)。

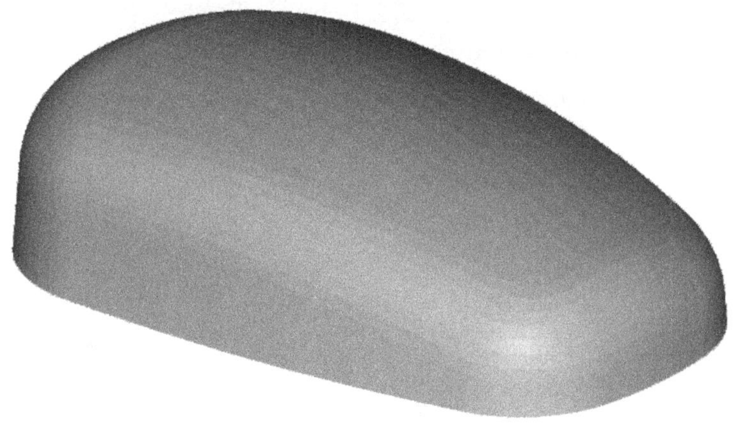

图 6-36　后视镜壳体三维模型

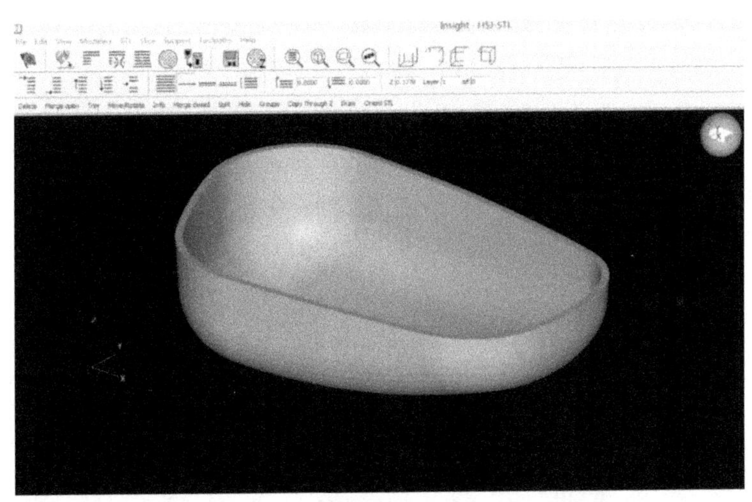

图 6-37　后视镜壳体在 Insight 中的摆放姿态

Insight 中调整零件姿态的操作也很容易掌握，操作按钮形象生动易于理解。导入数据后，打开“STL”功能栏，选择“Rotate”(旋转)菜单项，系统界面右侧会出现参数修改、调整界面(如图 6-38 所示)。“STL Rotate”支持在“X”“Y”和“Z”三个坐标方向进行指定角度的旋转，或者使用快捷按钮逐渐向某个角度靠近。

6.3.4　切片处理

零件摆放好，回到“Processing Model”(处理模型)窗口。勾选“Slice”(切片)点击运行，即开始对数模进行自动切片处理(如图 6-39 所示)。自动分层很快即可完成。

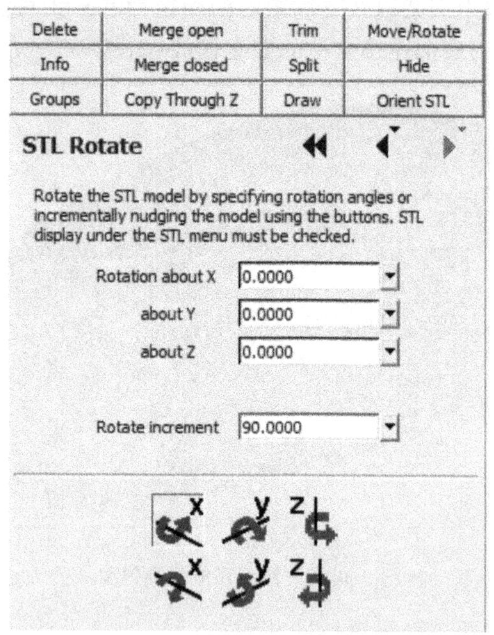

图 6-38　Insight 的摆放姿态调整参数

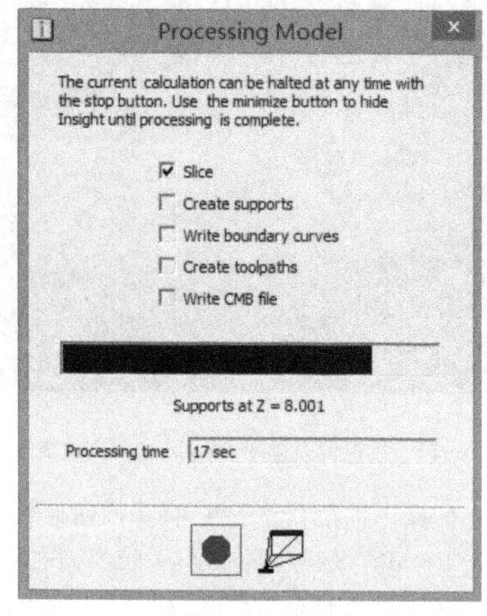

图 6-39　后视镜壳体模型切片处理进程

6.3.5　生成支撑

做好切片，点击自动生成支撑（如图 6-40 所示）。支撑可分为两种类型：一种是外部支撑，即与快速成型设备工作平台有接触的支撑结构；另一种是在所有出现悬空结构的地方给予支撑辅助的结构。本例中的后视镜壳体模型，只需要创建与工作平台接触的外部平台附

着式支撑即可。这种平台附着型的支撑也有两种形式，一种是在模型外围附加一圈底座帮助模型黏附在平台上，另一种是在模型的整个底部附加底座来帮助模型黏附，本例选择在整个底部附加支撑结构（如图 6-41 所示）。

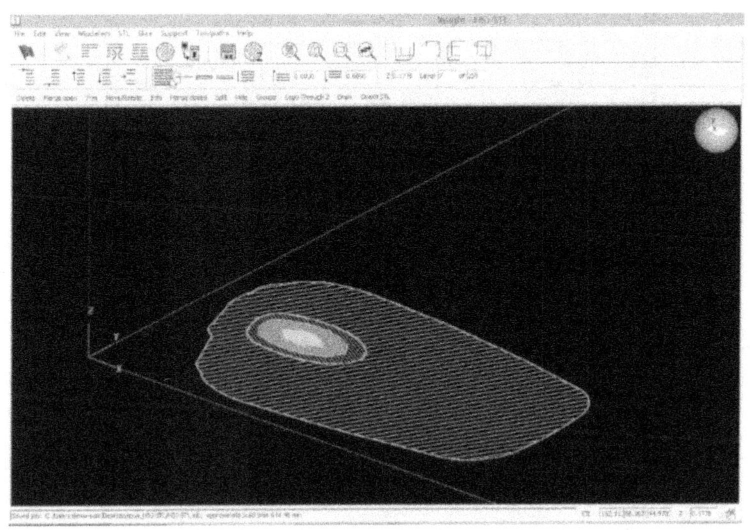

图 6-40　自动生成支撑功能界面

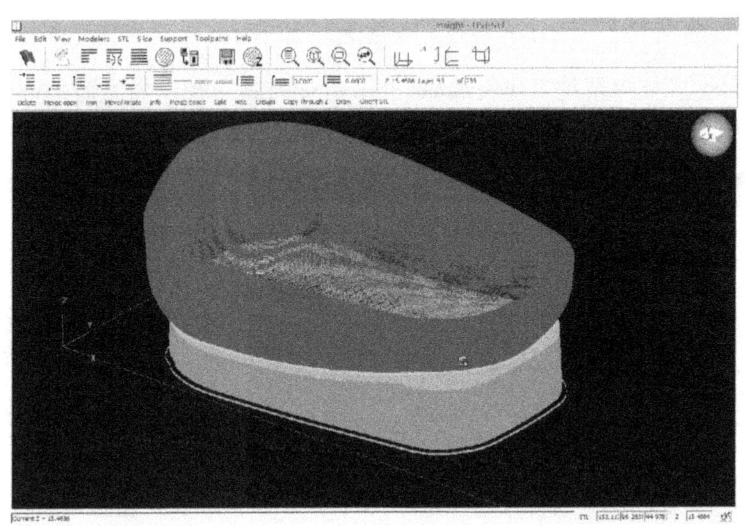

图 6-41　自动生成的支撑结构

这种支撑还有另一个重要的目的：建立基础层。在工作平台和零件的底层之间建立缓冲层，使零件制作完成后便于剥离工作平台。此外，基础支撑还可以给制造过程提供一个基准面，在支撑的基础上进行实体制造，自下而上层层叠加形成三维实体，这样可以保证实体制造的精度和品质，所以支撑的选择和制作是 FDM 快速成型的关键步骤。如图 6-42 所示。

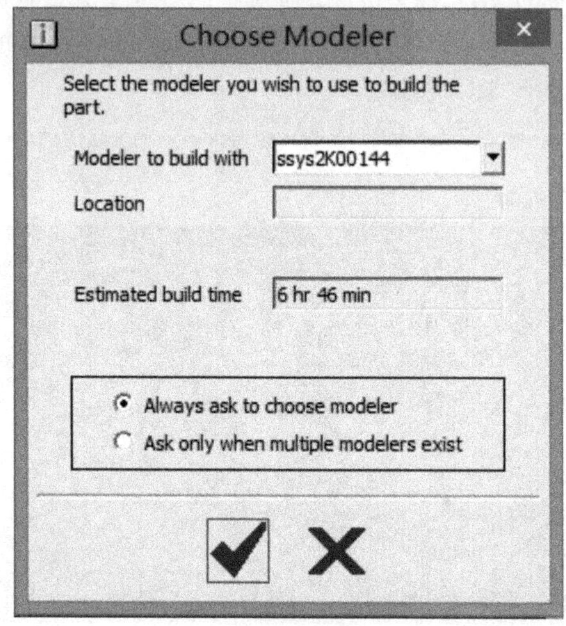

图 6-42　选择制造零件原型的模块

6.3.6　验证刀具路径

切片处理和生成支撑结构工作完成，接下来检查刀具路径以做最后的确认工作。选择要制造的零件模型，查看预估的制造时间，确认后，打开 Control Center（如图 6-43 所示）。

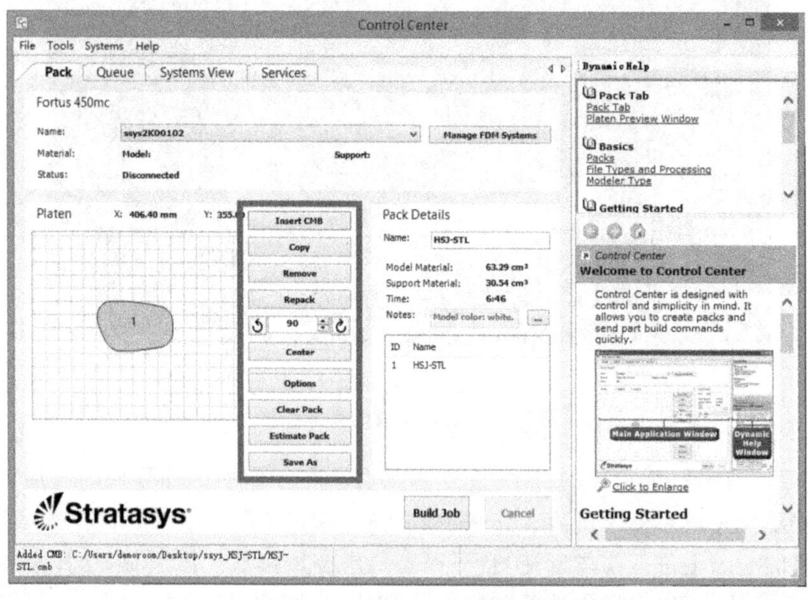

图 6-43　调整验证刀具路径

在 Control Center 中，通过一系列功能按钮，可以手动移动模型在工作平台上的位置，复制模型进行多个零件同时制造，当然也可以移除不需要的模型，或者调整模型的角度等等，调整验证完毕即可创建工作。

6.3.7 发送数据

在 Control Center 中创建项目后，在 Queue 选项中检查项目制造队列（如图 6-44 所示），合理安排工作时间。

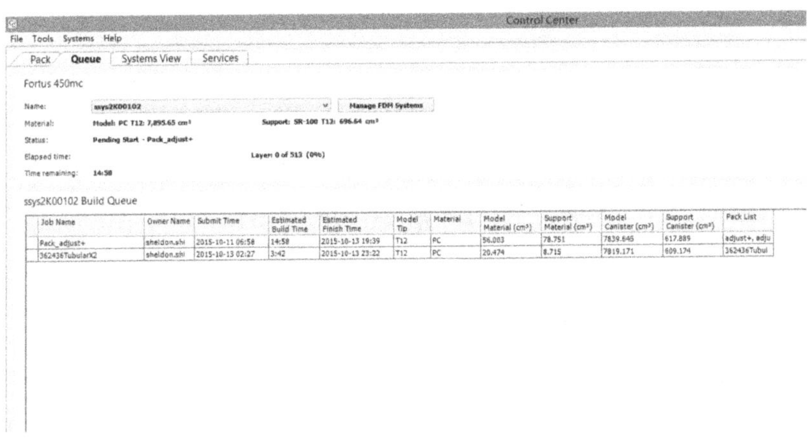

Job Name	Owner Name	Submit Time	Estimated Build Time	Estimated Finish Time	Model Tip	Material	Model Material (cm³)	Support Material (cm³)	Model Canister (cm³)	Support Canister (cm³)	Pack List
Pack_adjust+	sheldon.shi	2015-10-11 06:58	14:58	2015-10-13 19:39	T12	PC	56.003	78.751	7839.646	617.889	adjust+, adju
362436TubularX2	sheldon.shi	2015-10-13 02:27	3:42	2015-10-13 23:22	T12	PC	20.474	8.715	7819.171	609.174	362436Tubul

图 6-44 Queue 选项中检查项目制造队列

检查所选实际制造设备的各项信息（如图 6-45 所示），再次确认所要制造的模型（如图 6-46所示），点击“OK”，选定的快速成型设备收到相关数据，即可开始进行实体制造的相关工作。

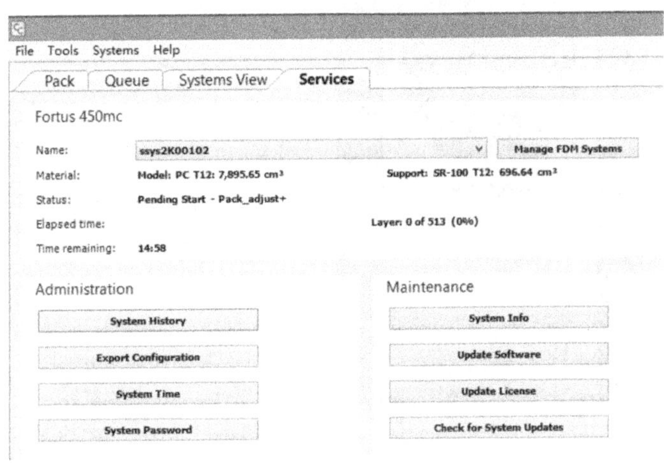

图 6-45 确认快速成型设备的状态

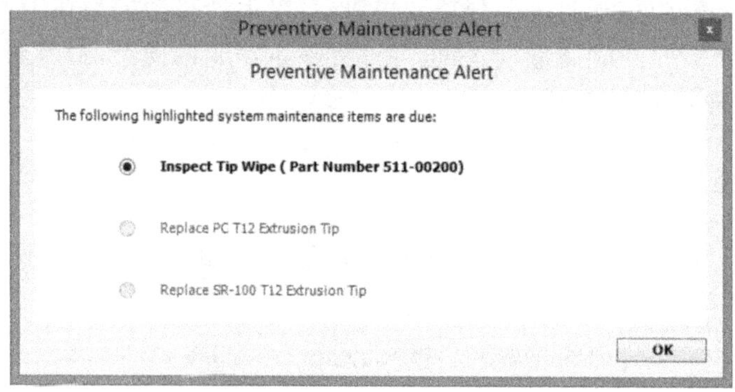

图 6-46　确认并发送数据

6.4　模型成型过程

切片数据传送至快速成型设备，即可开始实体制造。

利用 FDM 快速成型方式制造后视镜壳体模型，可选择美国 Stratasys 公司的 Fortus 450mc(如图 6-47 所示)系统进行制造。Fortus 系统环保，不会产生有害气体、化学物或废弃物等，所需的工作场地没有特殊的通风要求，生产系统易于操作和维护。具有两个模型材料和两个支撑材料存储仓，支持多种功能材料，可在不更换材料的情况下连续运行两周以上，效率很高。

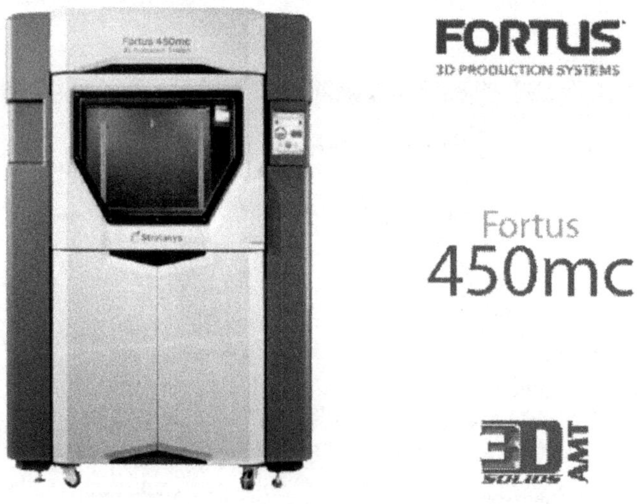

图 6-47　Fortus 450mc FDM 系统

在正式"打印"之前，先要做一些准备工作。

首先，在工作平台上铺一层塑料薄膜。在工作平台上铺薄膜可以防止模型与工作平台的黏连，有利于模型的成型和取出。薄膜使用前要先撕掉保护膜，由于 Fortus 450mc"打印”工作舱内需要加热并保持一定的温度，所以在放入薄膜时要戴手套(如图 6-48 所示)。薄膜放置于工作平台上，关上舱门，工作间温度较高会将薄膜软化，使其与工作平台自然贴附。

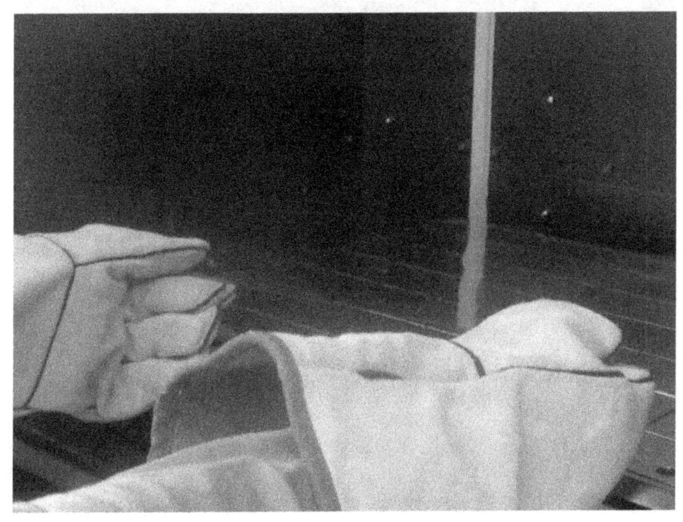

图 6-48　在工作平台放置薄膜

关闭舱门后，转至 Fortus 450mc 的操作面板(如图 6-49 所示)，按下“开始”键，调整位置并确认，即刻开始“打印”制造，整个操作过程十分简单。Fortus 450mc 操作面板上可呈现成型进度、切片层数、当前打印层数、预计完成时间、所用材料及 Control Center 中的其他数据，方便随时查看。

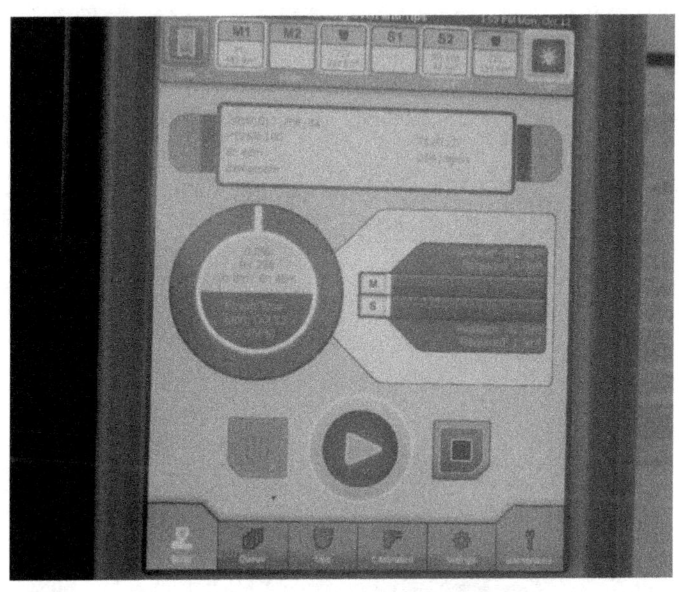

图 6-49　Fortus 450mc 的操作面板

Fortus 系统使用两种材料，一种是模型材料，一种是支撑材料，采用双喷头设计(如

图 6-50　工作中的 Fortus 450mc 喷头

图 6-50所示)。材料通过加热器熔化,先抽成丝状,通过送丝机构送进热熔喷头,在喷头内被加热熔化,喷头沿零件截面轮廓和填充轨迹运动,同时将半流动状态的材料按 CAD 分层数据控制的路径挤出,沉积在指定的位置凝固成型,并与周围的材料黏结,层层堆积成型。

本例中的后视镜壳体采用 PC 材料,实际上该机型支持多种产品级的工程塑料,如 ABS-M30、ABSi、ABSi-M30、PC、PC-ABS、PC-ISO、ULTEM9085 和 PPSF 等。采用 Stratasys 公司拥有专利权的高级 FDM 技术,制作的样件不仅机械性能较好,在产品的外观上也达到了细腻美观的要求,其精度和美观程度不仅能为用户定制概念实现、功能验证等服务,也可制造理想的产品级快速样件。本例制造的后视镜壳体模型(如图 6-51 所示)在强度、精度等方面完全可作为实际产品使用。

图 6-51　利用 FDM 技术快速制造的后视镜壳体模型

FDM 快速成型设备参数如表 6-2 所示。

表 6-2　摩托车后视镜壳体 FDM 快速成型设备参数

案例名称	摩托车后视镜		
成型方式	FDM	成型材料	PC
快速成型	设备型号	Fortus 450mc	
	成型方向	由下到上	
	支撑结构和材料	有/ULTEM®9085 树脂	
	数据处理软件	Stratasys Insight^{TM}和 Control Center	
	数据格式	STL	
	成型尺寸	406mm×355mm×406mm	
	分层厚度	0.178mm	
	成型精度	最高 0.1mm	
成型设备提供商	美国 Stratasys 公司		

6.5　成型后处理

后视镜壳体“打印”完毕，取出进行后处理。本例的后处理相对简单，只需使用普通的雕刻刀等(如图 6-52 所示)，甚至手剥，就可将后视镜壳体上的支撑“基座”去除(如图 6-53、图 6-54、图 6-55 所示)。

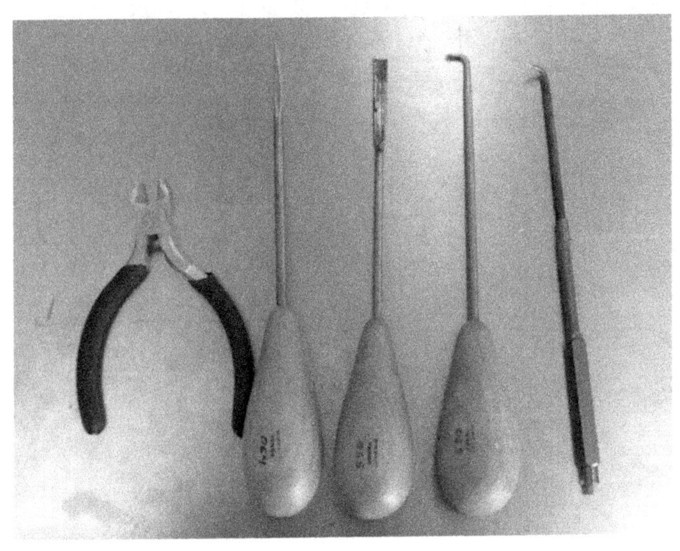

图 6-52　剥除支撑所用的工具

剥去支撑后，若有小部分不好剥除的支撑材料残留，可使用一定比例的氢氧化钠溶液浸泡一段时间，也可去除。支撑去除完毕，根据需要再进行必要的打磨和喷漆等工序就可以得到最终的产品。

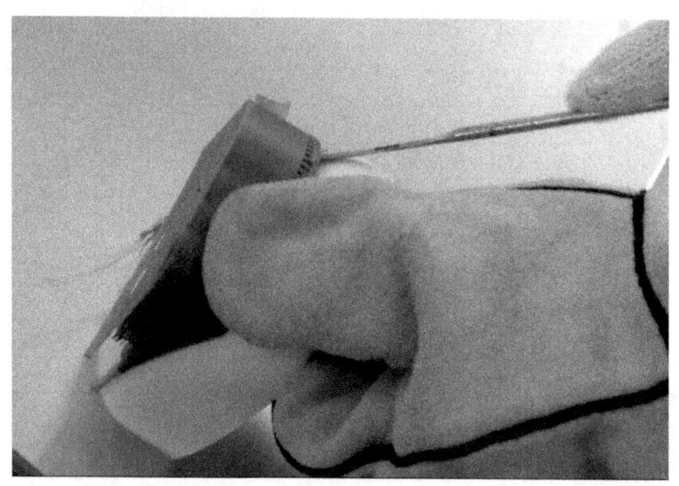

图 6-53　剥除支撑

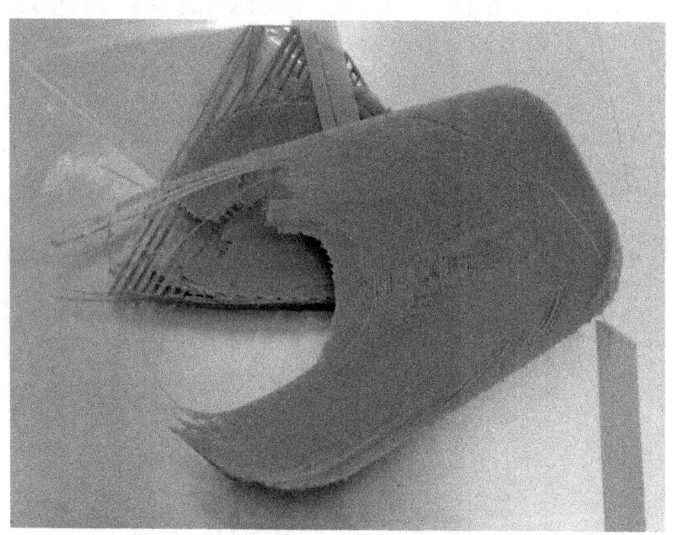

图 6-54　被去除的支撑残片

图 6-55　剥除支撑的后视镜

6.6　本章小结

本章为 FDM 案例实训教学内容，对摩托车后视镜的 3D 打印过程进行了详细讲解，包括：案例描述、逆向造型数据建模、数据处理、模型成型过程、成型后处理。

实训项目任务工单

<table>
<tr><td>项目名称</td><td colspan="3">FDM 实例：摩托车后视镜壳体</td><td>日期</td><td colspan="3"></td></tr>
<tr><td>任务名称</td><td colspan="3"></td><td>指导教师</td><td colspan="3"></td></tr>
<tr><td>学生姓名</td><td></td><td>学号</td><td></td><td>班级</td><td colspan="3"></td></tr>
<tr><td colspan="8">实训内容和要求

</td></tr>
<tr><td colspan="8">实训仪器及实施过程

</td></tr>
<tr><td colspan="8">实训报告内容（详述完成任务的主要方法及思路）

</td></tr>
<tr><td colspan="8">心得体会

</td></tr>
<tr><td colspan="8">考核评价</td></tr>
<tr><td>学生自评</td><td></td><td>小组评价</td><td></td><td>教师评价</td><td></td><td>综合评价</td><td></td></tr>
</table>

第7章　Polyjet实例：大象玩具摆件

教学目标：了解3D打印Polyjet技术的成型实施过程、成型特点，产品的开发方法及过程。

教学重点：3D打印Polyjet技术实施过程的理解与掌握，3D打印后处理方法的理解。

教学难点：Polyjet打印技术的设计思路、排样要求的理解与掌握，Polyjet成型技术技巧的理解与掌握。

7.1　案例描述

近年来，“创客”热潮持续发热，人们热衷于表达自己的创意思想，并将其实物化。实现个人独特的创意，制造出满足个性化需求的物品在传统生产方式中颇受限制，3D打印设备为人们的个性化制造梦想带来了希望。随着数字技术的发展和3D打印技术的普及推广，个性化创意制造不再是梦想。

本例的数据模型来源于网络，是一个外形漂亮，细节细腻，色彩丰富的创意玩具摆件(如图7-1所示)。

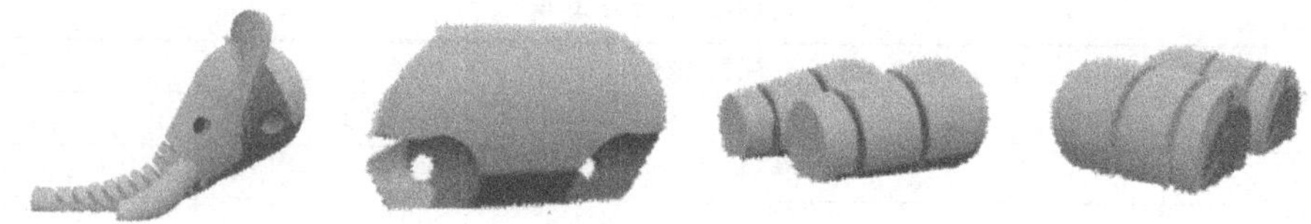

图7-1　大象摆件数模零件图

本例的制造目标是：

- 一次原型预组装：模型的各个部分一次成型，组装构成完整体。
- 三色材料个性搭：模型身体的三个部位各取不同颜色同时“打印”成型。

基于以上的制造目标，在目前的3D打印技术中只有Polyjet技术能够完成。

7.2　技术解析

Polyjet技术是一种强大的增材制造方法，能够制作出光滑、精准的原形、部件和工具。Polyjet聚合物喷射技术是以色列Objet公司(现在已与Stratasys公司合并)于2000年推出

的专利技术，Polyjet 技术也是当前最为先进的 3D 打印技术之一。

Polyjet 技术的工作原理（如图 7-2 所示）与喷墨打印机十分类似，不同的是喷头喷射的不是墨水而是光敏聚合物。当光敏聚合材料被喷射到工作台上后，UV 紫外光灯将沿着喷头工作的方向发射出 UV 紫外光对光敏聚合材料进行固化。完成一层的喷射“打印”和固化后，设备内置的工作台会极其精准地下降一个成型层厚，喷头继续喷射光敏聚合材料进行下一层的“打印”和固化。这样一层接一层，直到整个工件“打印”制造完毕。

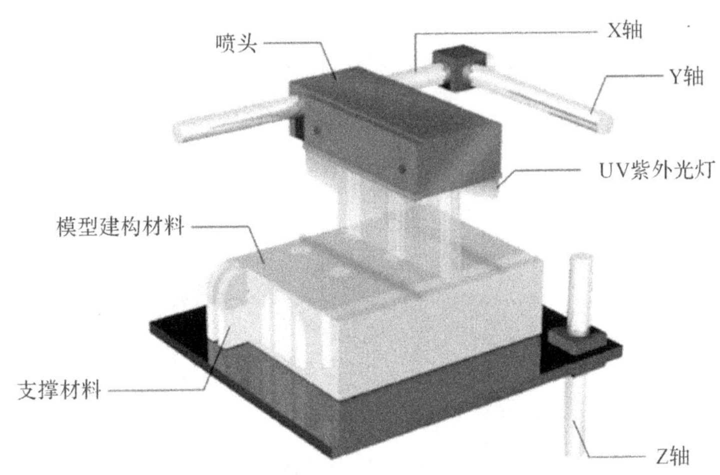

图 7-2　Polyjet 的工作原理

工件成型过程中将使用两种不同类型的光敏树脂材料，分别用来生成实际模型和支撑。制作出的工件原型，可以立即进行搬运和使用，无需二次固化。支撑材料可以用手或者喷水的方式很容易地清除，留下表面整洁光滑的成型工件（如图 7-3 所示）。

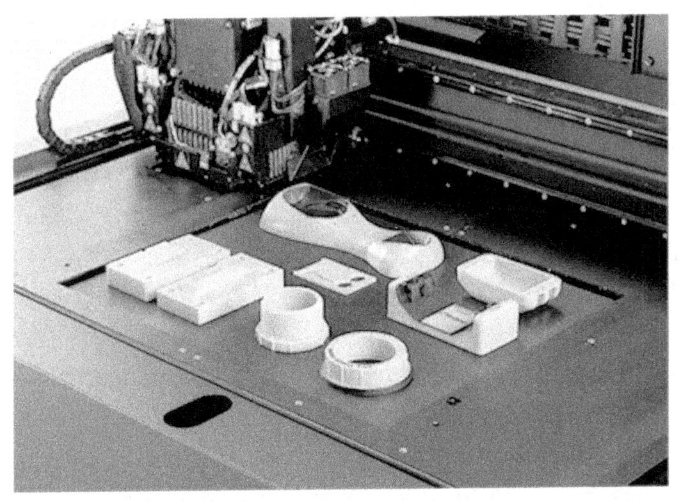

图 7-3　利用 Polyjet 技术成型的工件

Polyjet 技术有诸多优势：

● 质量高

Polyjet 技术拥有行业内领先的 14μm 分辨率(即最薄层厚能达到 14μm)，以超薄层的状态将材料叠加成型，可以确保获得流畅、精确且非常详细的部件与模型。

● 精度高

使用 Polyjet 聚合物喷射技术的精密喷射与性能良好构建材料可保证细节精细与薄壁，能够带来很好的表面品质和细节。

● 多色彩打印

目前先进的 Polyjet 系统能够同时喷射多种功能材料，因此可以将各种特性甚至多种颜色融入 3D 打印模型和零件中，制造出颜色逼真、贴近最终产品实物的模型(如图 7-4 所示)，其他打印方式则无法完成。

图 7-4　利用 Polyjet 技术成型的工件

● 多种材料供选用

Polyjet 技术的成型设备材料选择余地大，可制作具有不同特性的模型与部件，包括灵活性、断裂延伸率以及颜色等方面，开启了更广泛的应用范围。可选择的材料包括全部 FullCure 模型与支撑材料，不透明的 VeroBlue、VeroWhitePlus 和 VeroBlack 以及柔软的橡胶状 TangoGray 和 TangoBlack，还支持 FullCure720 Transparent 以及通用的 FullCure Support。此外，还包括几十种合成的 Digital Materials，即由两种 FullCure 模型材料组成的复合型材料，具有特殊的浓度和结构成分，可以满足用户所需的机械特性，适合作为前期测试的接近目标产品材料的模型材料。无论采用何种材料，都可以保持相同的精确度、精细度与曲面质量。

其中，柔性仿橡胶材料可与刚性材料一同“打印”，因而可以制作橡胶包覆和柔软防滑表面的原型(如图 7-5 所示)，例如按钮、手柄、握把以及任意数量的柔性细部。也可用于制作透明、透明/不透明组合、半透明颜色模型(如图 7-6 所示)等。Polyjet 系统可选的材料选项超过 180 个，包括树脂 ABS，可对从刚性到柔性在内的所有类型的材料进行 3D 打印(如图 7-7 所示)。

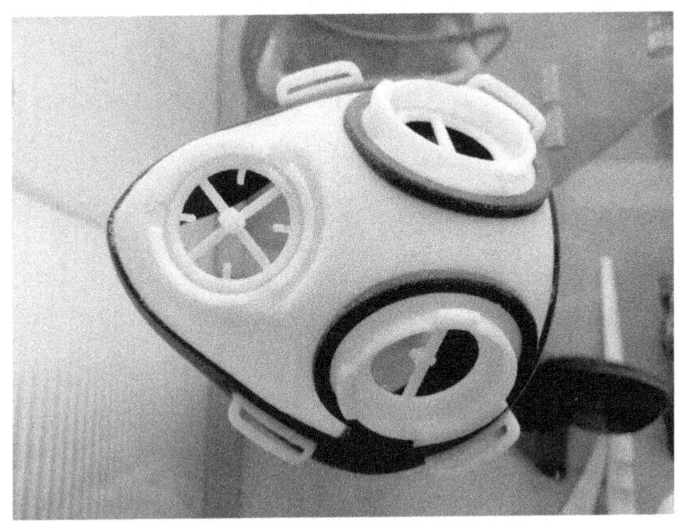

图 7-5　利用 Polyjet 技术使用橡胶包覆 ABS 材料制造成型的防毒面具模型

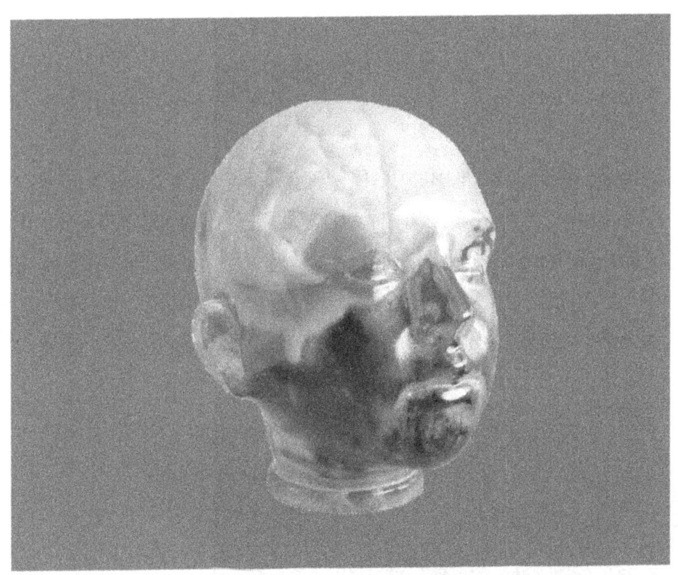

图 7-6　利用 Polyjet 技术制造成型的外部透明内部不透明的人脑模型

● 一次成型预组装

目前先进的 Polyjet 系统采用全新的六种材料喷射技术，可自动打印具有多种材料特性的复杂原型，无须进行组装。

● 清洁快捷

Polyjet 系统设备提供封闭的成型工作环境，适合普通的办公环境，采用非接触树脂载入和卸载，容易清除支撑材料，容易更换喷头。得益于全宽度上的高速光栅构建，系统可实现快速流程，可同时构建多个项目，并且无须进行二次固化等后处理。

综上，Polyjet 技术是本例大象玩具模型摆件的最佳技术选择。

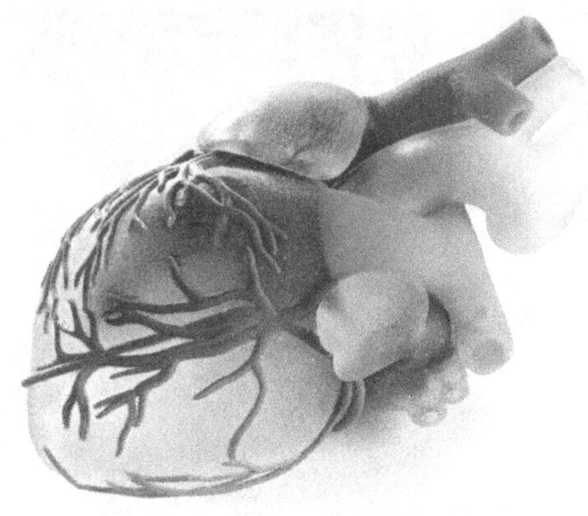

图 7-7　利用 Polyjet 技术制造成型的刚性和柔性材料混用的心脏模型

7.3　数据处理

本例选择美国 Stratasys 公司推出的 Objet500 Connex3™（如图 7-8 所示）机型作为大象摆件的 Polyjet 成型设备。Objet500 可提供全面建模解决方案，具有 16μm 的高分辨率，采用三种材料喷射技术，可自动"打印"具有多种材料特性的复杂原型，制造具有光滑细致表面的精密模型。Objet500 属于 Connex 家族系列产品，能够同时"打印"多种模型材料，使其能"打印"零部件并在单个托盘中构建不同材料零件，其创建的复合型数字材料仿真度比以

图 7-8　Objet500 三维打印成型系统

往任何材料都更接近各种最终产品。

快速成型首先需要做数据处理。由 Objet500 配套的 Objet Studio™（如图 7-9 所示）前端处理软件来管理整个模型数据处理流程。

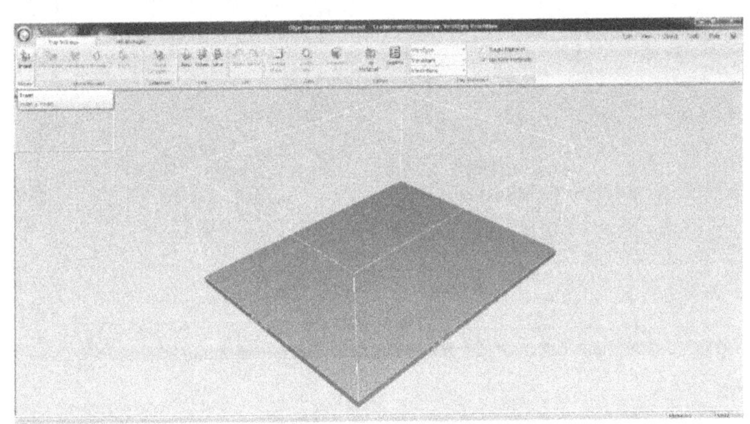

图 7-9 Objet Studio™系统界面

Objet Studio™是专为 Objet Connex 系列 3D 成型设备开发的，支持三维 CAD 应用程序的 3D 模型转换成“打印”设备使用的 STL 和 WRL 文件（如图 7-10 所示），包括颜色、材料和支撑布局等信息。这款软件提供简单的“点击并构建”的准备与打印托盘编辑功能，提供便捷的生产预估和完全的生产控制，包括队列管理。这款软件还具有强大的向导的特点，方便并加快系统维护。Objet Studio™提供强大的多用户网络功能，将客户的整个设施转变为生产力极高而且用途多元化的三维模型运营。

Objet Studio™可以轻松地选择模型和材料，能够自动布置托盘确保精确一致的定位，并自动实时生成支撑结构，即时切片打印，提供强大的多用户网络功能。

7.3.1 导入模型

Objet Studio™系统导入数据模型方便快捷。点击“Insert Model”选择需要“打印”的工件 3D 数据模型（如图 7-11 所示），即可在 Objet Studio 的系统界面中看到各个零部件的数据模型（如图 7-12 所示）。选中任一个零部件，切换至“Model Settings”即可对模型的材料、颜色、光泽、位置、翻转等进行调整和设定（如图 7-13 所示）。

本例的目标任务是直接“打印”一个组装好的，腿部可灵活运动的一体化大象模型，因此不能在 Objet Studio 中导入“大象”的各个零部件，应先做虚拟组装后再导入。具体操作如下：

删除刚刚导入的零部件模型，在 Objet Studio 中重新打开数据模型所在的文件夹，选中所有的零部件，并在“Insert”功能框中，勾选“Assembly”选项（如图 7-14 所示），系统就会对大象模型的零部件进行虚拟组装后再导入系统托盘（如图 7-15 所示）。

7.3.2 参数设置

导入工件后，点击“Estimate”功能，打开生产预估“Production Estimate”窗口，可查看当前设置下工件的生产预估情况，包括打印模式、材料消耗和成型时间等（如图 7-16 所示）。

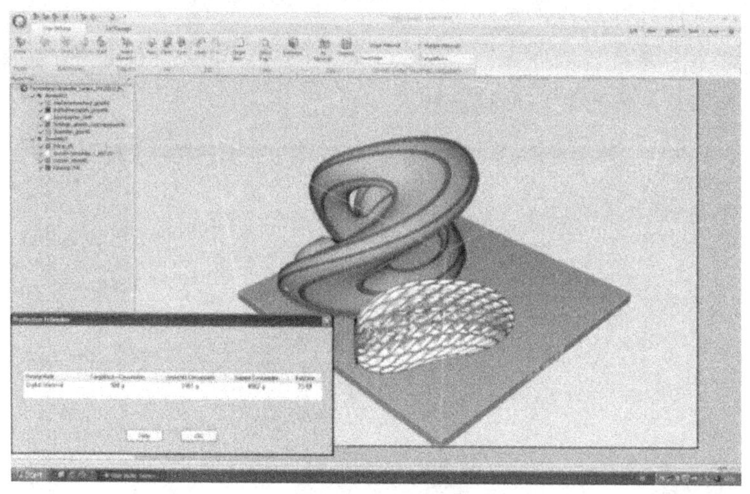

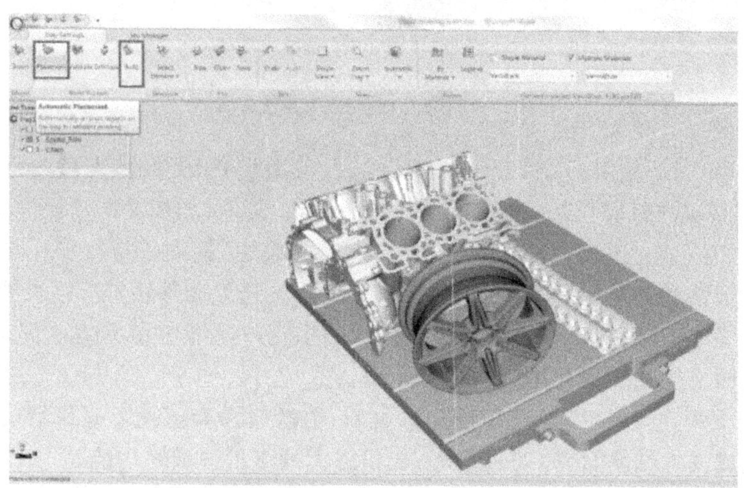

图 7-10 使用 Objet Studio™系统分析数据模型

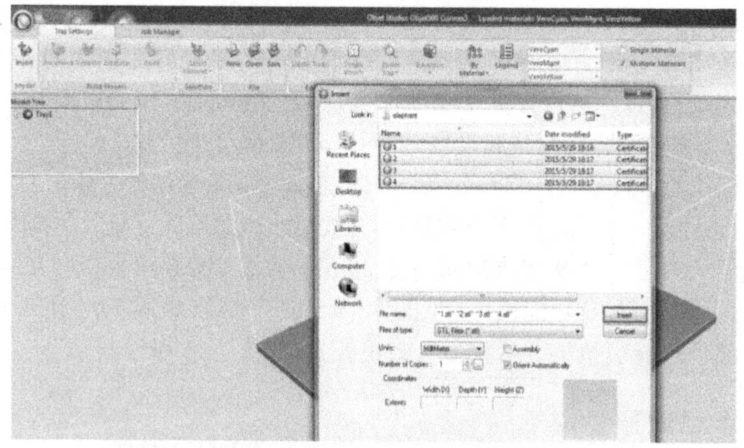

图 7-11 导入工件 3D 数据模型

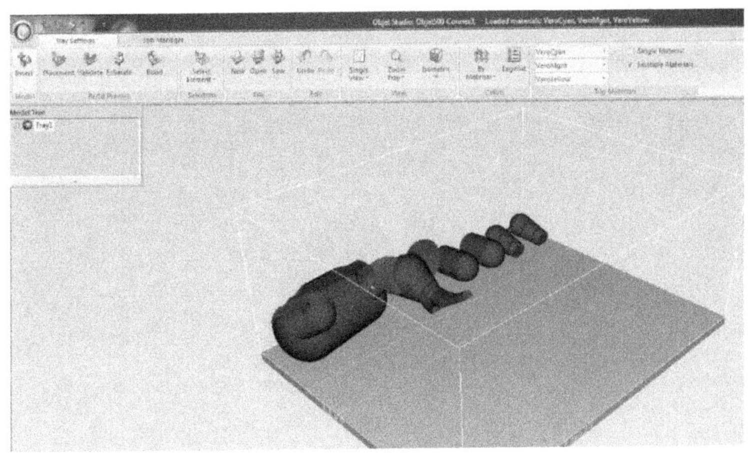

图 7-12　工件 3D 数据模型导入托盘

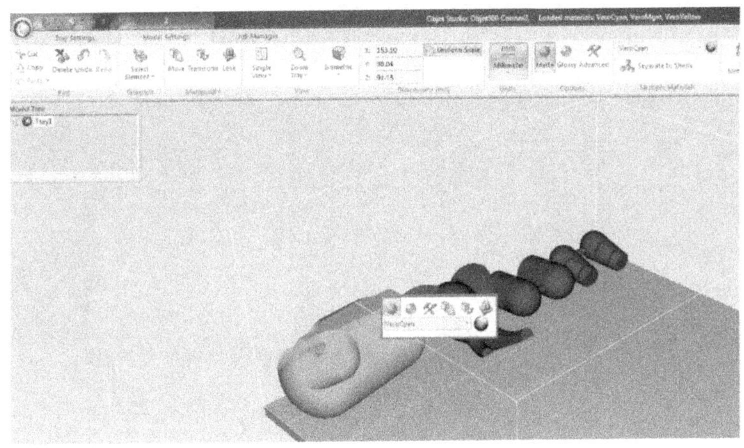

图 7-13　设置零部件的各项参数

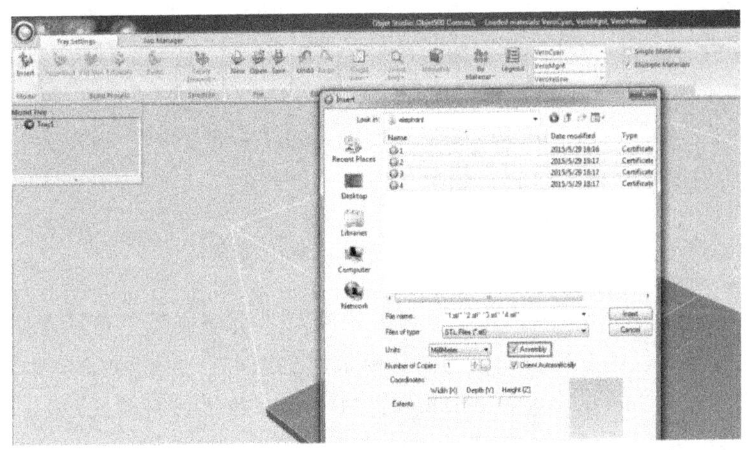

图 7-14　勾选“组装”选项导入组装模型

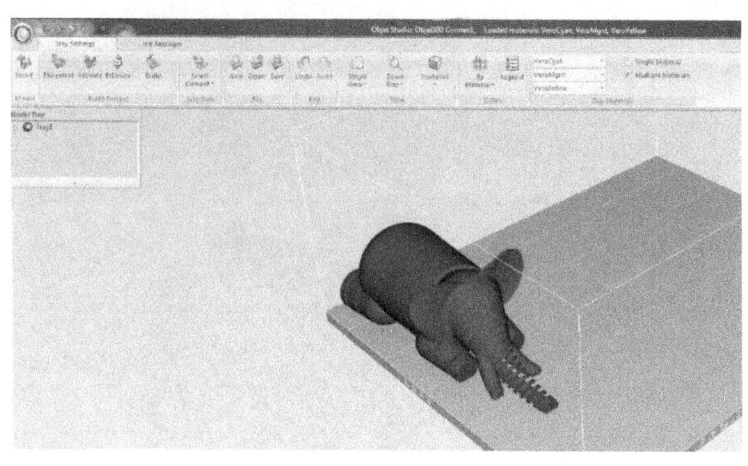

图 7-15　虚拟组装模型并导入系统

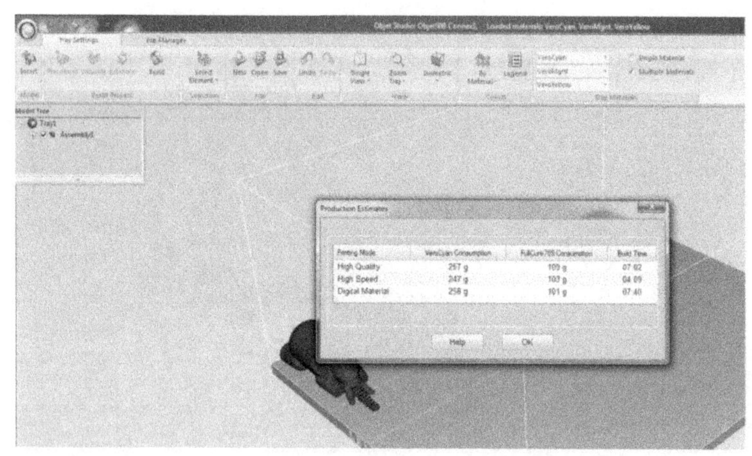

图 7-16　工件生产情况预估功能窗口

对当前设置不满意，可以切换至“Model Settings”功能栏，选中需要修改的工件如“Assembly1”，点击“Transform”对各项参数进行修改，如“Translate”(移动)、“Rotate”(旋转)和“Scale”(调整比例)等。如将“Assembly1”缩小比例至原模型的50%，点击“Apply”确认(如图 7-17 所示)。参数修改完毕后，再打开“Estimate”对工件生产情况进行预估，在参数修正和生产预估的反复调整后得到理想的工作状态。

7.3.3　生产预估

生产预估“Estimate”功能是 Objet Studio 软件对于快速成型生产状况的预测，实质上是 Objet500 系统所提供的三种打印模式对模型成型的影响。这三种打印模式(High Quality，高质量模式；High Speed，高速模式；Digital Material，数字材料模式)为各个领域的应用提供了不同的解决方案(如表 7-1 所示)，三种模式之间可以轻松切换。

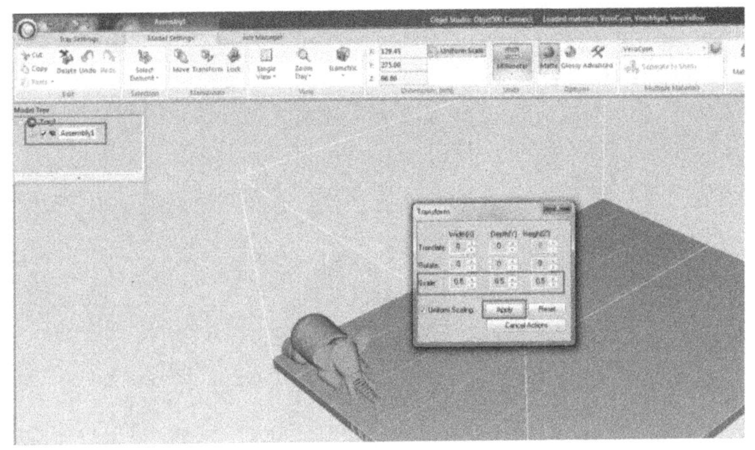

图 7-17　参数设置功能窗口

表 7-1　Objet Connex 系列打印模式参数

打印模式	支持层厚/μm	构建尺寸/(mm/h)
High Quality	16μm	12
High Speed	30μm	20
Digital Material	30μm	12

通过 Estimate 功能对于不同打印模式下的成型精度、成型分辨率、成型材料和成型时间等进行预估。Objet Connex 系统能够按照不同的成型模式，自动进行实时的切片和生成支撑结构，并不需要独立的切片和生成支撑操作，减少了对操作人员经验的依赖，也避免了不必要的失误，这也是其与其他数据处理软件的不同之处。最后，经过综合考量选取合适的打印模式。

7.3.4　工件摆放

Objet500 的打印尺寸为 mm，为了提高加工效率，可以同时加工多个模型。在“Model Tree”窗口选中已设置理想参数的虚拟组装模型如“Assembly1”，使用简单的“Ctrl＋C”和“Ctrl＋V”命令即可实现同样参数设置的模型添加，简化流程易于操作(如图 7-18 所示)。

多个模型同时打印，需合理排列模型位置，提升效率和平台空间的利用率。Objet Studio 系统提供自动排列功能，降低对操作人员经验的依赖。在 Objet Studio 中的排列操作非常简单，打开 Tray Settings 功能栏，点击“Placement”即可自动排列(如图 7-19 所示)，再点击“Estimate”进行生产预估(如图 7-20 所示)，也可以手工调整以达到理想的位置排列。

7.3.5　选定材料和颜色

本例中，Polyjet 工艺在成型阶段可直接打印出大象模型不同颜色的各个零部件，不需要后期喷涂着色。本例的打印设备属 Objet Connex3 系列，能够同时使用多种颜色或种类的材料“打印”，这也是 Polyjet 技术的特点之一。

在 Objet Studio 中确定模型颜色。选中模型，在“Model Settings”中为各个零部件选定

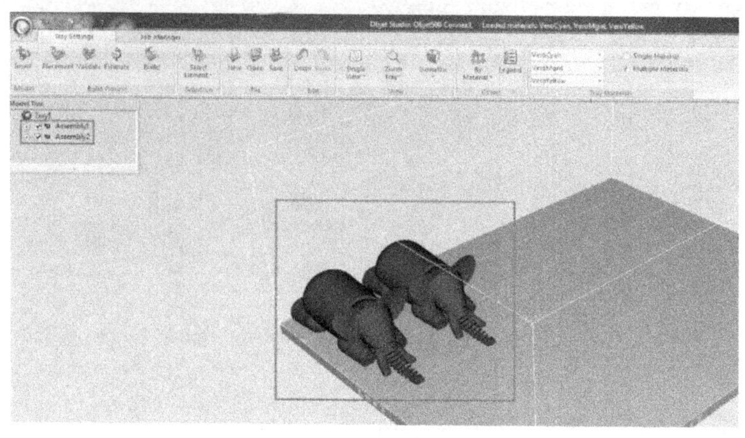

图 7-18　添加相同参数设置的模型

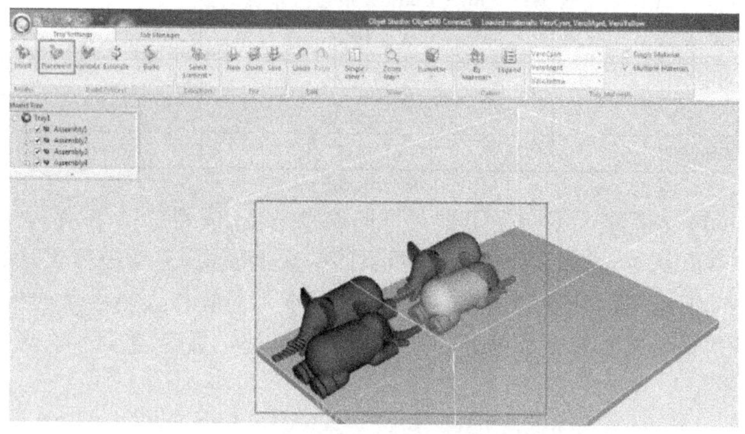

图 7-19　Objet Studio 中的自动排列功能

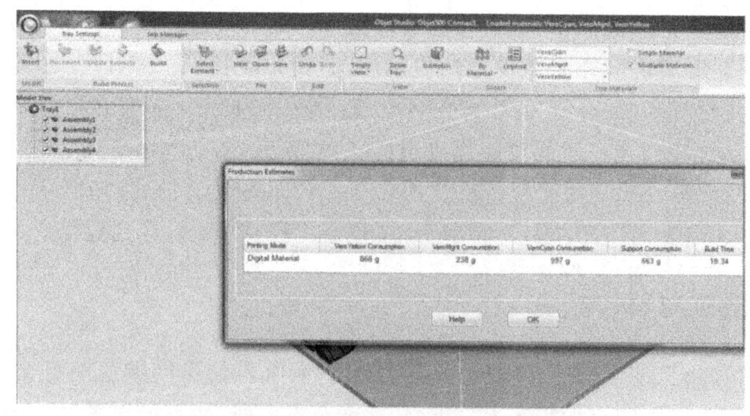

图 7-20　对自动排列进行生产预估

材料和颜色，在快捷功能栏中点击下拉菜单即可选择不同的成型材料，点击色彩选项弹出色卡，选择所需的颜色（如图 7-21 和图 7-22 所示），系统操作方便，选项直观。

图 7-21　零部件选材和选色

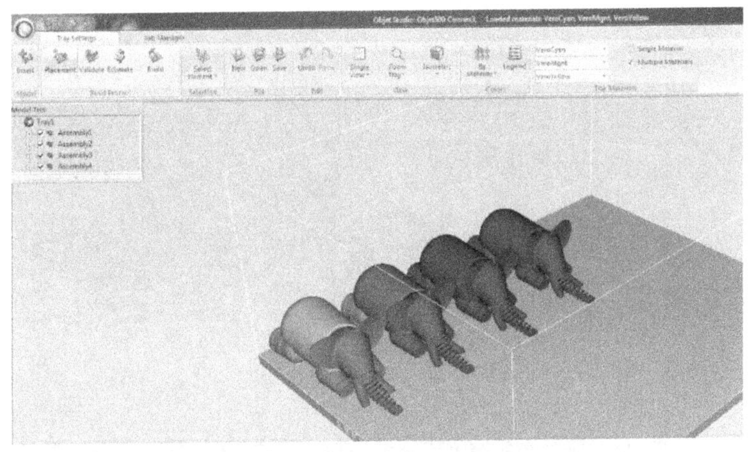

图 7-22　零部件选材和选色完成

选定材料和颜色，确定需打印模型的数量，使用“Placement”功能将选定的模型自动排列并调整（如图 7-23 和图 7-24 所示），再用“Estimate”功能再次预估生产情况（如图 7-25 所示）。在“Production Estimate”窗口检查相关“打印”信息，所有参数、颜色和材质都核查完毕，点击“Validate”确认。本例中选择 Digital Material 材料、6 种颜色“打印”2 头大象模型。

7.3.6　创建项目

模型的各项信息确认后，在“Tray Settings”中点击“Build”开始创建项目。在打开的“Job Summary”窗口中，可以看到本次打印任务的基本信息，如打印材料和预计的成型时间等。此时进行最后的检查，无误后单击窗口中的“Build”确认创建该项打印任务（如图 7-26 所示），Objet Studio 系统会将处理好的模型数据保存为 Objet500 设备可以识别的数字文件格式（如图 7-27 所示），等待下一步的工作。

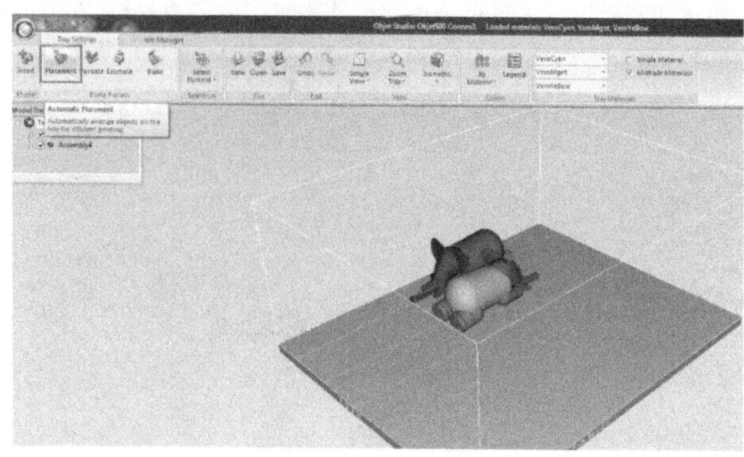

图 7-23　使用“Placement”功能自动排列选定模型

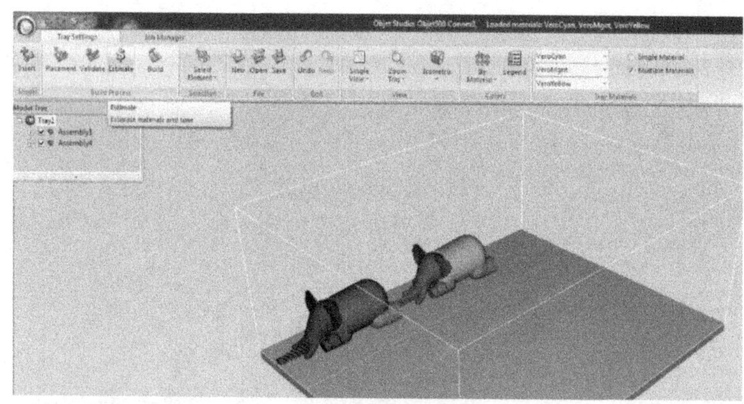

图 7-24　调整模型排列

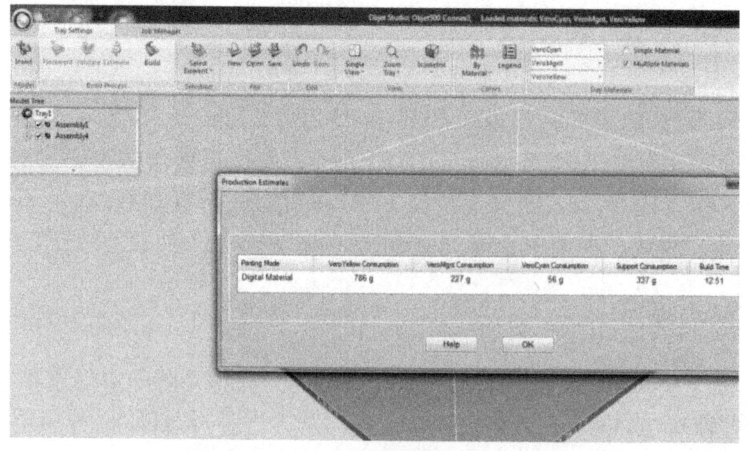

图 7-25　预估窗口“Production Estimate”

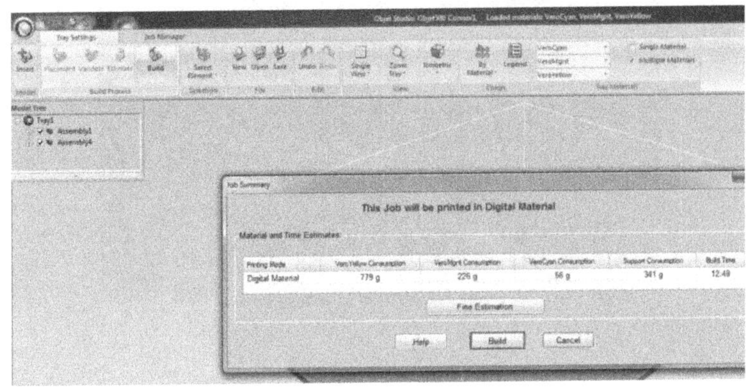

图 7-26　创建项目

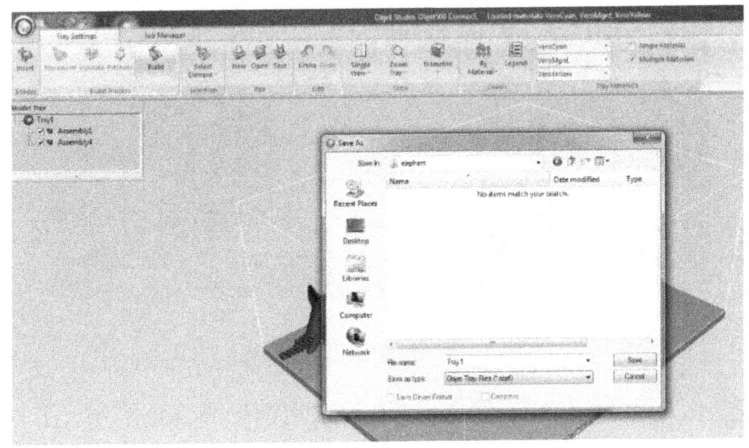

图 7-27　保存为 Objet500 可识别的数字文件格式

7.4　模型成型过程

7.4.1　3D 打印设备准备

本例的成型设备是 Objet500(如图 7-28 所示)。需要注意的是,设备在完成上一个"打印"任务,开始下一个"打印"任务之前,要对设备进行清洁,并给料箱配备所需的成型材料和支撑材料。

1. 清洁

首先擦拭喷头(如图 7-29 所示)。操作时,戴好橡胶手套,用喷过清洁剂的软布轻轻擦拭设备的喷头,抹去残留材料,避免影响下一个"打印"任务。

图 7-28　Objet500 Connex3™

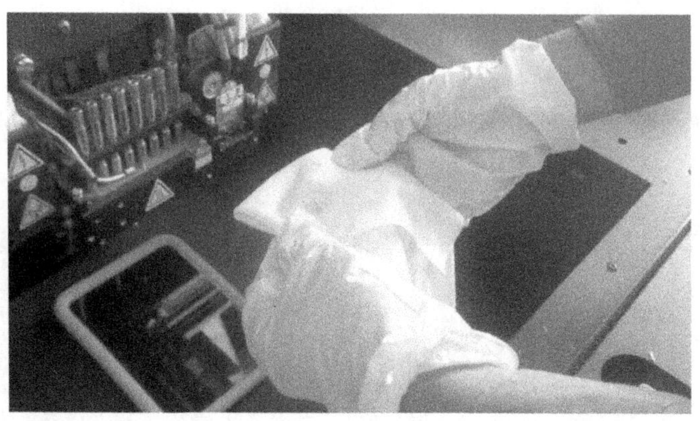

图 7-29　擦拭成型设备喷头

接着，清理工作台（如图 7-30 和图 7-31 所示）。用刮铲等清理工作台上的残余废料，再喷洒清洁剂，用软布或纸巾擦拭干净，得到平整干净的工作台，才能准备开始下一个“打印”任务。清洁完毕，合上设备外罩。

图 7-30　清理成型设备工作台上的废料

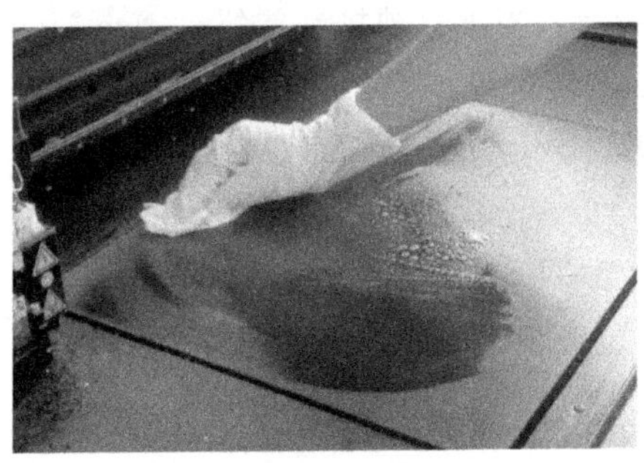

图 7-31　擦拭成型设备工作台

2. 装料

在料箱中装入选定的成型材料和支撑结构材料(如图 7-32 所示)。

图 7-32　装填成型和支撑材料

至此,设备准备工作完成。

3. 预处理

生产项目创建完毕,准备好打印后,将打包数据发送至"Job Manager"进行生产管理(如图 7-33所示)。

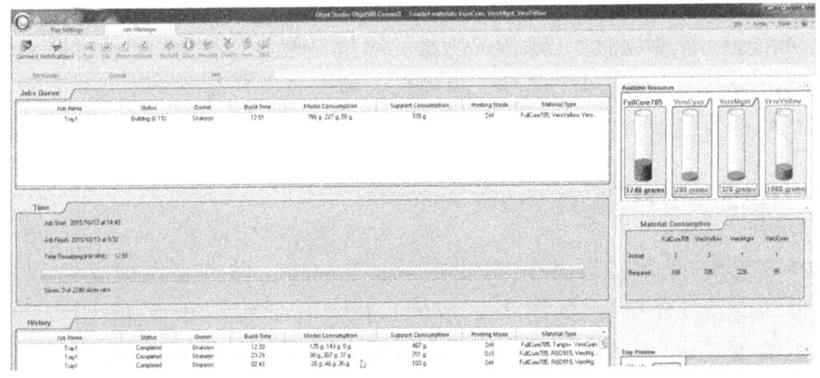

图 7-33　Job Manager 生产管理系统界面

项目任务被放入“打印”队列中(如图 7-34 所示),当项目被排到首位时,Job Manager 会预处理发送过来的项目数据文件,自动实时切片处理并生成支撑结构后送至生产设备开始实体的成型加工(如图 7-35所示)。因此,在 Objet Studio 中并没有单独的切片和生成支撑的步骤,整个操作更加智能化。

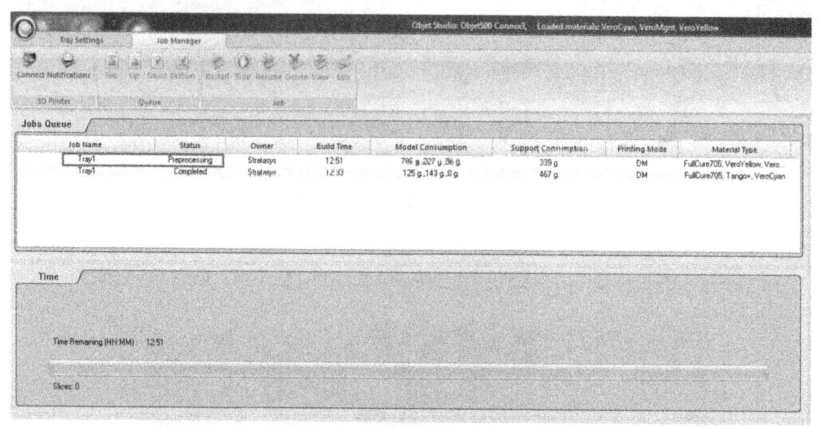

图 7-34 预处理项目数据文件

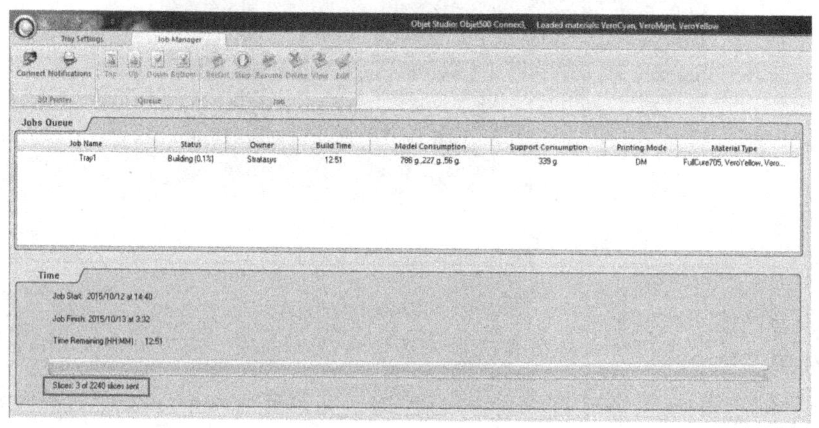

图 7-35 自动实时切片并生成支撑结构开始“打印”

在 Job Manager 管理界面上,可以直观地了解项目信息。例如,可以实时跟踪当前“打印进度”;也可以看到整个项目持续的预计时间,方便合理安排各个项目进行的先后顺序;除了当前“打印”项目的基本信息,还可以浏览过往“打印”项目的基本信息(如图 7-36 所示)。

7.4.2 模型成型打印

Objet500 工作时,无须工人值守,只要在 Job Manager 监控工作进度即可。由于设备工作期间有强烈的紫外光照射(如图 7-37 所示),虽然有机器外罩,但建议尽量远离。本例采用三种材料喷射技术,自下而上地逐层打印,无须进行后续组装,一次成型(如图 7-38 所示)。

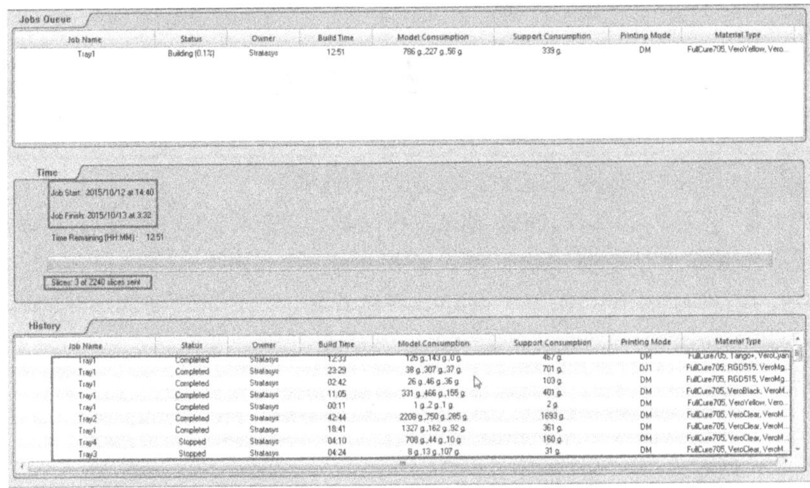

图 7-36　Job Manager 界面上的各类项目信息

图 7-37　“打印”进行中

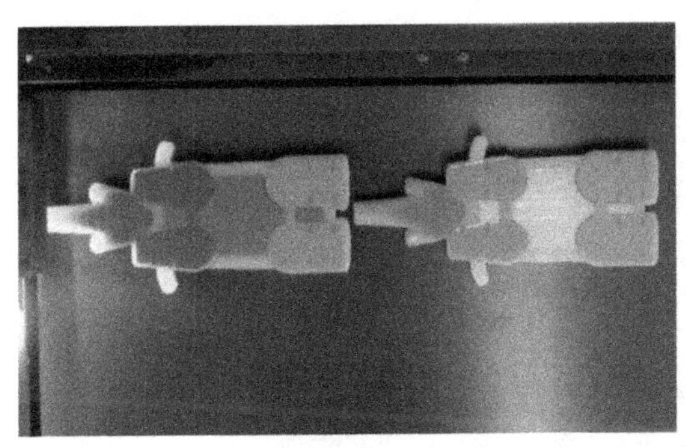

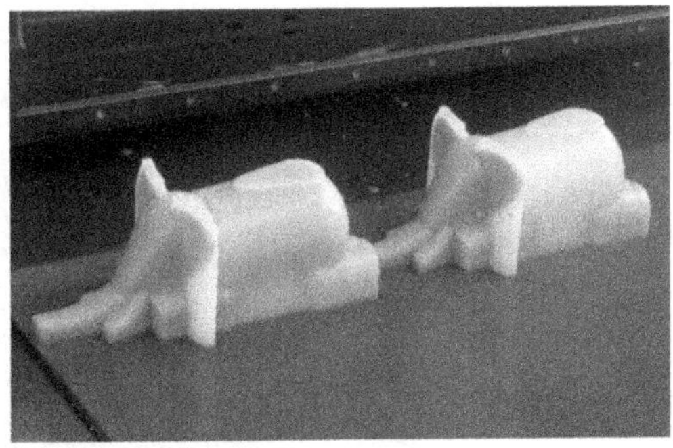

图 7-38　“大象”模型自下而上一次成型

7.5 成型后处理

由于无须二次固化，Polyjet 工艺的后处理比较简单。

成型的“大象”在悬空的耳部、腹部均有支撑结构，甚至整个“大象”表面都包覆了一层支撑结构材料，另外基座也是支撑结构。用水枪初步清洗(如图 7-39 所示)，将大象表面以及大部分的支撑结构材料冲洗去除，对于结构复杂或有镂空结构的位置要谨慎操作，以免对工件的结构造成形变或破坏。

图 7-39　水枪冲洗“大象”表面

清洗完毕，用纸巾擦干(如图 7-40 所示)。对于本例这类较厚的工件，擦干只是为了手感舒适，对于较薄的工件，擦干则是为了防止工件变形。冲洗后的工件，有些仍不能完全去除多余材料的，可以浸泡在水基溶液中溶解后去除。

利用 Polyjet 工艺制作的“大象”创意玩具摆件完成。相比由 FDM 工艺制作的工件，使

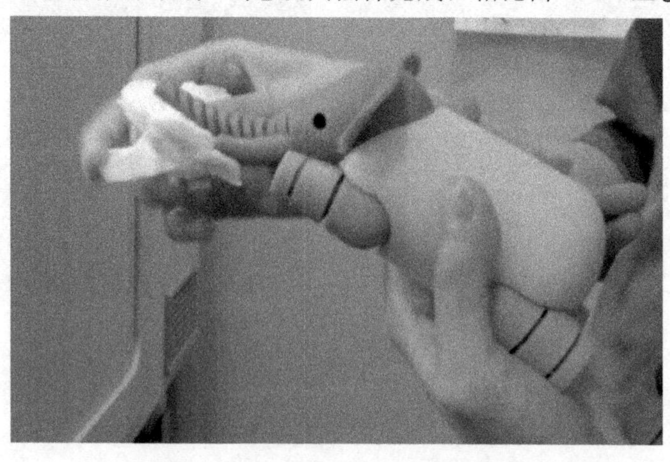

图 7-40　用纸巾擦干被冲洗的“大象”

用 Polyjet 工艺的产品表面更加细腻，工件的细节还原度更高，精度也更高。在一次成型和色彩等方面也优势明显。

7.6 本章小结

本章为 Polyjet 案例实训教学内容，对大象玩具摆件的 3D 打印过程进行了详细讲解，包括：案例描述、技术解析、数据处理、模型成型过程、成型后处理。

实训项目任务工单

<table>
<tr><td>项目名称</td><td colspan="3">Polyjet 实例：大象玩具摆件</td><td>日期</td><td></td></tr>
<tr><td>任务名称</td><td colspan="3"></td><td>指导教师</td><td></td></tr>
<tr><td>学生姓名</td><td></td><td>学号</td><td></td><td>班级</td><td></td></tr>
<tr><td colspan="6">实训内容和要求

</td></tr>
<tr><td colspan="6">实训仪器及实施过程

</td></tr>
<tr><td colspan="6">实训报告内容（详述完成任务的主要方法及思路）

</td></tr>
<tr><td colspan="6">心得体会

</td></tr>
<tr><td colspan="6">考核评价</td></tr>
</table>

学生自评		小组评价		教师评价		综合评价	

第8章　SLS实例：洗衣机功能部件

教学目标：了解3D打印SLS技术的成型实施过程、成型特点以及产品的开发方法及过程。

教学重点：3D打印SLS技术实施过程的理解与掌握，3D打印后处理方法的理解。

教学难点：SLS打印技术的设计思路、操作注意事项的理解与掌握，SLS成型技术技巧的理解与掌握。

8.1　案例描述

本例的需求来自某洗衣机生产商在生产新产品时，需首先对某功能部件（如图8-1所示）进行功能测试。

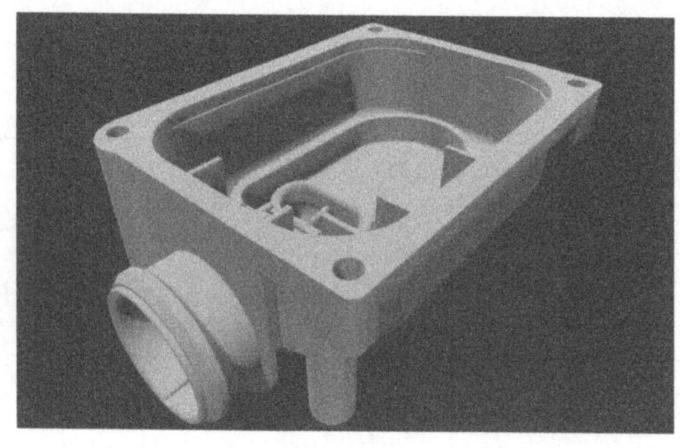

图8-1　洗衣机某功能部件3D模型

测试件使用传统制造技术，在制造环节首先要制作生产部件所需的模具，模具生产过程费时费力，而且仅仅用于测试件的生产，显然并不经济。3D打印技术相比传统制造技术在样件测试领域优势显著，只需完整的设计图纸，即可直接制作零件，无须开模等中间过程，成型时间大大缩短。

使用3D打印技术生产单个或小批量零部件，既能节约开发成本，也可以缩短开发周期，是产品开发和模型测试的好帮手。但作为功能零部件测试样件，本例对要制造的成型零件还有一定的要求，要求强度好；不易发黄、变形。

作为洗衣机零件，生产的样件应可在有水、油及污渍的条件下使用。

根据以上制造要求分析，目前应用较成熟的3D打印技术中，激光选区烧结快速成型技

术是理想的选择。如使用 FDM 工艺，在强度和表面质量上可能达不到测试需求；使用 SLA 工艺，光敏树脂的成型材料对光线敏感，易发黄，不适合做该功能件。

那么，激光选区烧结快速成型技术都有哪些特点呢？

8.2 技术解析

激光选区烧结（Selective Laser Sintering，SLS）快速成型技术（如图 8-2 所示）自 1989 年问世以来，经过近 30 年的发展，SLS 已经成为集 CAD、数控、激光和材料等现代技术成果于一身的先进制造技术，是当前发展最快，最成功商业化的快速成型技术。

图 8-2 激光选区烧结快速成型技术

SLS 工艺的工作过程（如图 8-3 所示）以激光器为能源，激光束在计算机控制光路系统的精确引导下，在均匀铺洒粉末材料薄层的加工平面上，按照零件的分层轮廓以一定的速度和能量密度扫描，有选择地烧结，使粉末材料烧结或熔化后凝固形成零件的一个薄层。一层烧结完毕，工作平台下降一个层厚，重新铺粉，烧结新层，如此循环，层层叠加，最终得到三维实体零件。

激光束未扫过的区域仍然是松散的粉末，成型过程中，未经烧结的粉末对模型的空腔和悬臂起着支撑的作用，因此使用 SLS 技术成型的工件不需要像其他成型技术那样添加支撑结构，这些粉末有些还可以回收再使用。

SLS 工艺是利用粉末材料成型的，可供使用的原材料相对丰富，包括金属基粉末、陶瓷基粉末、覆膜砂、高分子基粉末等。材料对成型件的精度和物理机械性能起着决定性作用，高分子基粉末最早在 SLS 工艺中得到应用，相比金属和陶瓷材料，高分子材料如尼龙（PA）等（如图 8-4 所示）成型温度低、烧结所需的激光功率小，是目前应用最多、最成功的 SLS 材料。

8.2.1 SLS 工艺的优点

1. 成型材料广泛，应用面广

从理论上说，任何受热后能够形成原子间黏结的粉末材料都可以作为 SLS 的成型材

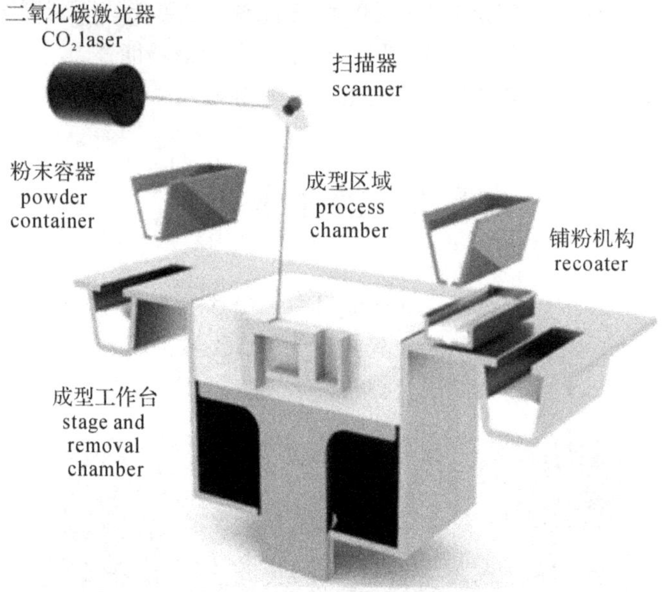

图 8-3 激光选区烧结工艺过程

图 8-4 用于激光选区烧结工艺的尼龙粉末

料。成型材料的多样化，使得 SLS 技术适合于多种应用领域，如原型设计验证、模具母模、精铸熔模、铸造形壳和型芯等。

2. 具有自支撑性能，成型材料可循环利用

SLS 工艺简单，成型过程中未烧结的粉末可用作自然支撑，无须额外增加辅助支撑。成型过程中，材料浪费较少，材料的利用率高，大多数未烧结粉末可以重复使用。

3. 零件结构复杂程度不限

SLS 工艺对零件的复杂性几乎没有任何限制，可制造各种复杂形状的零件，如镂空件、嵌套件等，适合于新产品的开发或单件、小批量零件的生产。

8.2.2 SLS 工艺现阶段的缺陷

(1)成型大尺寸零件时容易发生翘曲变形，在直接成型高性能金属、陶瓷零件方面仍存在困难。

(2)加工前后，需要花费时间预热和冷却。加工前，一般需要花费 2 小时左右的时间进行成型材料预热，将其加热到熔点以下；零件成型后，还需几个小时的时间冷却，然后才能将零件从粉末缸中取出。成型材料为粉体材料，对生产环境会有污染，需要安全措施。

(3)由于使用大功率激光器，设备制造和维护成本较高，技术难度较大，对生产环境有一定的要求。

8.3 数据处理

8.3.1 设备描述

本例选择 TPM 盈普光电公司推出的 ELITE P3200 机型(如图 8-5 所示)，该设备是工业级打印功能性零部件的快速成型设备系统。盈普光电是目前国内领先的以激光烧结为核心技术的 3D 打印方案提供商和设备制造商，早在 2004 年推出的 P4500 激光烧结快速成型系统率先填补了国内选择性激光粉末烧结制作工业级塑胶零件的技术空白。P3200 激光烧结快速成型系统具有扫描速度快、材料利用率高、产量可观等优点。

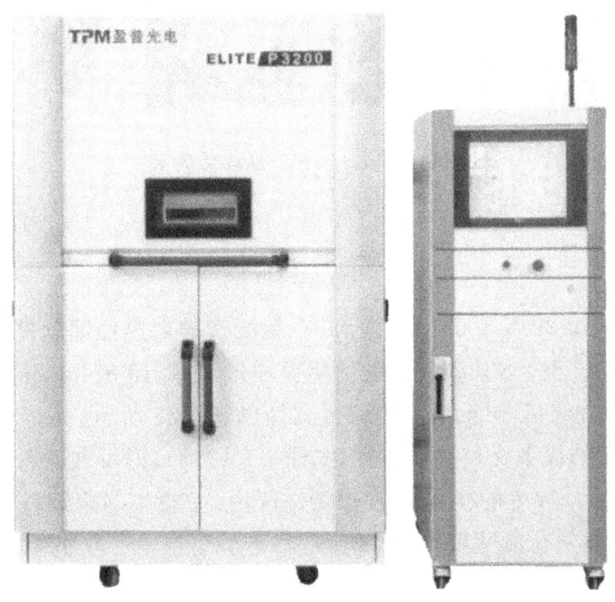

图 8-5　TPM ELITE P3200 型激光烧结快速成型系统

该系列系统配备自主开发的专用数模分析处理系统 SolidView/Pro RP 2015.0x64(如图 8-6 所示)，使用的成型材料是与国外合作开发的尼龙基聚合物系列，无毒无害，耐热耐腐蚀，可重复使用。提供的无支撑多层立体摆放零件工艺方法，有效提高快速制造零件的效率，单一设备具备在数小时内直接制作数百个塑胶零件的能力，所制造的成型零件(如图 8-7 所示)强度高、韧性好，具有良好的表面质量和机械性能，可以满足多种功能性使用要求。

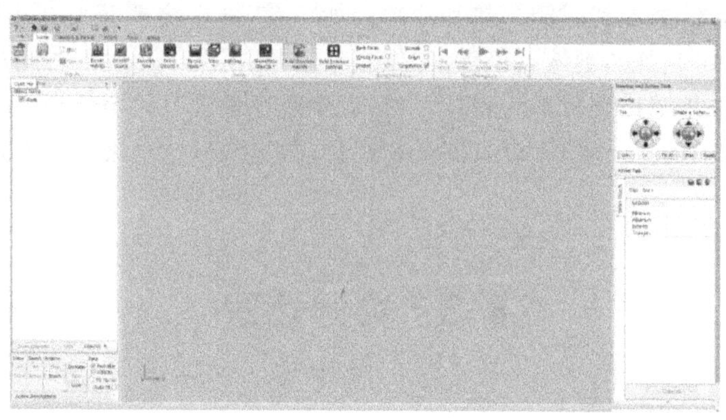

图 8-6　SolidView/Pro RP 2015.0x64 软件界面

图 8-7　SLS 工艺产品样件展示

8.3.2　导入模型

SolidView/Pro RP 2015.0x64 是 P3200 系统配套的数模处理软件，与成型机联动控制完成零件制造的全部流程。SolidView 的使用也非常简单，用 SolidView RP 新建一个布局图，点击“Open”打开洗衣机功能部件的 STL 文件(如图 8-8 所示)。

选择所有需打印的模型文件确认打开(如图 8-9 所示)，即可在软件工作界面中看到 3D 模型(如图 8-10 所示)。导入的模型摆放在工作区内，一般先确定零件中大零件的位置，再调整小零件的位置，如果有薄壁零件，摆放时应靠近成型桶中心及整体的上部。零件与零件之间的距离必须大于 3mm。

8.3.3　模型参数设置

为配合个性化生产，可以对模型的参数进行必要的设置和修正。选择“Modify”菜单栏，可以设置零件缩水率“Scale”，并进行偏移复制“Translate”、旋转“Rotate”、对齐“Align”、镜像“Mirror”和合并选中的零件“Combine”等(如图 8-11 所示)。

选中工件，打开“Modify”菜单栏，点击“Scale”可以对选中的零件进行缩放(如图 8-12 所示)，也可以通过设置各个轴的缩水率做缩放，需要注意的是设置缩水率后的零件不能进

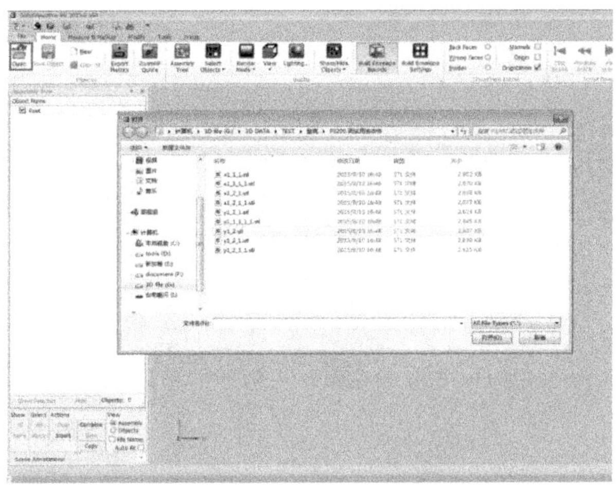

图 8-8　点击“Open”打开 3D 数模文件夹

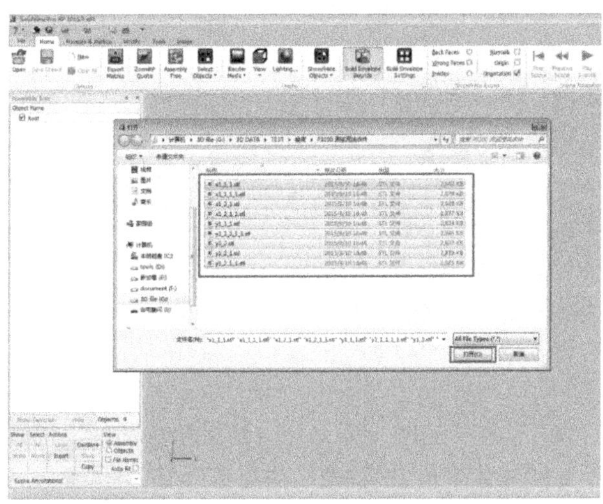

图 8-9　选择需打印的文件打开

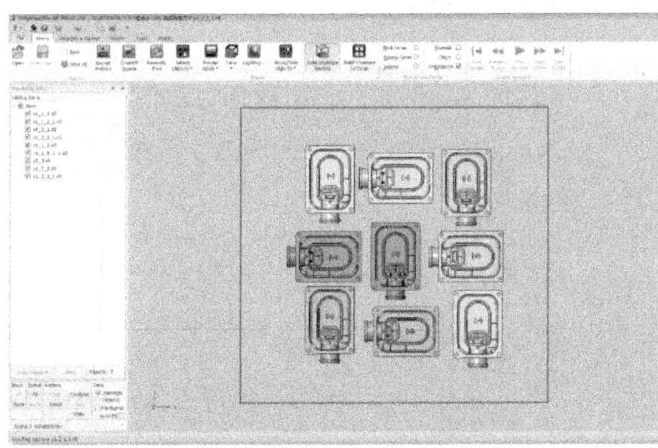

图 8-10　洗衣机功能部件模型导入

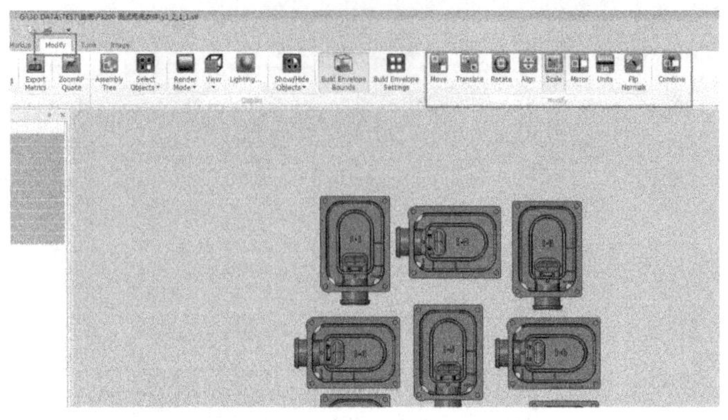

图 8-11 “Modify”菜单栏

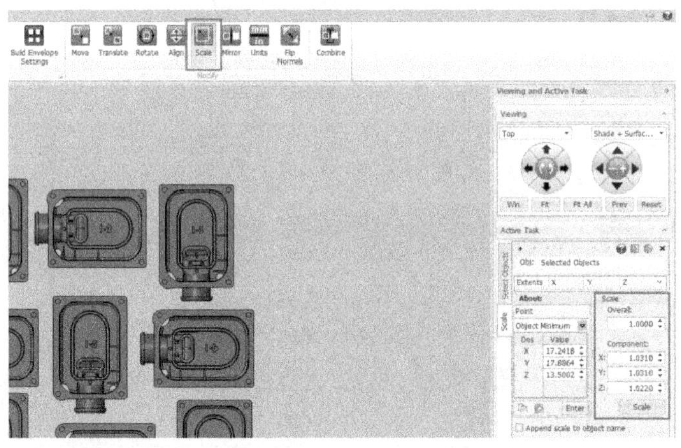

图 8-12 “Scale”窗口

行旋转动作。点击“Move”(如图 8-13 所示),可选中需要移动的零件做移动动作,也可以通过调整 X、Y、Z 三个维度的具体数值,做精确移动。

接下来,进行模型的 Z 轴修正。

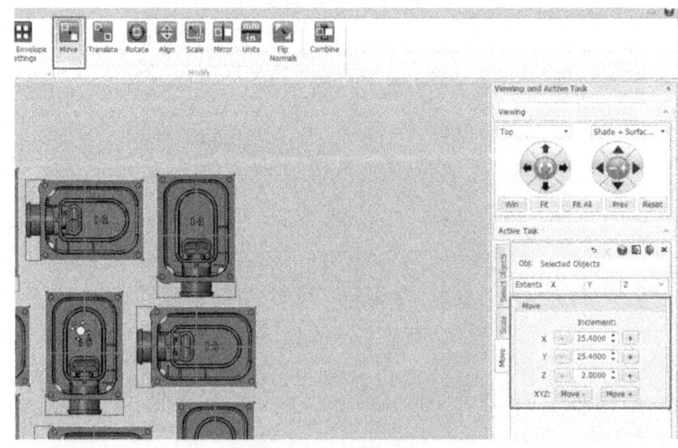

图 8-13 “Move”窗口

选择“Tools”功能栏，启用“Z-Correction”窗口，点击“Settings”进行设置（如图 8-14 所示）。可以在“Z Offset”输入合适的数值进行 Z 轴补偿（如图 8-15 所示），填写好合适的数值后，点击“OK”确认即可。

确认完毕，再点击“Z Correct”进行修正即可（如图 8-16 所示）。

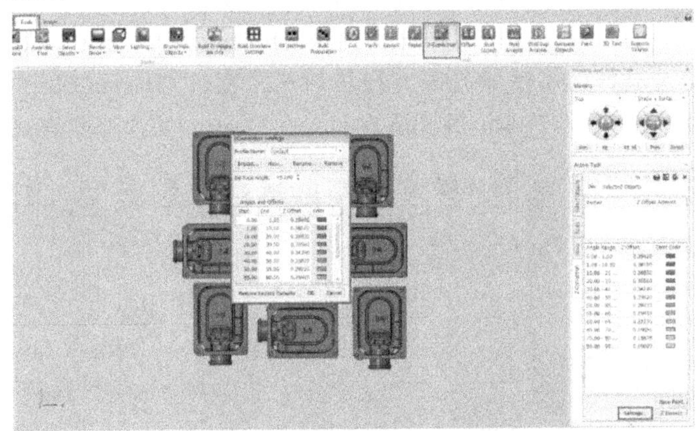

图 8-14　“Tools”功能栏的“Z-Correction”窗口

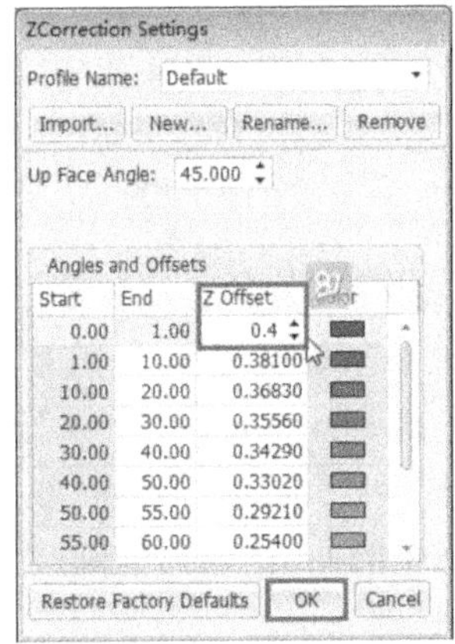

图 8-15　“Z-Correction”参数设置窗口

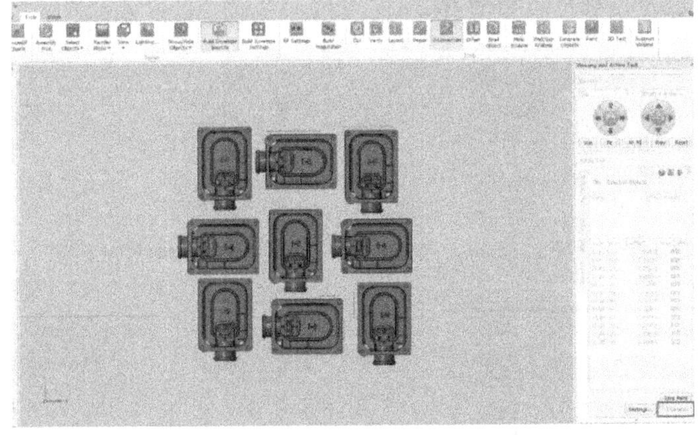

图 8-16　点击“Z Correct”进行参数修正

8.3.4 成型参数设置

模型参数修正完毕，回到“Tools”功能栏下的“Build Preparation”（如图 8-17 所示）设置各项成型参数。在“Settings”窗口，可以看到本例打印成型的一些基本信息（如图 8-18 所示）。如成型工艺 SLS、成型设备 P3200、成型材料 Precimid1170，该材料是 100%尼龙粉末。在这里需要设置的是成型设备激光光斑直径和切片厚度，即“Beam Size”和“Layer Thickness”的数值，如图 8-18 所示，P3200 的光斑直径为 0.25mm，切片厚度为 0.15mm。

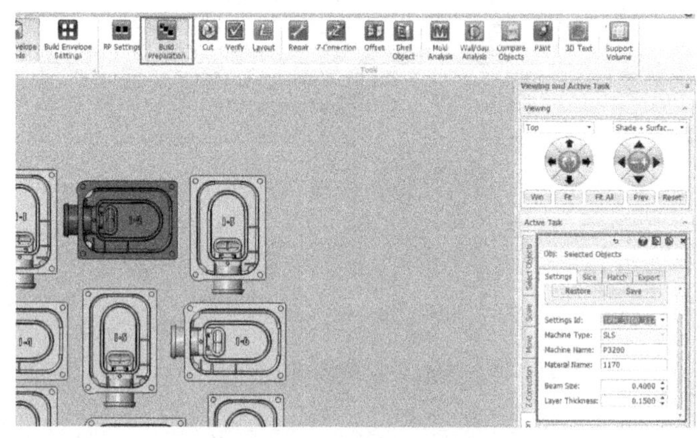

图 8-17 “Build Preparation”功能模块

设置完毕，打开“Slice”选项卡，确认切片的各项参数（如图 8-19 所示）。

打开“Hatch”选项卡，确认填充参数是否正常（如图 8-20 所示）。

确认完毕，点击“Slice, Offset Borders, and Hatch”开始生成 CLI 文件（如图 8-21 所示），在生成填充前再确认“Fill type”和“Surface finish”参数是否正确。

点击“Export”导出上述已处理完的 CLI 文件并保存至相应的文件夹（如图 8-22 所示），准备进行快速成型加工，至此数据处理完毕。

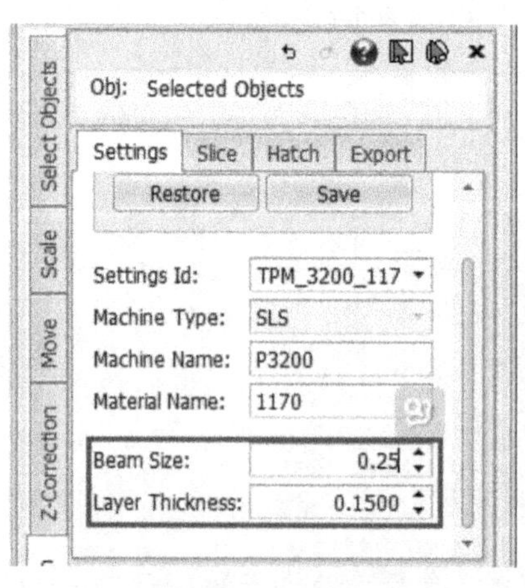

图 8-18 打印成型的基本信息、光斑直径和切片厚度

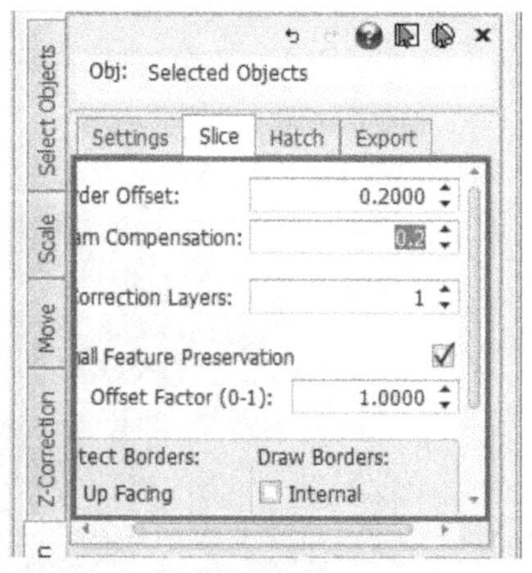

图 8-19 “Slice”选项卡确认切片参数

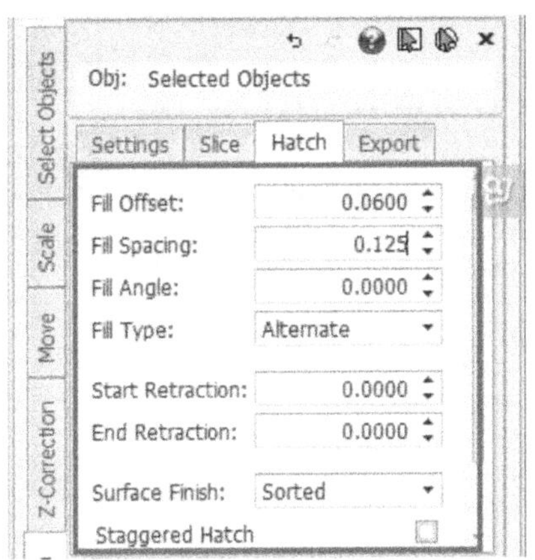

图 8-20 “Hatch”选项卡确认填充参数

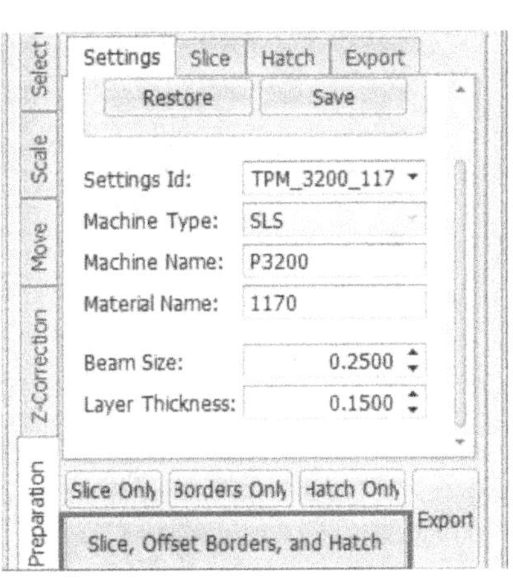

图 8-21 点击“Slice, Offset Borders, and Hatch”生成 CLI 文件

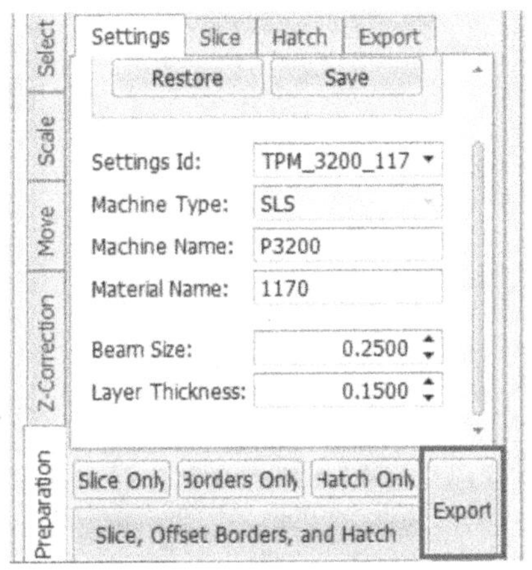

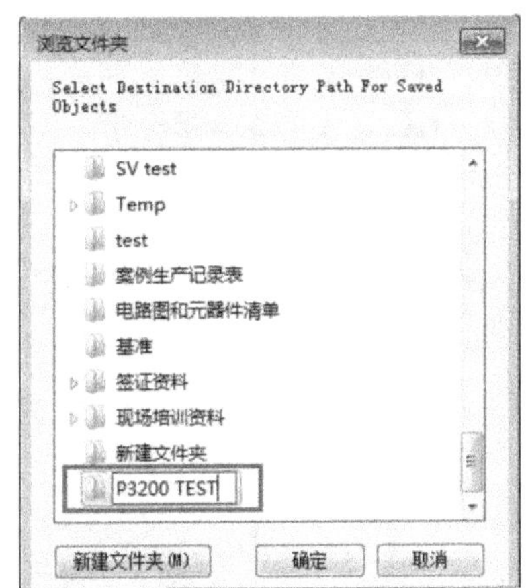

图 8-22 点击“Export”保存 CLI 文件

8.4 模型成型过程

在 P3200 控制机的操作系统中打开“EliteCtrlSys”程序软件（如图 8-23 所示）。“EliteCtrlSys”是 Elite 系列激光烧结快速成型设备专用的加工操作管理系统。

8.4.1 3D 成型设备准备

打开 EliteCtrlSys 软件，在“设备管理”—“人工操作”窗口点击氮气总开关“开”（如图 8-24 所示），按绿色“开始生产”按钮，先检查水冷机是否启动，冷却系统管路有无泄漏以及各个接线是否正常。

在“人工操作”（如图 8-25 所示）窗口，还可以做各类手动操作，如手动控制加粉、设置手动加粉的量，手动控制刮刀移动、校准参考位置以及左右落粉位置，手动控制成型桶上下移

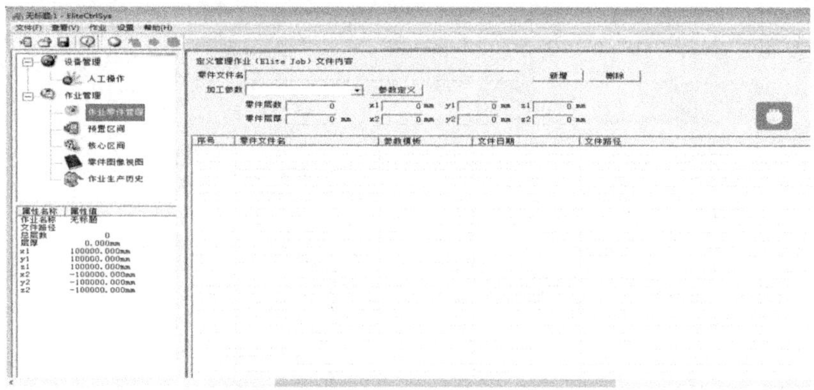

图 8-23　EliteCtrlSys 系统软件界面

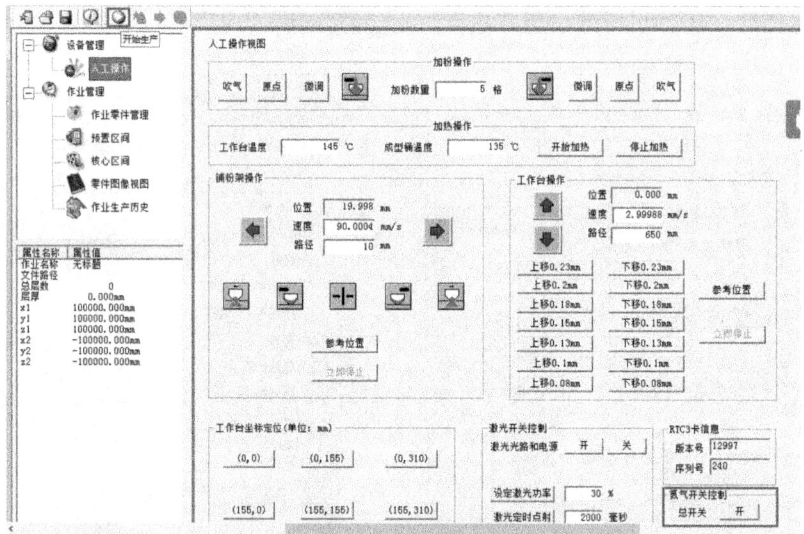

图 8-24　开启氮气开关

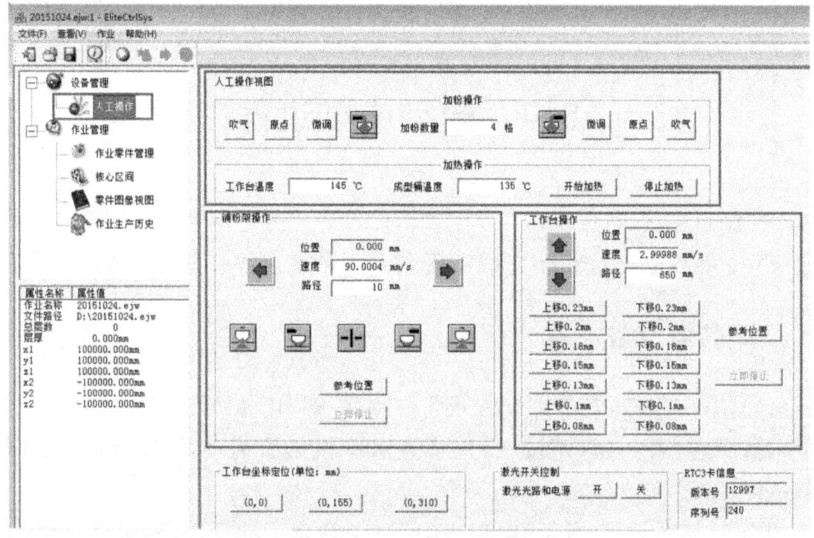

图 8-25　“人工操作”窗口

动、校准参考位置、设置手动下降速度，手动选择激光的坐标、控制激光开关、设置激光参数以及手动控制激光工作等。

检查完毕，将新粉和循环粉按比例混合静置后装入储粉桶并装回主机(如图 8-26 所示)。

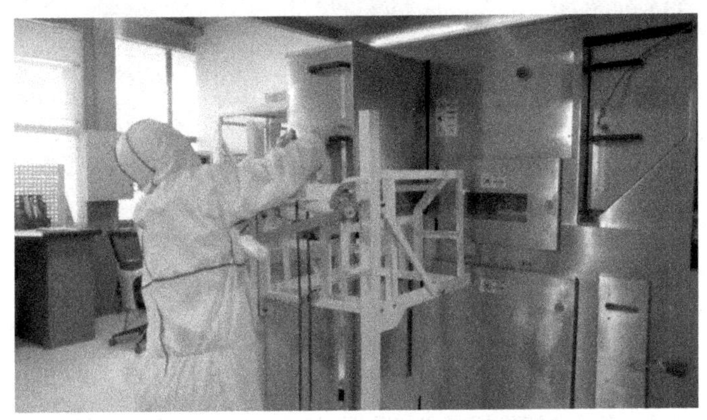

图 8-26 将混好粉的储粉桶装回主机

操作者接触粉末前须戴 PVC 手套防止粉末被污染，操作时应戴防尘口罩(依照 N95 标准)、护目镜以及穿防护服等(如图 8-27 所示)，防止眼口鼻接触粉尘，减小激光或机械运动部件对人体造成伤害的可能。在处理粉末材料时需注意，只有当粉末温度低于 60℃时，才能接触清理，否则有高温烫伤的危险。

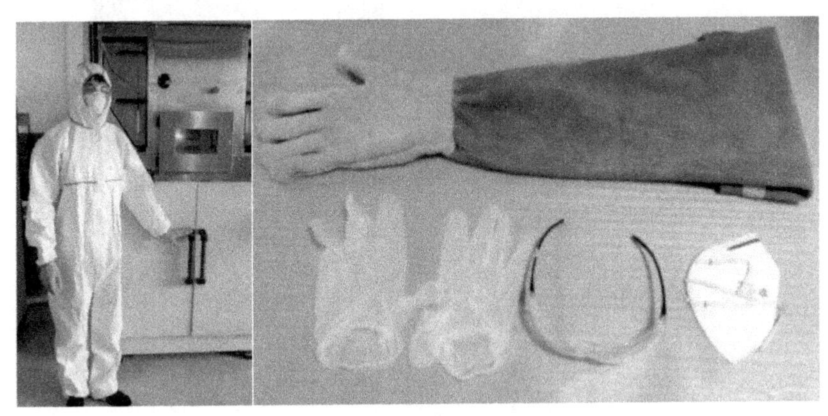

图 8-27 操作时的穿戴物品

装好储粉桶，再将装有成型材料的成型桶装入工作腔固定(如图 8-28 所示)。确认固定好后，把成型桶平台升至工作起始位置，在平台内铺一层预铺粉，手动操作刮刀将粉层刮平整(如图 8-29 所示)。

8.4.2 导入数据并预热

回到“EliteCtrlSys”界面，在“作业管理”—“作业零件管理”中点击“新增”导入模型切片数据 CLI 文件(如图 8-30 所示)。打开“作业工件加工参数”窗口，在“加工参数”处选择所使用的粉末类型，本例所用的粉末类型为“1170-40％新粉”，并勾选“对选择的零件使用相同参

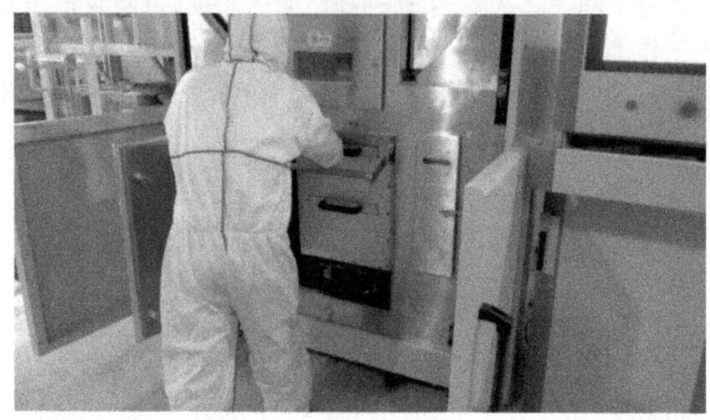

图 8-28　成型桶装入主机工作腔

图 8-29　在工作平台内预铺粉并刮平整

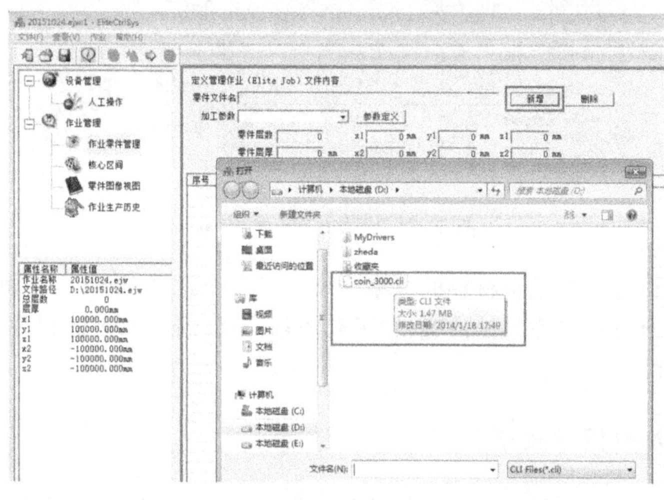

图 8-30　导入模型切片数据 CLI 文件

数”选项后保存为“ejw”格式文件。

导入所有待打印数据后，在“核心区间”进行作业设置。打开“第一区间”窗口，点击“编辑”设置打印的起止层数、工作台温度、成型桶温度、左右加粉数量等参数(如图 8-31、图 8-32 所示)。设置完毕，单击“保存”按钮。

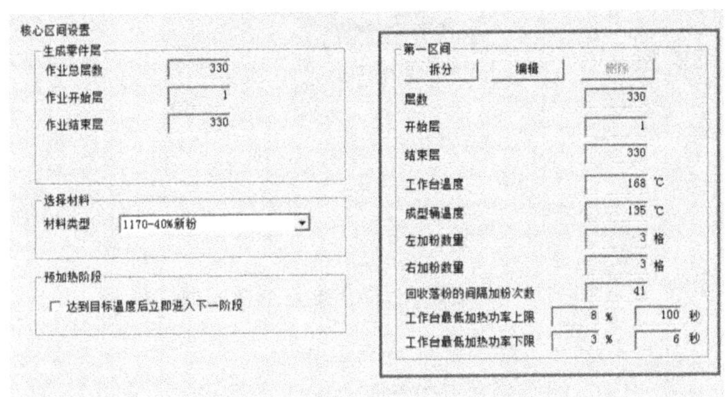

图 8-31 “第一区间”参数设置

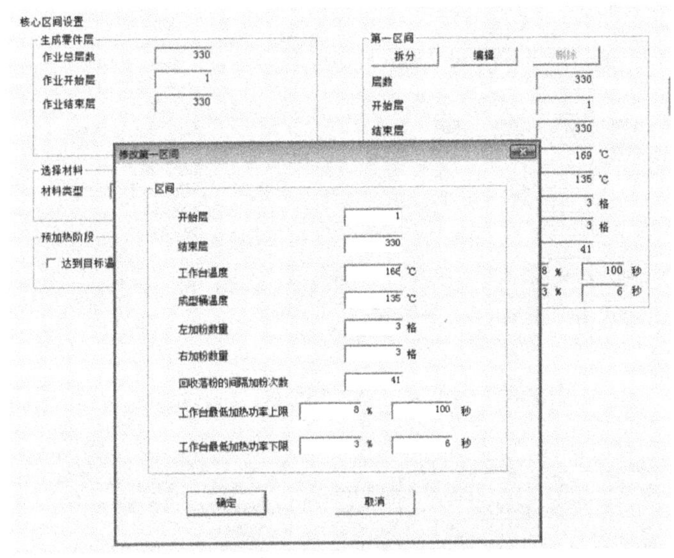

图 8-32 “第一区间”参数编辑窗口

SLS 工艺使用粉末材料加工成型。在烧结之前，整个工作台包括尼龙粉末材料被加热到稍低于尼龙粉末熔点的温度，以减少粉末材料热变形，并利于其与前一层面的结合。

打开“作业管理”—“核心区间”(如图 8-33 所示)，选择粉末类型，点击“开始生产”。设备将自动开始预热，并开始自动刮粉动作，直至预热完成后设备处于暂停状态。

在“人工操作”—“加热操作”中设置工作台和成型桶的预热温度，分别是 145℃和 135℃(如图 8-34 所示)。预热进程在 EliteCtrlSys 界面下方的“设备运行情况监视”窗口可以实时跟踪(如图 8-35 所示)。

预热进行过程中，可以先在“作业管理”—“零件图像视图”窗口以层为单位预览整个模

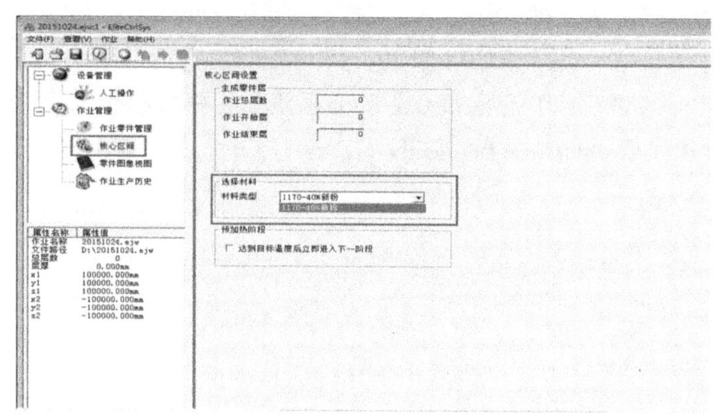

图 8-33 “核心区间”操作窗口选择成型材料

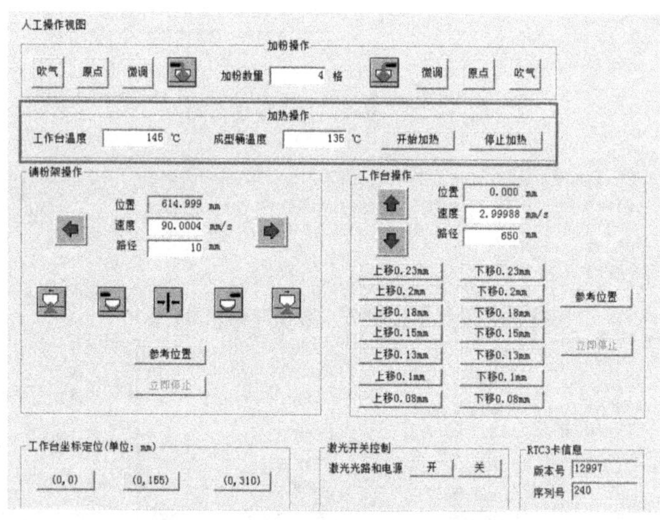

图 8-34 在“人工操作”窗口设置预热温度

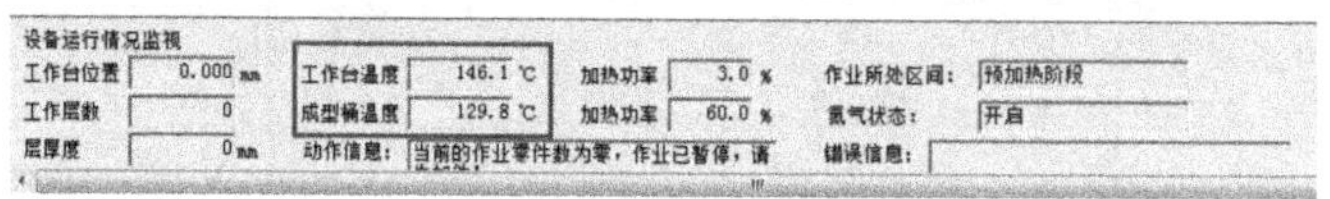

图 8-35 在“设备运行情况监视”窗口跟踪预热进程

型的成型过程，也可以看到当前打印的层数、层厚等信息。还可以通过拖动“作业文件的图像显示”上的进度条预览不同打印阶段的情况（如图 8-36 所示）。本例洗衣机部件模型总共分为 330 层打印成型，如图 8-37 所示分别是模型在打印 30 层、80 层、189 层和 207 层时的预览图。

“核心区间”是软件操作的主要界面，在这里可以观察工作层数状态，观察实际温度，也可以设置成型材料和预热参数等。如制作洗衣机功能部件，在“选择材料”功能栏可选择“1170-100％尼龙粉末”作为成型材料，40％新粉是指由新粉与循环粉混合组成的成型粉中有 40％是新粉，这也是 SLS 工艺的一个特点。

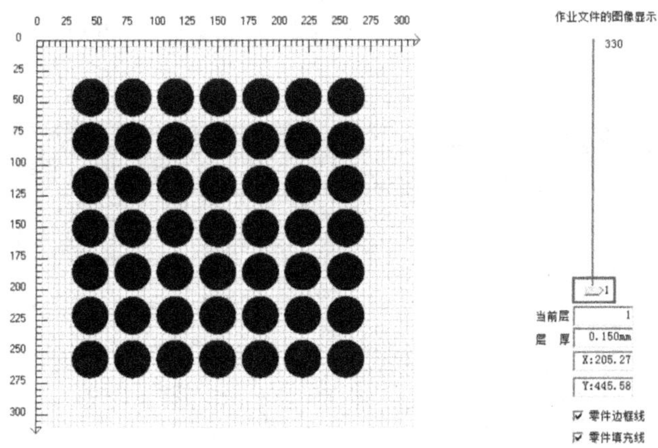

图 8-36 “零件图像视图”窗口

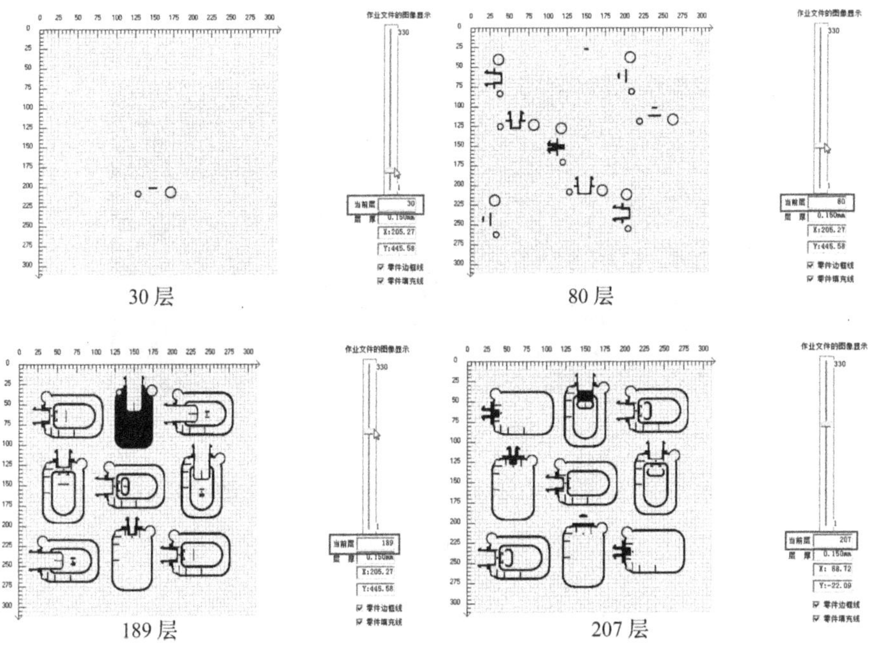

图 8-37 洗衣机部件模型分层打印预览

预热过程大约 2 小时，待设备预热充分后可点击“继续”开始生产。如果设备在工作时需要暂停，请在预热时点击“暂停”按钮，暂停结束后点击“继续”可以继续生产。

8.4.3 模型成型

模型成型过程无须人工参与，整个过程所需的时间由零件的结构类型和层高决定。计算机根据原型的切片模型控制激光束的扫描轨迹（如图 8-38 所示），有选择地烧结尼龙粉末，一层烧结熔化、黏结又固化后，工作台下降一个层厚，开始新层的烧结，如此循环，直至工作台内所有的同一批零件的330层全部烧结完毕，模型加工即完成（如图8-39所示）。所有生产结束时，EliteCtrlSys中会显示“实际生产零件正常完成！”窗口（如图8-40所示），点击“确定”完成整个成型过程。

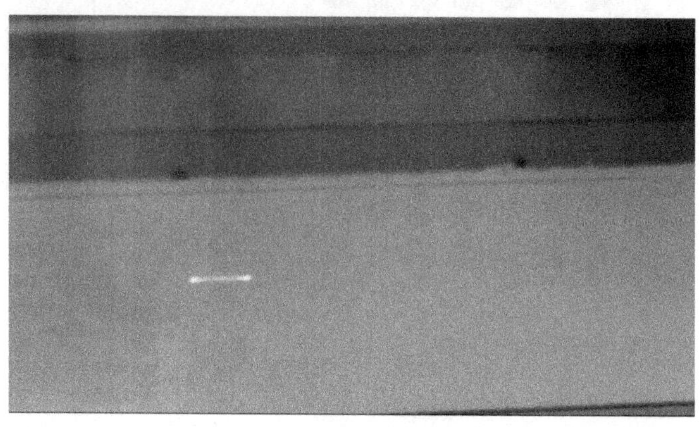

图8-38　激光束正在扫描

图8-39　已烧结的层面轮廓

图8-40　实际生产零件正常完成

8.5 成型后处理

在提示生产完成后，须让成型桶在设备内等待冷却 3～4h，成型桶温度降至 70℃以下才能取出（如图 8-41 所示），以防烫伤。

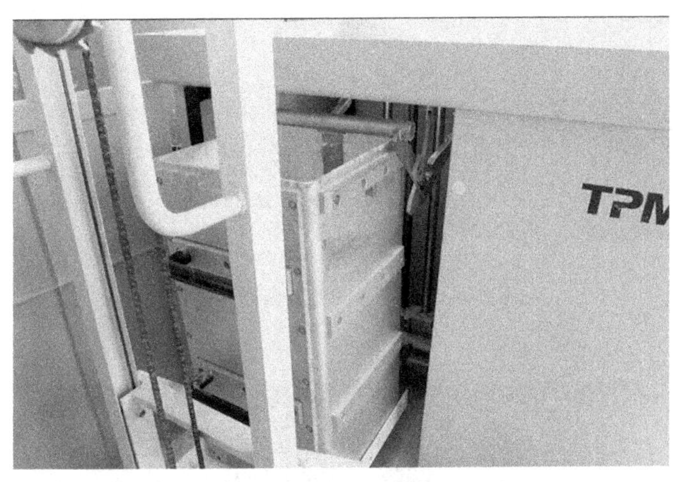

图 8-41 冷却后取出成型桶

取出成型桶将其装入清件机固定（如图 8-42 所示），并将成型桶升至最高位。让粉层在清粉机内继续冷却（如图 8-43 所示），冷却的时间一般可以用下面的公式来估计，该计算须考虑环境温度。

冷却时间（h）＝制作高度（mm）/20

当零件温度低于 35℃时，可以开始小心地清理零件。

清理时，可先用手掰下较大的粉块，找到其中的各个零件，然后使用刷子将零件上的多余粉末小心地清除（如图 8-44 所示）。

图 8-42 将冷却后的成型桶装入清件机

图 8-43　粉层在清粉机内继续冷却

图 8-44　初步清理零件

初步清理完毕，再将零件放入喷砂机，进一步清理零件表面的粉末（如图 8-45 所示）。需要注意的是喷砂机有可能喷黑零件表面或破坏薄壁部分，喷砂过程须保持喷头移动，要避免长时间、近距离地清理零件表面。

最后再用压缩空气清洁零件表面（如图 8-46 所示），至此使用 SLS 快速成型工艺制造的洗衣机功能部件整个生产及后处理完成（如图 8-47 所示）。零件清理后留下的未烧结粉末必须经过筛粉机筛选（如图 8-48 所示），筛选后的粉末称为循环粉，循环粉必须与新粉混合才能重新使用。而储粉桶内的粉在生产完成后仍然可被看作混合粉，只有混合粉可以用作生产，垃圾粉不能作为旧粉使用。

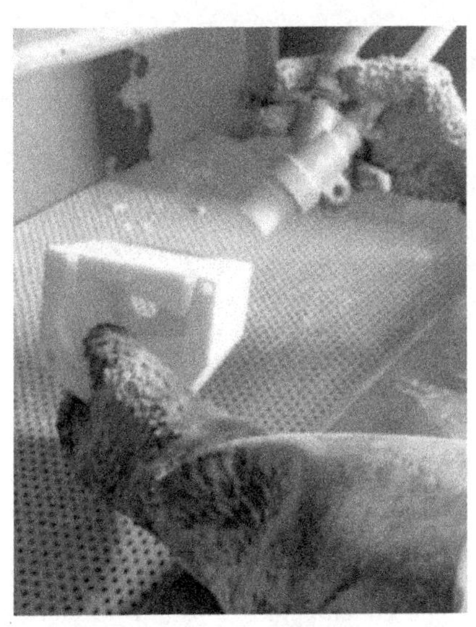

图 8-45　使用喷砂机清理零件表面的粉末

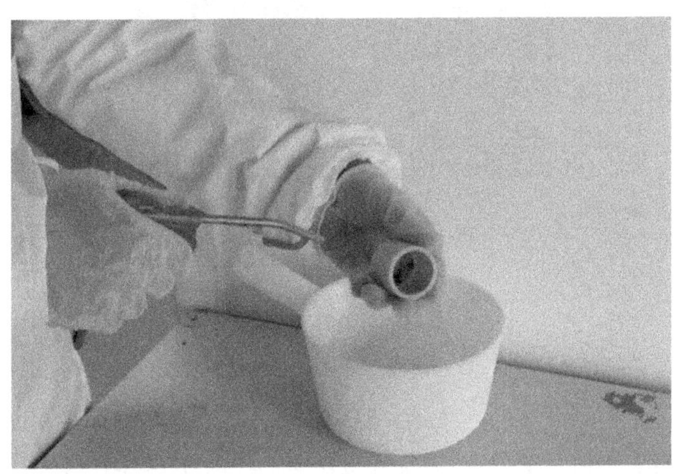

图 8-46　使用压缩空气清理零件表面粉末

图 8-47　SLS工艺快速成型制造的洗衣机功能部件成品

图 8-48　筛选未烧结粉末

8.6　本章小结

本章为SLS案例实训教学内容,对洗衣机功能部件的3D打印过程进行了详细讲解,包括:案例描述、技术解析、数据处理、模型成型过程、成型后处理。

实训项目任务工单

项目名称	SLS 实例:洗衣机功能部件			日期	
任务名称				指导教师	
学生姓名		学号		班级	

实训内容和要求

实训仪器及实施过程

实训报告内容(详述完成任务的主要方法及思路)

心得体会

考核评价

学生自评		小组评价		教师评价		综合评价	

第9章　DLP实例:电器接插件

教学目标:了解3D打印DLP技术的成型实施过程、成型特点以及产品的开发方法及过程。

教学重点:3D打印DLP技术实施过程的理解与掌握,3D打印后处理方法的理解。

教学难点:DLP打印技术的设计思路、操作注意事项的理解与掌握,DLP成型技术技巧的理解与掌握。

9.1　案例描述

电器接插件(如图9-1所示)是电子产品中各个组成部分之间的电器活动连接原件,广泛用于各类电子器件、设备等中。电器接插件的优点在于插取自如、更换方便,只经过简单的拔插过程即可取代搭接、焊接、螺丝连接和铆钉连接等固定连接方式,并可采用集中连接,可一次连接多组元件。随着印刷线路板和电子元器件的不断更新换代,更换方便的电器接插件的应用越来越广泛。

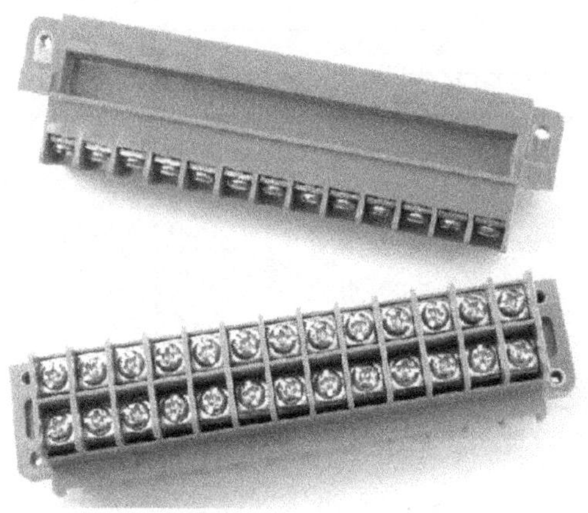

图9-1　电器接插件

电器接插件的结构分为接触件和绝缘件两部分。接触件起电器接触导电的作用,所用材料为铜及其合金等电的良导体。绝缘件的作用是将接触件固定并保持绝缘状态,所用材料为耐热塑料。电器接插件用的塑料材料需要具有更好的耐热性、尺寸稳定性,具有足够的力学性能、加工流动性,并符合电器接插件越来越小型化的要求,此外还要求耐清洗溶剂的侵蚀等。

本例需要制作的电器接插件(如图 9-2 所示),结构虽不复杂,但细小的部分较多。制作本例测试模型,意在大规模生产前评估产品的设计,验证设计的形状、匹配和功能,提供概念模型,方便改善沟通和设计。使用传统制造工艺开模,时间长、成本高,只用作模型测试显然不经济。使用 3D 打印技术,可以在前期摒弃生产线,降低成本,也能做到较高的精度和复杂程度,无须开模直接生成零件,有效地缩短产品研发周期,是解决模具设计与制造薄弱环节的有效途径。

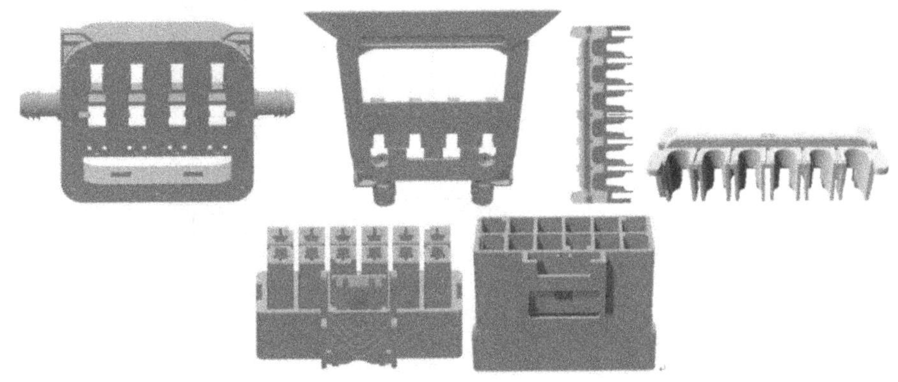

图 9-2 电器接插件 3D 数据模型

本例需制造的一系列电器接插件对硬度和实际使用等功能性没有很高的要求,更注重高效快捷、低成本和较高的精度,因此选择使用数字化光照加工(Digital Lighting Processing, DLP)技术成型,以期快速得到高度还原设计意图的零件模型。

9.2 技术解析

数字化光照加工(Digital Lighting Processing,DLP)3D 打印技术与 SLA 技术十分类似,甚至被认为是 SLA 技术的一个变种。这两种技术都是利用感光材料在紫外光照射下快速凝固的特性来实现固化成型。

DLP 技术要先对影像信号进行数字化处理,再投影出来。DLP 技术加工时,经过高分辨率的数字光处理器处理的光源,按照切片形状,发出相应形状的光斑,投射在光敏树脂上,每次投射可将一层截面直接固化成型,属于片状固化,层层叠加后最终成型(如图 9-3 所示)。将模型从树脂池中取出,再经必要后处理即可得到要求的产品。

DLP 技术和 SLA 技术的异同:DLP 3D 打印和 SLA 3D 打印都属于辐射固化成型,成型过程也较为类似,在产品性能、应用范围上基本没有差别;但两者所用的光源不同,DLP 工艺是使用高分辨率的数字光处理器(DLP)投影仪来照射液态光聚合物,逐层地进行片状光固化。

而 SLA 工艺则是激光束由点到线、由线到面扫描固化。因此 DLP 工艺的成型速度比同类型的 SLA 立体平版印刷技术速度更快。

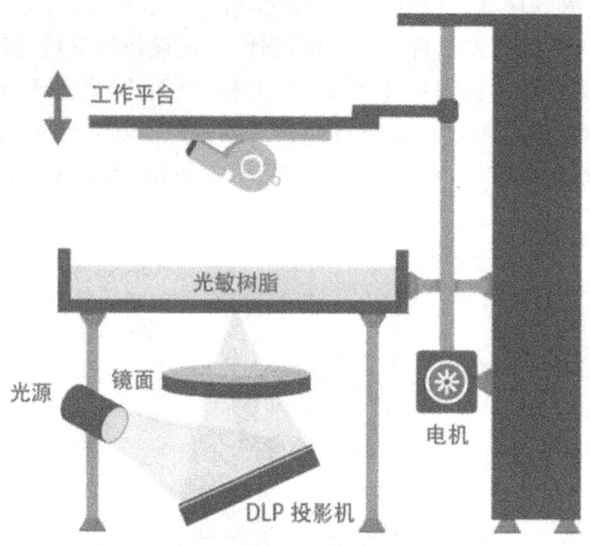

图 9-3　DLP 技术成型原理

DLP 技术的优点：

- 成型精度高，质量好。
- 成型物体表面光滑，基本看不到台阶效应。
- 成型速度快，比同类型的 SLA 工艺更快。

DLP 技术的缺点：

- 精度较高的商业级 DLP 3D 打印设备价格昂贵，工业级价格更高。
- DLP 技术所用树脂材料较贵，且易造成材料浪费。
- 液态光敏材料需避光使用和保存。

9.3　数据处理

9.3.1　设备描述

本例选择上海普利生机电科技有限公司推出的曼恒·锐打 450 机型(如图 9-4 所示)作为电器接插件的快速成型设备系统。曼恒·锐打 450 是一款工业级的创新型 3D 打印机，采用立体光固化成型技术，是全球唯一使用 LCD 光学器件的 3D 打印机。这款 3D 打印机由普利生机电自主研发，拥有自主知识产权，该公司在设备开发和配套光固化树脂的研发上已走在国际前列。

锐打 450 具有四大特色：

- 成型速度比国内外同类 SLA 设备快 5～10 倍；
- 每小时输出能力是国内外同类 SLA 设备的 10 倍以上；
- 能够在 400mm 级别上实现 66μm 的成型精度；
- 具有设备及光固化树脂的研发和生产能力。

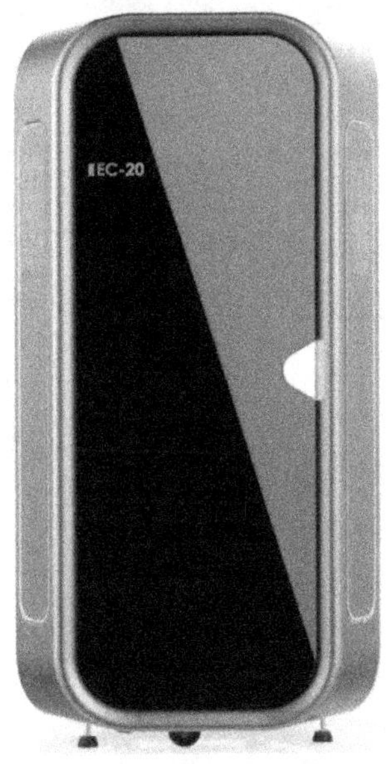

图 9-4　曼恒 · 锐打 450

9.3.2　导入数据

本例的数据处理采用专业 STL 文件处理软件 Magics，在 SLA 实例中也使用该软件进行数据处理。

打开 Mgaics，点击“文件”—“导入零件”窗口（如图 9-5 所示），选择需要处理的电器接插件 STL 文件（如图 9-6 所示），点击“打开”，零件模型导入完成（如图 9-7 所示）。

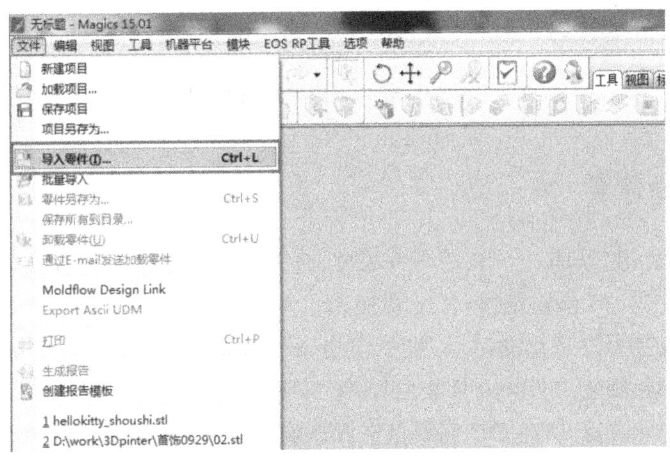

图 9-5　点击“导入零件”命令

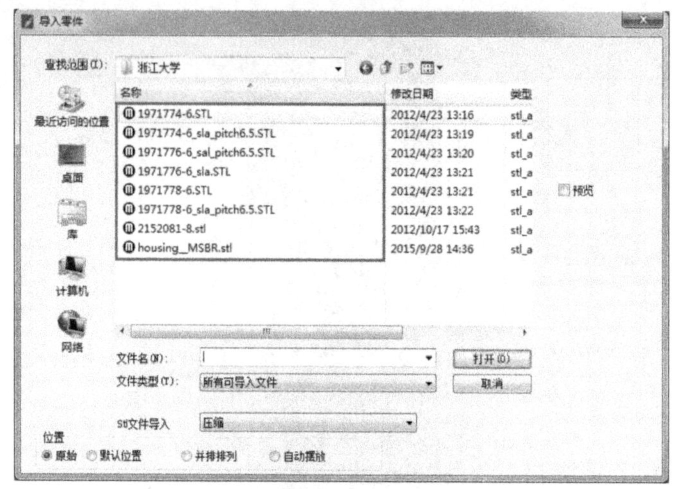

图 9-6 选择需要处理的 STL 文件

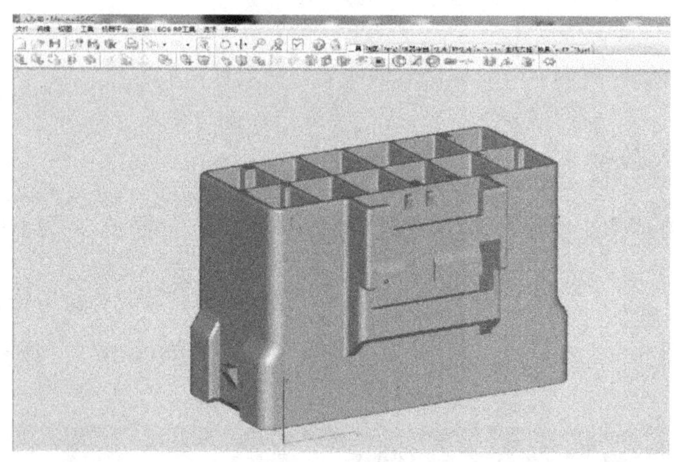

图 9-7 导入 Magics 的电器接插件模型

9.3.3 诊断修复

导入模型后，点击“视图”—“显示零件尺寸”命令，可带参数查看待处理零件的结构(如图 9-8所示)。选中零件，调整角度，仔细观察和了解零件的结构特征。

由于数模在转换为数字化的时候，难免会出现一些错误，导致模型出现各种缺陷。利用 Magics 提供的智能化修复工具——修复向导，可对模型进行自动分析并根据错误分析结果决定使用哪个功能进行修复，以免对产品质量造成影响。修复十分简单，操作者只需要根据提示点击按钮进行智能化修复即可，相对于手动修复，大大减少了操作时间，提高了修复的效率。

壳体包括正常的零件壳体和干扰壳体。干扰壳体是指一些不管是体积或者面积都很小的壳体，它不是零件特征的组成部分，但是会影响零件的成型。所有修复的最终目标是把一个零件修复为单壳体零件。

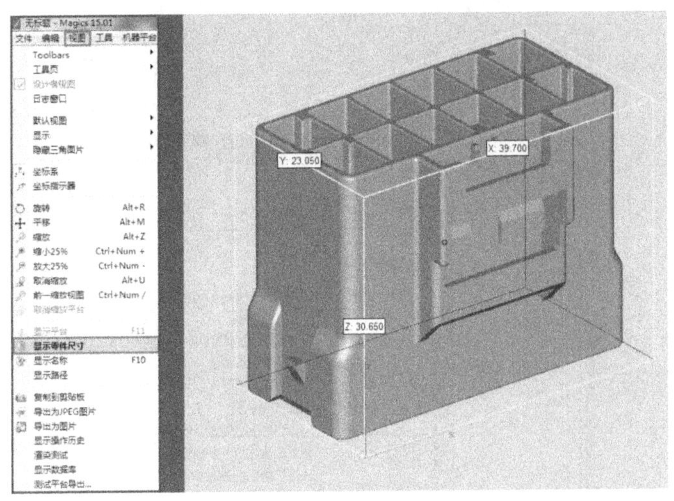

图 9-8　使用“显示零件尺寸”命令带参数查看零件

在工具栏点击打开“修复向导”窗口(如图 9-9 所示)，所有已导入的模型均可进行诊断修复。选中当前零件，若想直接修复，点击“自动修复”软件会后台直接修复模型。也可以点击左上角的“诊断”命令，观察判断模型的大体情况。

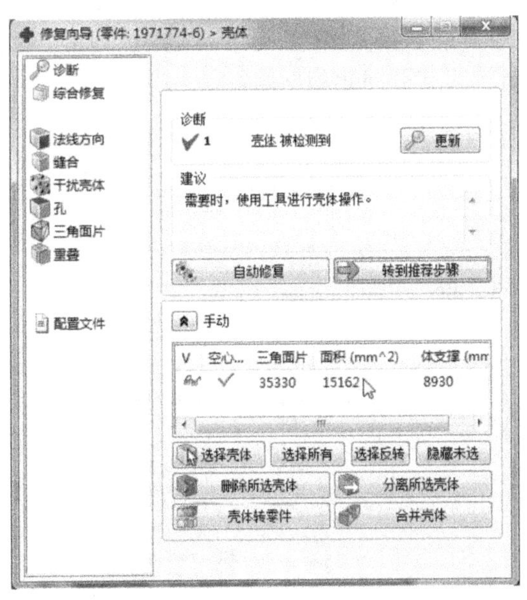

图 9-9　“修复向导”窗口

点击“诊断”，跳转到诊断界面，点击“更新”按钮可查看模型的所有问题。为了避免分析不必要的项目，可以有选择地分析一些重点项目，以节约处理时间。例如，本例零件选择检测法向错误、坏边、错误轮廓、缝隙、孔和壳体等项目(如图 9-10 所示)。重叠三角面片和交叉三角面片，这两项由于不会对快速成型加工的模型质量构成影响，一般不推荐对这两项进行修复。

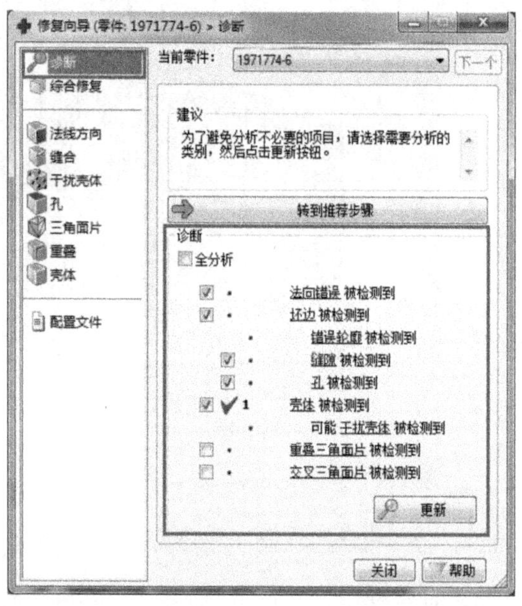

图 9-10　选择诊断项目

本例模型数据的相关项目未检测到错误(如图 9-11 所示)，若检测到相关错误，可点击“转到推荐步骤”，会出现推荐的解决方案，点击“自动修复”即可修复基本所有问题。再次点击“诊断”—“更新”即可看到大部分问题都已修复。

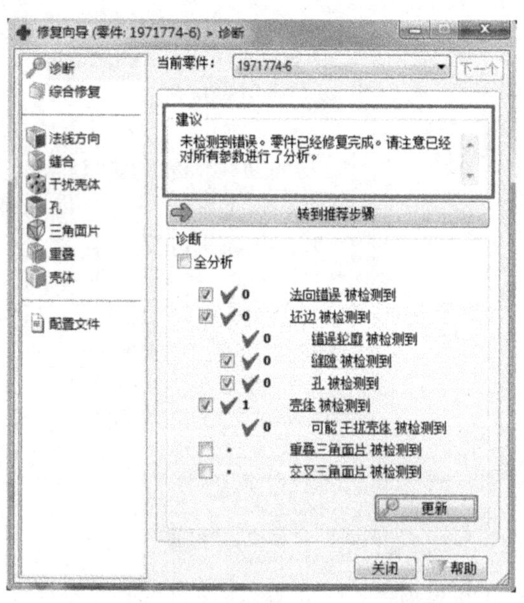

图 9-11　检测和修复结果

除了上述的自动修复功能以外，针对一些包含复杂错误的零件，Magics 还提供了丰富的修复工具，包括平面孔修复、定向孔修复、不规则孔修复等多种孔修复工具，三角面片的删除、创建及分离等操作，以及针对多壳体复杂零件的壳体转零件工具、干扰壳体过滤、壳体合

并等工具。通过使用这些修复工具，工程师可以方便、快捷地对各种错误进行修复。

若选择手动修复(如图 9-12 所示)，可以点击左边栏的“壳体”，跳转至壳体界面。在“手动”区，选中相应的三角面片，点击下方的功能按钮即可进行相应的修复操作，但这个过程漫长耗费时间。

图 9-12　手动修复

为节约时间，跳转至“综合修复”界面(如图 9-13 所示)，点击“自动修复”，Magics 会自动对多种错误进行综合修复。根据建议一步步操作，完成上一步修复后再次进行“诊断”，不断检查修复效果，直至修复完成。相对于手动修复，自动修复大大减少了操作时间，提高了修复效率。

模型诊断和修复完成，关闭“修复向导”窗口。点击“文件”—“零件另存为”将修复的模型重新保存，等待下一步操作。

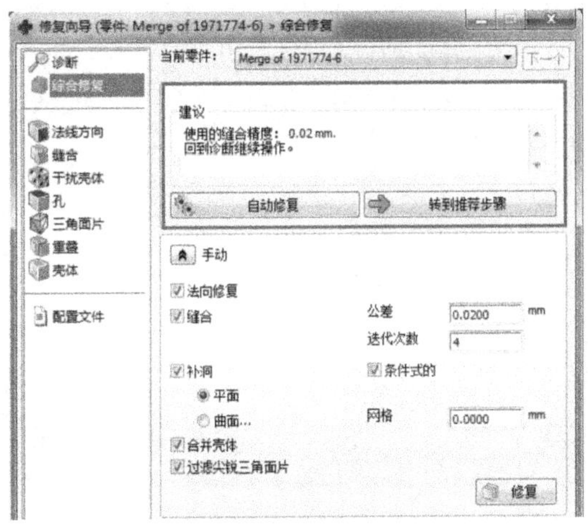

图 9-13　综合修复

9.3.4 零件摆放

摆放零件前,先设置加工平台,将零件导入平台。在工具栏点击“机器平台”,打开“选择机器”窗口,设置平台参数(如图 9-14 所示)。

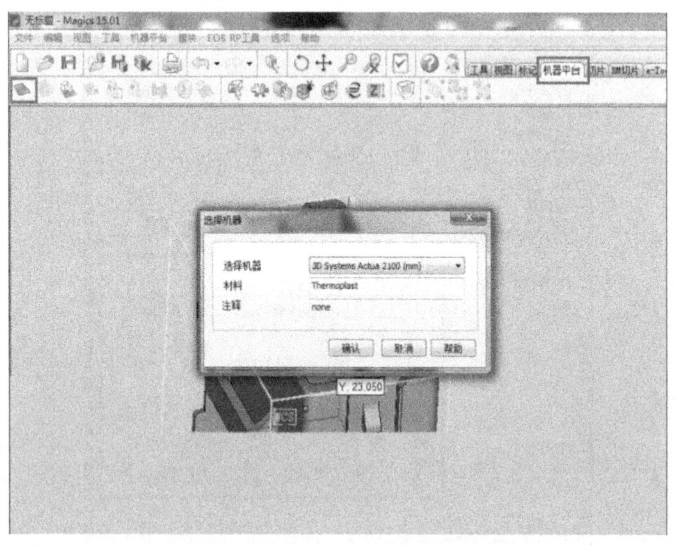

图 9-14 设置平台

选好机器后导入零件。在工具栏点击“添加零件到平台”,打开命令窗口,选择要载入的零件(如图 9-15 所示),点击“确定”载入刚才修复好的零件模型(如图 9-16 所示)。需要注意的是,零件加载后,用户仍然可以改变设备的设置,重新打开“选择机器”窗口设置即可。

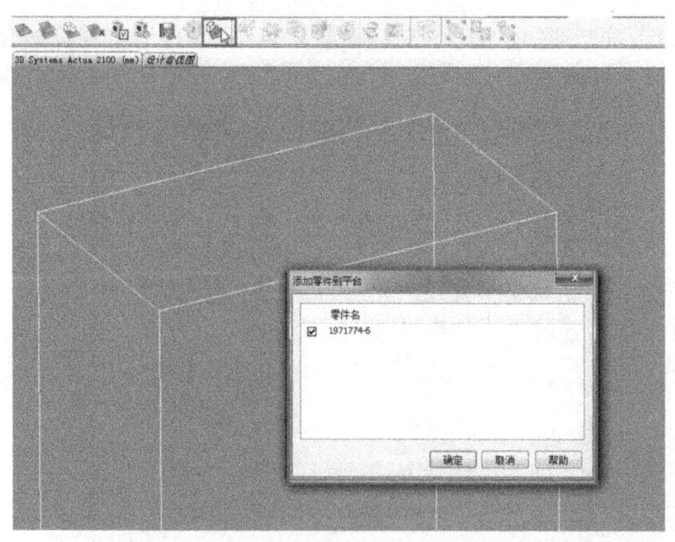

图 9-15 添加零件到平台

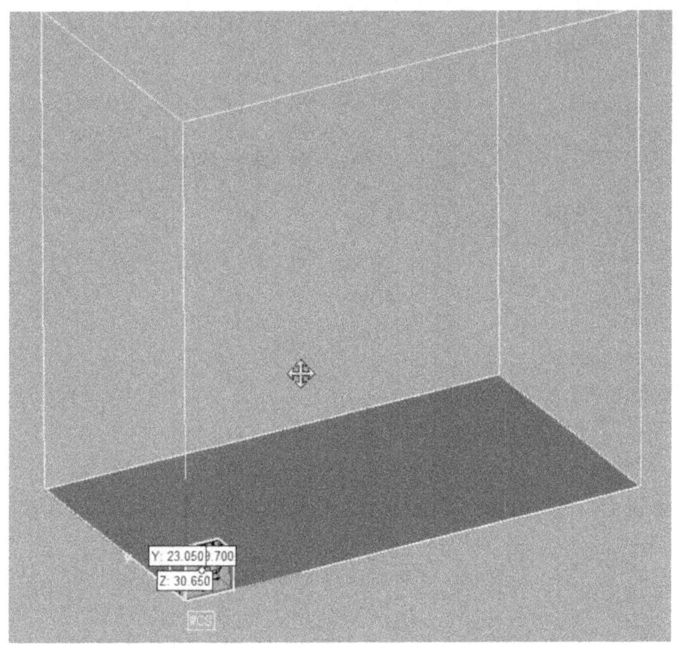

图 9-16　载入平台的零件

机器平台载入零件后，需要设置零件的加工方向。加工方向决定着支撑的生成，而支撑会对表面质量带来影响，这一点在立体光固化成型中尤为明显。

在机器平台中仔细观察电器接插件的结构特点，选择加工方向。单个零件的放置通常有三个方向：水平方向、垂直方向和侧向放置（如图 9-17 所示）。在具体实施中，可以通过平移、旋转等功能调整零件的位置，选择最佳的摆放位置和角度。选择摆放位置和角度时，需要从节约成型树脂材料、便于后处理等方面综合考虑。另外，本例电器接插件成型制造是多个零部件同时成型，也需要考虑多个零件在机器平台上的摆放，这个零件布局可人工摆放，也可以由 Magics 的零件自动摆放功能来实现。

水平方向

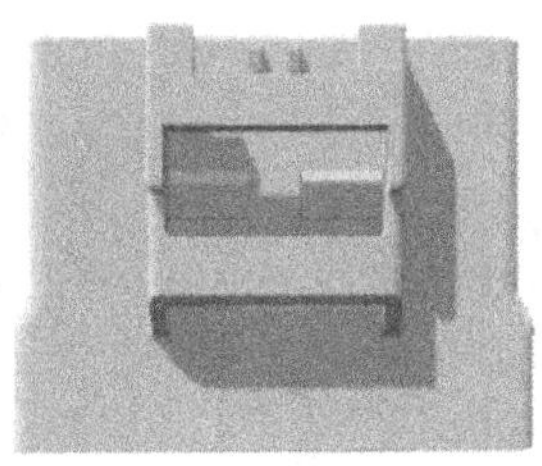

垂直方向

侧向

图 9-17　电器接插件的三种摆放方式

在“工具”栏的下拉菜单中点击“高级平移”，弹出设置窗口如图 9-18 所示，可以通过设置参数精确移动零件。点击“旋转”弹出设置窗口如图 9-19 所示，可以通过设置参数在三维空间内精确旋转零件，也可自行选择旋转中心旋转零件。

本例电器接插件如图 9-20(a)所示的几个零部件均选择垂直方向放置，因为采用这个加

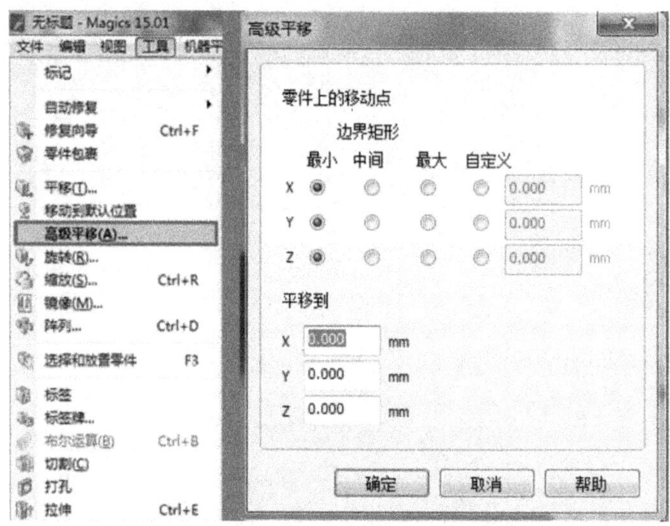

图 9-18 “高级平移”功能

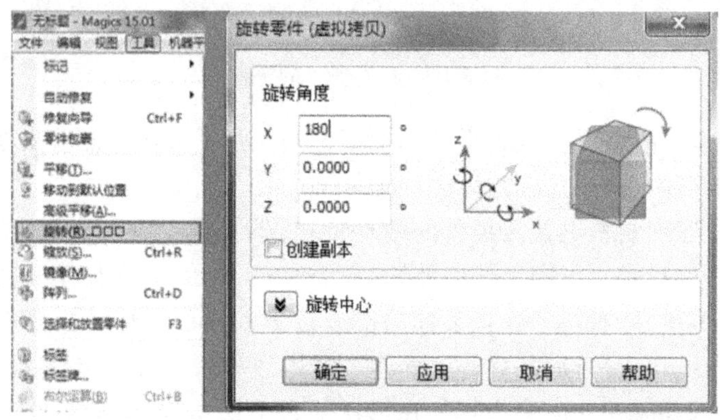

图 9-19 “旋转”功能

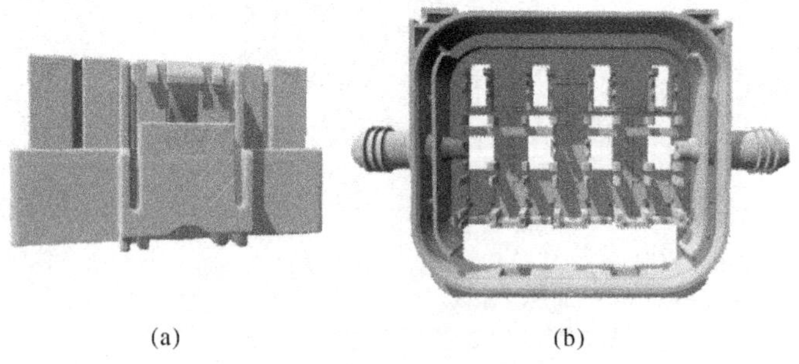

(a) (b)

图 9-20 本例电器接插件示例

工方向产生的支撑比较少,有利于节省树脂材料,而无论采用水平方向还是垂直方向都会在零件内部产生支撑,在后处理的难度上相差不大,因此选择垂直方向。另外两个较大的零件

如图 9-20(b)所示由于本身属于扁平形状的零件，根据其结构特点，采用水平方向加工。需要注意的是，应选择较为平坦的零件底面作为加工底面。因为较平坦的底面是需要后续打磨处理的，若内部细节较多则不易打磨。综上，选择外部平坦底面，作为加工底面水平方向摆放较好。

9.3.5 生成支撑

摆放好零件，点击“生成支撑”选项卡，点击红框中的图标进行自动生成支撑(如图 9-21 所示)，并进入“生成支撑”功能界面(如图 9-22 所示)。

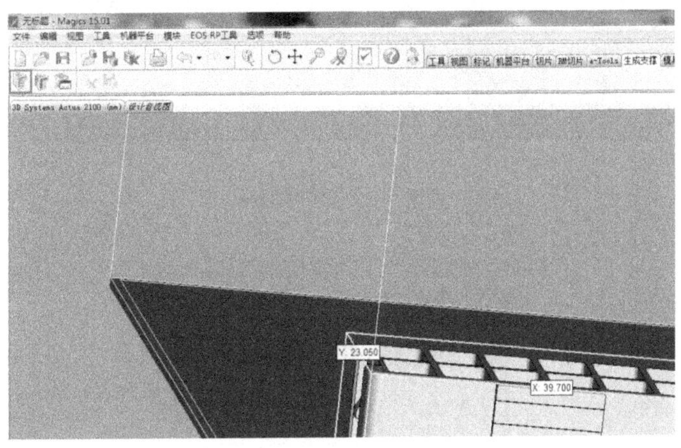

图 9-21 点击自动生成支撑按钮

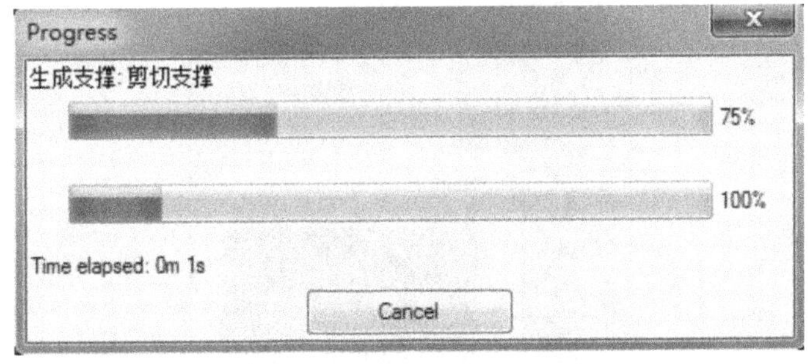

图 9-22 支撑自动生成中

自动生成支撑后，也可对支撑进行修改、增加和删除等操作。如图 9-23 所示在“生成支撑”选项卡下选择任意一个红框内的支撑选取工具，点击想选取的支撑，选中的支撑就会显示为如黑色圈中的线条。如图 9-24 所示在 Magics 软件界面的右侧功能栏中的“支撑页”可看到当前支撑的相关参数信息，在下方的“支撑参数页”可以对当前的支撑参数进行修改，例如可以根据实际需求对支撑进行类型变换，如想删除支撑点击“无”。

应多角度查看支撑，可根据经验把部分多余支撑删除，以节省树脂材料的损耗。切换成线框模式显示零件(如图 9-25 所示)，可以清晰地看到零件内部的支撑，以便进行支撑检查。也可以切换回实体模式显示零件，整体检查(如图 9-26 所示)。例如零件上柱类部件，自动

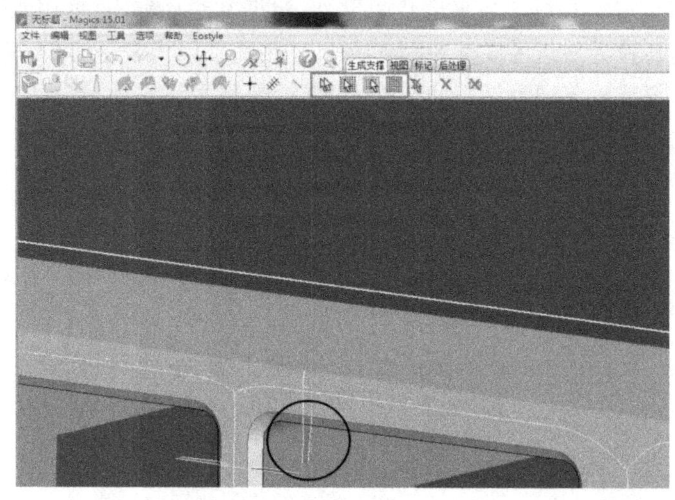

图 9-23　支撑的选取

图 9-24　支撑的类型及变换、修改和删除功能

生成的支撑一般为线支撑，需修改为块支撑以保证柱类特征在制作时不易损坏。

除了删除，也可以对支撑不足的位置进行加强或者增加支撑。例如最先加工的位置一般受力较大，但自动生成的支撑强度不够，通常都需要增加一条点支撑，并根据实际需要对点支撑的相关参数进行修正(如图 9-27 所示)。

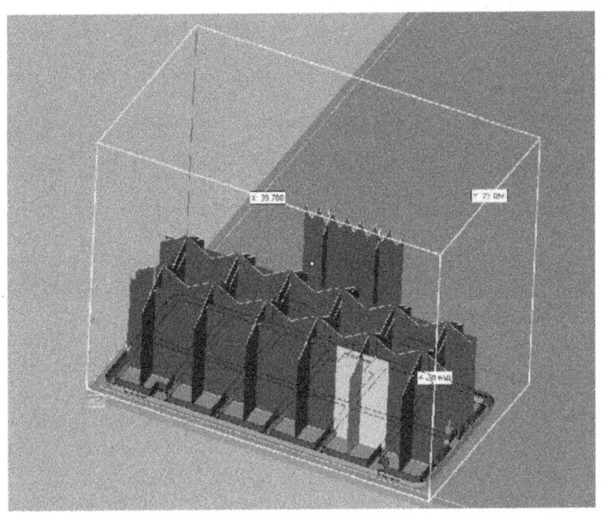

图 9-25　线框模式显示零件

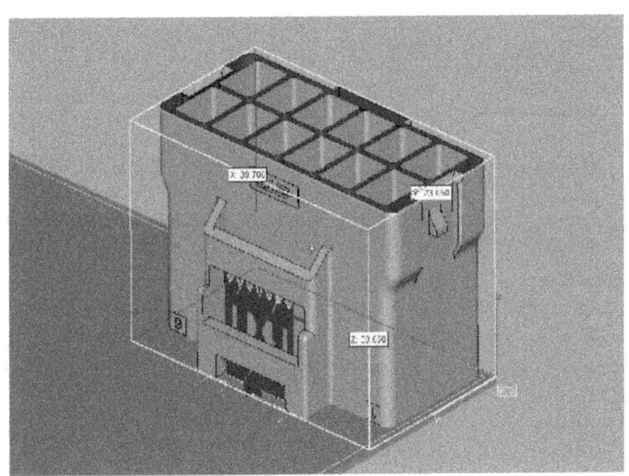

图 9-26　实体模式显示零件

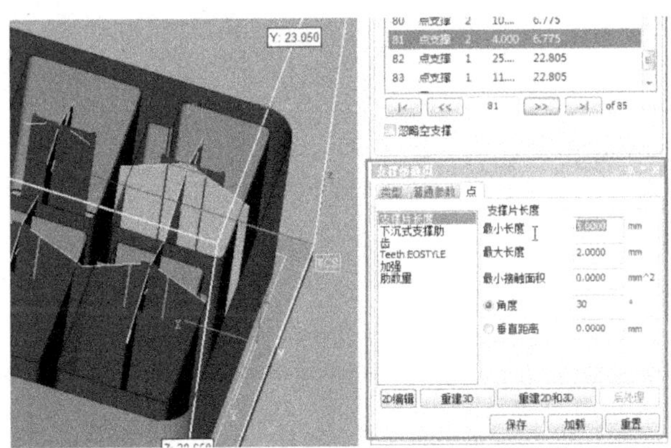

图 9-27　修改点支撑的参数

完成所有支撑编辑工作后，点击图标，把支撑转换为 STL 格式文件（如图 9-28 所示），退出编辑并保存文件。

支撑是 SLA 类加工技术的必要条件，它能够帮助产品顺利完成制作。Magics 软件提供的自动生成支撑功能能够快速、高效地生成支撑，大大减少用户的准备时间，并帮助操作人员在符合支撑强度的条件下尽可能节省支撑的材料使用。

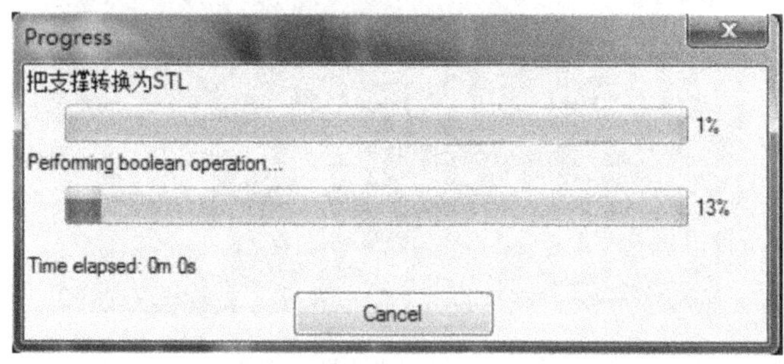

图 9-28　把支撑转换为 STL 格式文件

9.3.6　切片

支撑添加完毕，打开“切片”选项卡，弹出切片属性窗口（如图 9-29 所示）。

图 9-29　“切片属性”窗口

在“切片属性”窗口设置切片的相关参数。修复参数框内的参数一般采用默认值，可以

不用修改。切片参数框内的切片厚度即激光成型每扫描一层固化的厚度，对于如本例所示的小型工件，一般设为 0.1mm，若是大型工件可采用 0.15mm 的厚度。切片文件格式选择默认的 CLI 即可。设置切片参数一定要勾选下方的“包含支撑”激活设置支撑参数，支撑的切片厚度要与零件的切片厚度保持一致。然后设置保存文件的位置点击确定，进行自动切片，切片完成后将在保存文件的位置生成 *.cli及 * _s. cli 两个文件。

最后，将切片生成的文件拷贝至相应的文件夹，数据处理完毕，存入相应的成型设备准备进入快速成型阶段。

9.4 模型成型过程

9.4.1 数据载入

将切片数据存入 DLP 成型设备锐打 450 的控制电脑中，打开工作软件 Prism（如图 9-30所示）。在工作界面的“平台”处可以看到成型设备的基本参数。

图 9-30 Prism 工作界面

点击右侧“模型”—“文件” 图标，将模型数据文件载入（如图 9-31 所示）。载入“模型”窗口后，将显示该零件的基本参数（如图 9-32 所示），也可以通过缩放模型的大小、增加模型数量以批量加工多个相同零件。

将所有需要“打印”的数据模型依次导入，根据生产要求设置相关参数，所有零件模型按已设定好的摆放姿态和排列方式有序地陈列在机器平台上（如图 9-33 所示）。此时，点击“打印”—“启动”（如图 9-34 所示），成型设备即开始工作。在“打印”窗口可实时查看“打印”进度，以安排生产计划。

9.4.2 快速成型

数据载入，启动打印。成型全程无须人工值守，成型设备将切片数据投影至液态光敏树

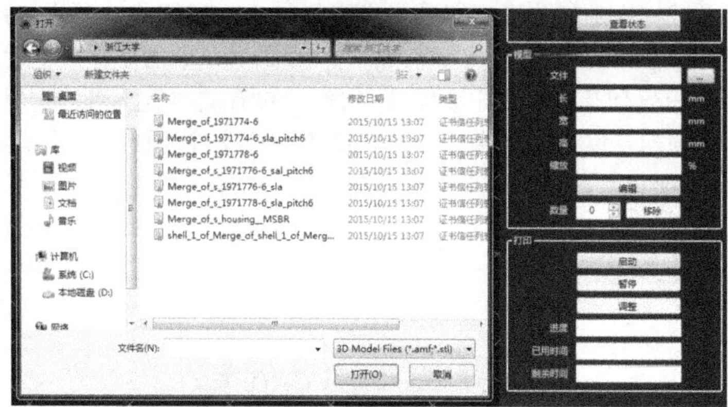

图 9-31　载入模型数据文件

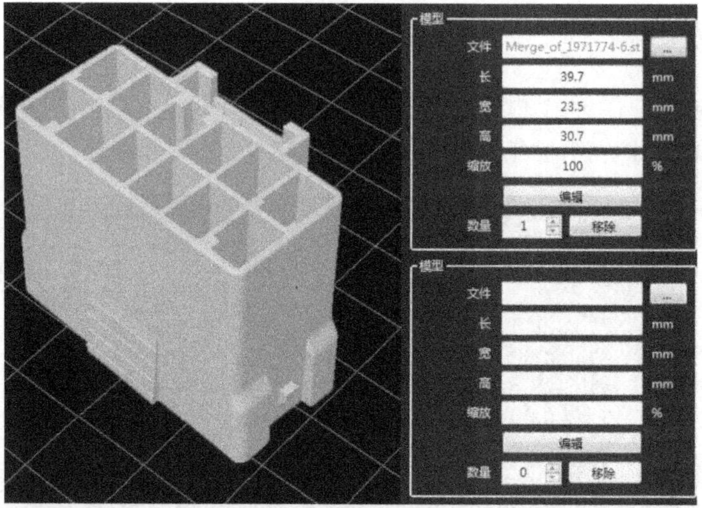

图 9-32　载入模型的基本参数

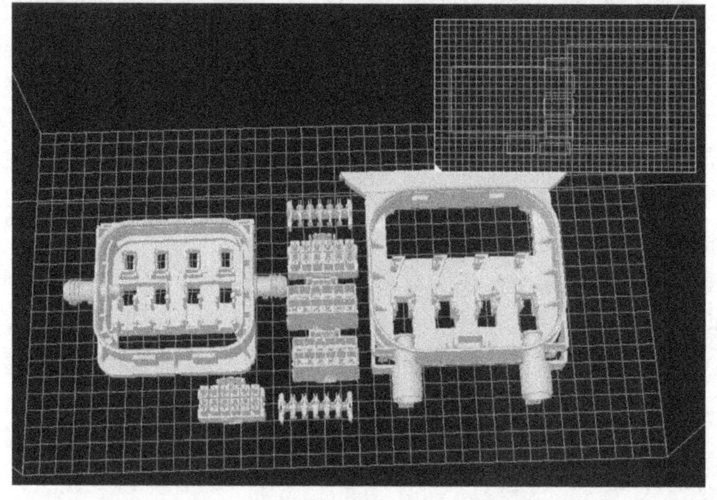

图 9-33　全部待成型零件载入并排列完毕

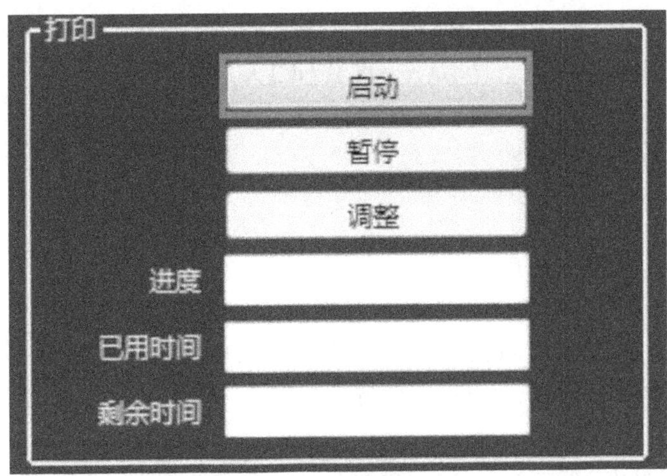

图 9-34　启动“打印”

脂聚合物，逐层进行光固化，每层固化时通过类似幻灯片的形式进行片状固化(如图 9-35 所示)，层层叠加，快速高精度地完成模型成型(如图 9-36 所示)。

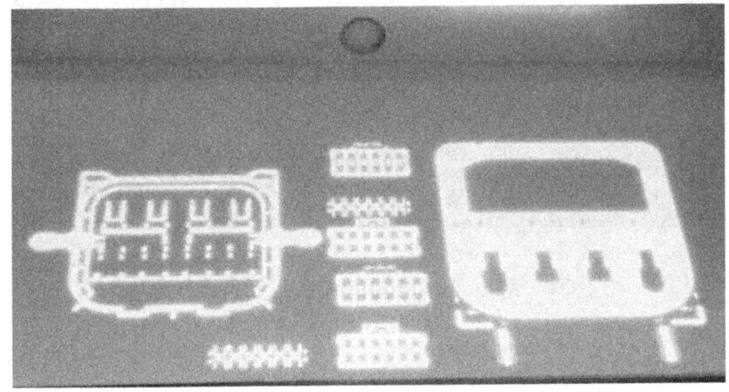

图 9-35　模型成型进行中

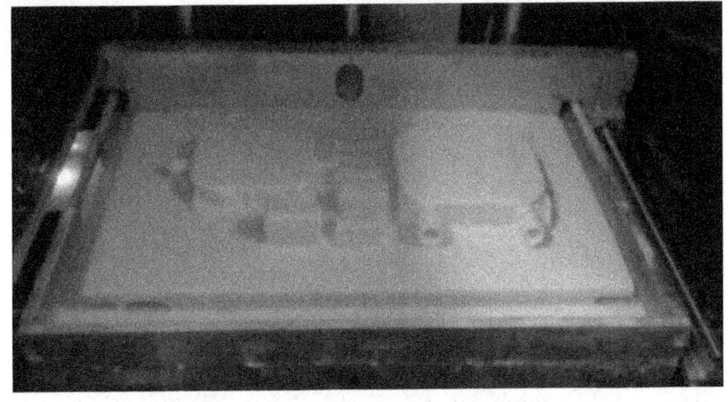

图 9-36　电器接插件模型成型

9.5 成型后处理

9.5.1 清洁

模型成型完毕，工作台上升。

取模型时要戴手套操作，避免皮肤直接接触树脂造成伤害。先将工作台上多余的树脂材料刮去，再使用小刮铲等工具配合手动操作取下已成型的各个零件模型(如图 9-37 所示)。取模型时动作要轻柔，以免对以零件造成损伤。

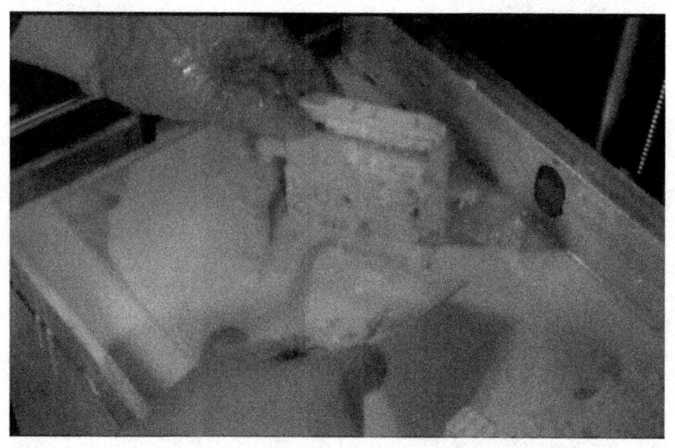

图 9-37 刮下工作台上的多余树脂并取下模型

取下的零件与使用 SLA 工艺制造的模型一样，需要使用不同清洁度的酒精进行清洗，洗去模型表面附着的多余树脂材料(如图 9-38 所示)。一般使用酒精清洗三次，酒精的清洁

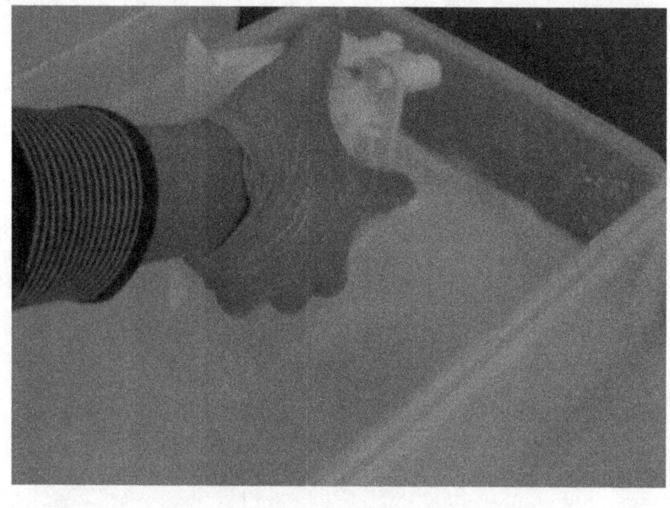

图 9-38 使用酒精清洗模型

度依次提高，第三次清洗时要用未使用过的酒精（如图 9-39 所示）进行清洗。酒精清洗完毕，再用高压气枪冲洗零件模型不易清洗的部分（如图 9-40 所示）。用过的酒精可以循环使用，但一般不超过三次，清洗过程中也要注意相关的防护措施，比如佩戴口罩和橡胶手套，避免受到不必要的伤害。

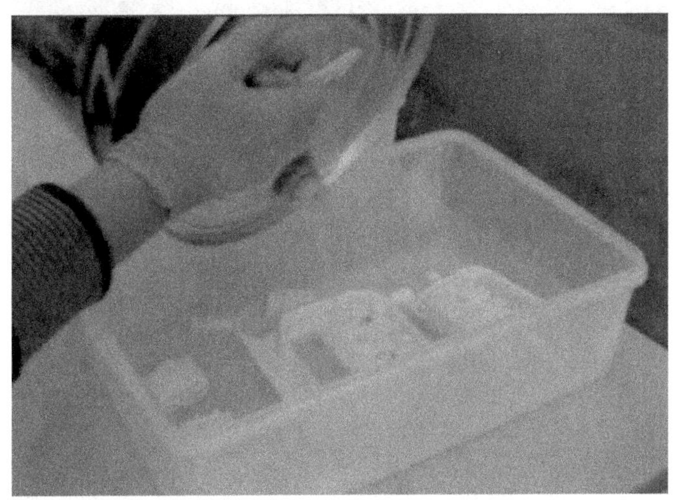

图 9-39　第三次清洗时用未使用过的酒精清洗模型

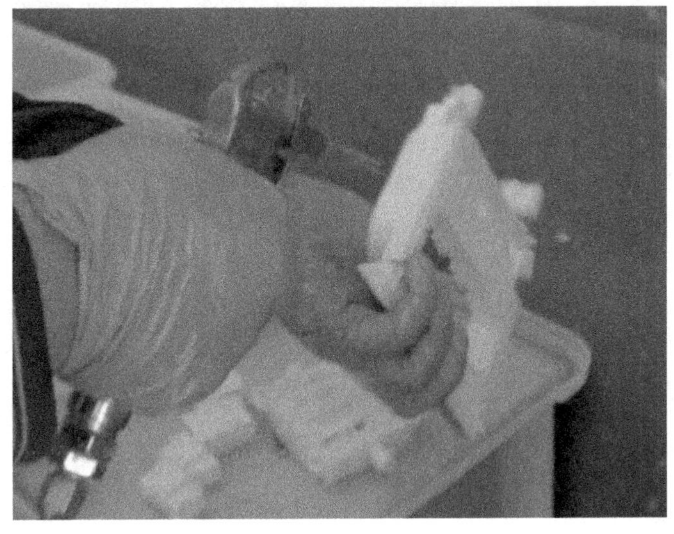

图 9-40　气枪冲洗零件模型

9.5.2　去除支撑

模型零件清洗完毕，用手剥或者钳子去除模型上的支撑结构（如图 9-41 和图 9-42 所示）。本例模型零件结构较复杂，剥除时需小心操作。

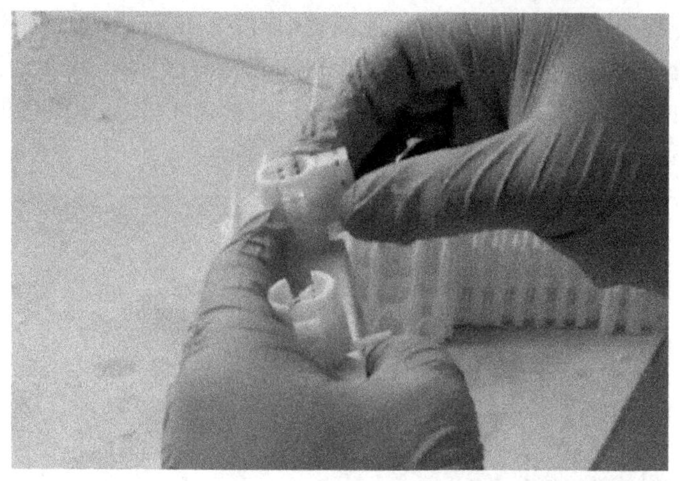

图 9-41　用手剥去模型零件上的支撑结构

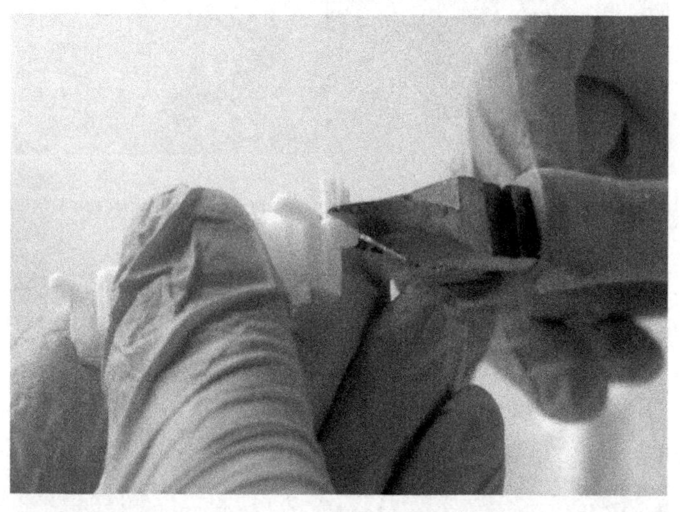

图 9-42　使用钳子去除支撑结构

9.5.3　二次固化

为保证树脂固化完全,使用紫外光对零件模型进行二次固化。把刚处理好的电器接插件模型放入紫外灯箱,固化 30～40 分钟即可(如图 9-43 所示)。

9.5.4　打磨

固化完毕,再使用雕刀、砂纸和钳子等工具对零件模型进行打磨。先使用钳子和雕刀对零件表面的毛刺飞边等进行修整处理(如图 9-44、图 9-45),再使用砂纸磨光(图 9-46 所示),对零件模型进行细致的处理后,使用 DLP 技术快速成型制造的电器接插件模型加工完成。

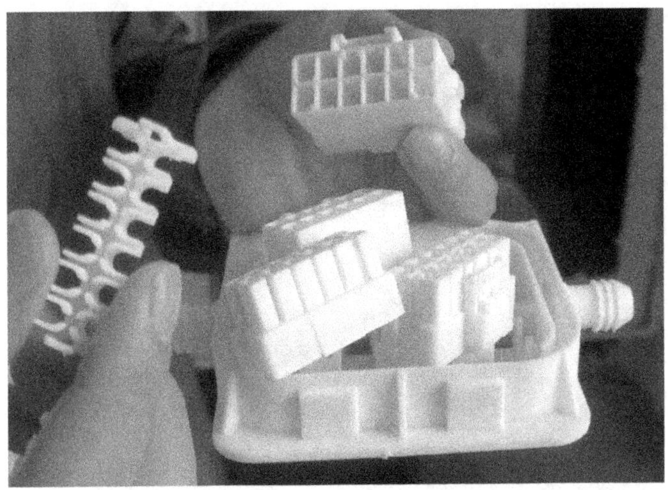

图 9-43　二次固化后的电器接插件模型零件

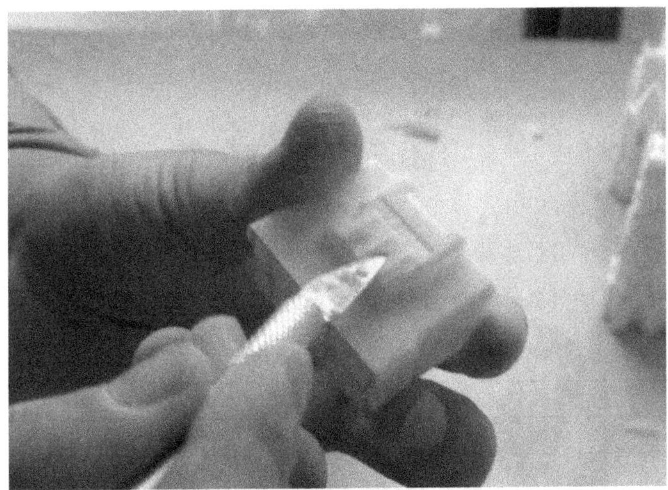

图 9-44　使用雕刀去除零件模型上的毛刺和多余支撑结构

图 9-45　使用钳子去除零件模型上多余的支撑结构

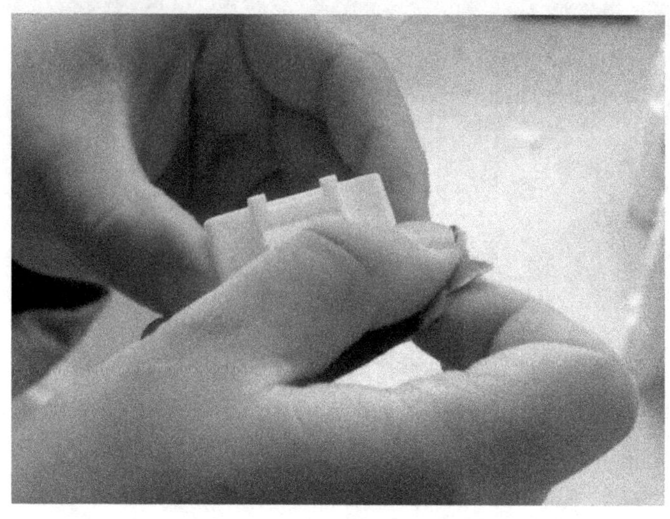

图 9-46　使用砂纸对零件模型进行打磨

9.6 本章小结

本章为 DLP 案例实训教学内容，对电器接插件的 3D 打印过程进行了详细讲解，包括：案例描述、技术解析、数据处理、模型成型过程、成型后处理。

实训项目任务工单

项目名称	DLP 实例：电器接插件			日期	
任务名称				指导教师	
学生姓名		学号		班级	

实训内容和要求

实训仪器及实施过程

实训报告内容（详述完成任务的主要方法及思路）

心得体会

考核评价

学生自评		小组评价		教师评价		综合评价	

第 10 章　金属 SLM 实例：叶轮

教学目标：了解金属 3D 打印 SLM 技术的成型实施过程、成型特点以及产品的开发方法及过程。

教学重点：金属 3D 打印 SLM 技术实施过程的理解与掌握，金属 3D 打印后处理方法的理解。

教学难点：金属 3D 打印 SLM 制造的成型思路、操作注意事项的理解与掌握，SLM 成型技术技巧的理解与掌握。

10.1　案例描述

叶轮又称工作轮（如图 10-1 所示），一般由轮盘、轮盖和叶片等零件组成，是涡轮式发动机、涡轮增压发动机等的核心部件。气（液）体在叶轮叶片的作用下，随叶轮作高速旋转，气（液）体受旋转离心力的作用，以及在叶轮里的扩压流动作用，使它通过叶轮后的压力得到增强，比较常见的有汽车的涡轮增压器。

图 10-1　叶轮

叶轮作为动力机械的关键部件，其加工制造一直是制造业中的一个重要课题。随着技术的发展，为了满足机器高速、高推重的要求，在新的中小型机设计中大量采用整体结构叶轮。

从整体式叶轮的几何结构和工艺过程可以看出：加工整体式叶轮时加工轨迹规划的约

束条件比较多，相邻的叶片之间空间较小，加工时极易产生碰撞干涉，自动生成无干涉加工轨迹比较困难。因此在加工叶轮的过程中不仅要保证叶片表面的加工轨迹能够满足几何准确性的要求，而且由于叶片的厚度有所限制，所以还要在实际加工中注意轨迹规划以保持加工的质量。叶轮数控加工如图 10-2 所示。

图 10-2　叶轮数控加工

叶轮的形状比较复杂，叶片的扭曲大，极易发生加工干涉，因此其加工的难点在于流道、叶片的粗、精加工。

根据整体式叶轮的实际工作情况，整体叶轮的曲面部分精度高，工作中高速旋转，对动平衡的要求高等诸多要求。如采用传统制造方式，其加工的工艺路线通常如下：(1)铣出整体外形，钻、镗中心定位孔；(2)精加工叶片顶端小面；(3)粗加工流道面；(4)精加工流道面；(5)精加工叶片面；(6)清角。

使用 3D 打印技术，则可以简化加工工艺、降低成本，也能做到较高的精度和复杂程度，直接生成零件，有效地缩短产品研发周期，是解决数控加工复杂零件编程加工难题的有效途径。

本例叶轮(如图 10-3 所示)，结构虽不复杂，但叶片曲面要求精度高。

图 10-3　叶轮 3D 数据模型

本例叶轮对硬度和实际使用等功能性有较高的要求，更注重高效快捷、低成本和较高的精度，因此选择使金属 SLS 技术成型。

10.2 技术解析

激光选区熔化(Selective laser melting)技术是以原型制造技术为基本原理发展起来的一种先进的激光增材制造技术。通过专用软件对零件三维数模进行切片分层，获得各截面的轮廓数据后，利用高能量激光束根据轮廓数据逐层选择性地熔化金属粉末，通过逐层铺粉，逐层熔化凝固堆积的方式，制造三维实体零件。它的成形材料包括钛合金、钴铬合金、不锈钢、镍基合金等，通常采用粒径 15～53μm 左右的超细粉末。由于其特殊的工业应用，SLM 技术已成为近年来研究热点。尤其是该技术能够使高熔点金属直接烧结成型为金属零件，完成传统切削加工方法难以制造出的高强度零件的成型，尤其是在小型金属模具、航空航天器件、飞机发动机零件等的制备方面具有重要的意义。

如图 10-4 所示为金属 3D 打印模具及内部流道结构图。金属 3D 打印技术打印的模具内部有传统工艺根本没办法做到的冷却系统，对于后续生产周期至少要提升 30%以上。通过 3D 打印降低模具的生产制备时间，能够快速做出模具，并且可以频繁更换和改善，使模具周期能够跟上产品更新步伐。

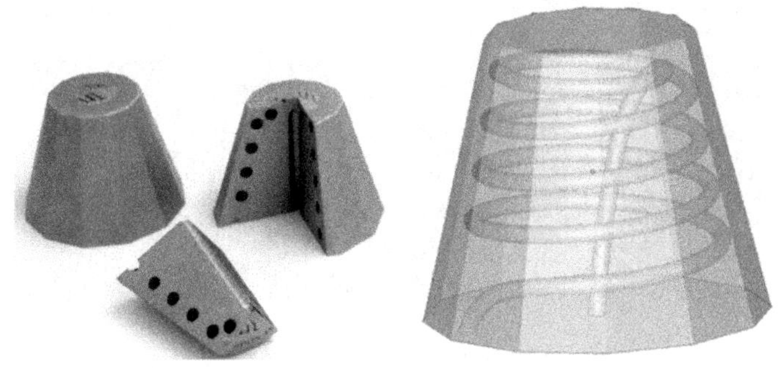

图 10-4 金属 3D 打印模具型芯水路

SLM 成型过程如图 10-5 所示。供粉柱塞上升，铺粉辊在工作台上铺上一层粉末材料，构建仓的预热装置将粉末加热至略低于其熔点后，激光束将在控制系统的作用下按照该层的截面轮廓在粉层上扫描，使粉末的温度升至熔点，粉末间相互黏结，从而得到一层截面轮廓。当一层截面轮廓成型完成后，工作台就会下降一个片层的高度，接着不断重复铺粉、烧结的过程，直至实体整个成型。成型过程中，非烧结区的粉末则仍呈松散状，可作为烧结件和下一层粉末的支撑部分。

当实体构建完成并充分冷却后，将其拿出并放置到工作台上，用刷子刷去表面的浮粉，就可以获得完成的实体原型。

10.2.1 SLM 技术的优点

成型零件的复杂程度高。由于成型材料是粉末状的，在成型过程中，未烧结的松散粉末

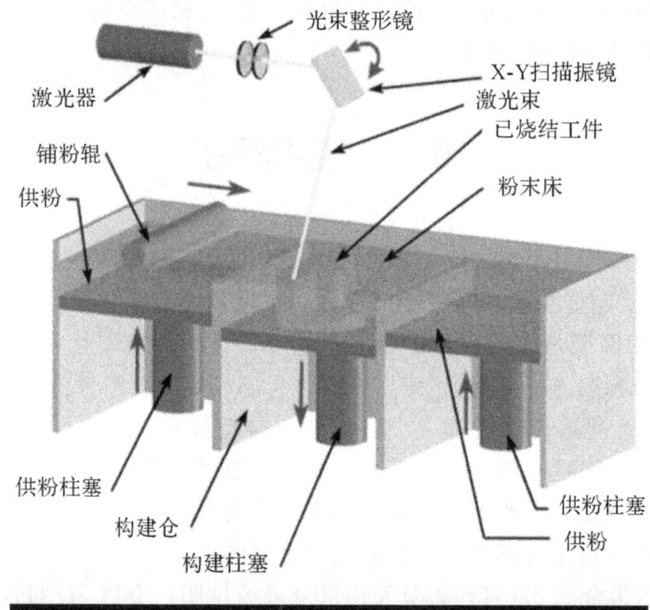

图 10-5　SLM 成型过程

可作自然支撑，容易清理，因此特别适用于有悬臂结构、中空结构以及细管道结构的零件生产。

成型材料广泛。从理论上讲，任何能够吸收激光能量而黏度降低的粉末材料都可以作为 SLM 的成型材料，包括金属、高分子、陶瓷、覆膜砂等粉末材料。

材料利用率高，成本低。在 SLM 过程中，未被激光扫描到的粉末材料可以被重复利用。因此，SLM 技术具有较高的材料利用率。此外，SLM 成型过程中的多数粉末的价格较便宜，如覆膜砂，因此 SLM 材料成本相对较低。

无须支撑，容易清理。由于未烧结的粉末可以对成型件的空腔和悬臂部分起支撑作用，不必专门设置支撑结构，从而节省了成型材料和降低了制造能源消耗量。

10.2.2　SLM 技术的缺点

表面相对粗糙，需要做后期处理。由于 SLM 工艺的原材料是粉末，零件的成型是由材

料粉层经过加热熔化而实现逐层黏接的，因此严格讲成型件的表面是粉粒状，因而表面质量不高。陶瓷、金属成型件的后处理较难，且制件易变形，难以保证其尺寸精度。

烧结过程挥发异味。SLM 工艺中的粉层黏接是需要激光能量将其加热而达到熔化状态，高分子材料或者粉粒在激光烧结熔化时，一般会挥发异味气体。

设备成本高。由于使用大功率激光器，除本身设备成本外，为使激光能稳定地工作，需要不断地做冷却处理，激光器属于耗材，维护成本高，普通用户难以承受，因此该技术主要集中在高端制造领域。

10.3 数据处理

10.3.1 设备描述

本例选择湖南华曙高科技有限责任公司生产的 FS121M 选择性激光熔融设备（如图 10-6所示）机型作为叶轮的快速成型设备。

图 10-6 FS121M 型选择性激光熔融设备

FS121M是工业级选择性激光熔融快速成型设备，主要用于医疗、义齿、医疗器械加工、植入物加工、贵金属加工。与传统的零件加工工艺相比，它最大的优点在于一次成型，不再需要任何的工装模具，且加工周期短、易于调整。此外，此加工方式不受零件的形状及复杂程度限制，只需用三维软件(如CAD、Solidworks等)绘制出零件模型，并保存为STL格式，FS121M就能够直接利用模型文件烧结出实体工件。

与国内外同类型设备相比，FS121M具备如下优势：

- 成型速度比国内外同类SLM设备快；
- 双光斑可调设计：针对不同的材料可选择不同的光斑，定制化调整更好的匹配材料属性；
- 双刮刀设计：配有陶瓷和橡胶两种刮刀，精度更有保证，薄壁件不易卡死；
- 单缸供粉单向铺粉系统，简化设备结构，可刮除烧结区域内大颗粒氧化杂质，有效提高烧结质量；
- 全封闭式溢粉收集系统及粉末分离系统，减少粉尘污染，避免工作人员吸入粉尘造成的人身伤害，防止粉尘与空气接触引起爆炸；
- 气体平流烟尘循环净化系统，有效地去除大颗粒氧化杂质，节约用户惰性气体使用成本；
- 自主研发的新型数字化激光控制系统，使控制精度大大提高，抗干扰能力大大加强。

10.3.2 模型STL数据处理

BuildStar软件是FS121M打印机的配套软件，用于构建加工所需数据包。由于打印机控制软件MakeStar只能识别Bpf文件，因此三维建模软件创建的模型导出为STL格式后，需要再经过BuildStar软件设置相关工艺参数，排列模型的成型位置和方向，并保存为Bpf文件后，才能导入打印机控制软件中进行控制烧结。

需要注意的是，在其他电脑上编辑Bpf文件时，需将该Bpf文件导出为Bpz格式的文件，再转入设备软件上转换成Bpf文件方可进行烧结。

FS121M打印机能够识别的文件准备一般流程如图10-7所示。

打印数据准备的一般流程与其他切片处理软件相似，包括打印机和材料设置、导入STL模型、编辑模型、工件参数设置、碰撞检查、保存为BPF文件这几个阶段。不同工件打印项目的主要差别在于工件参数的设置。

双击打开桌面上的BuildStar图标，打开软件后，出现如10-8所示的主界面。

首先，正确选择主机设备软件上的材料包数据。打开文件，选择“改变材料”选项，确定建造所用的材料为“FS316L不锈钢材料”，如图10-9所示。

在软件右侧导入工件任务栏里面标示的文件添加区，选取准备好的STL文件，拖动到成型区。

10.3.3 零件摆放

摆放零件前，先将零件导入平台上，零件大小不能超过成型范围。用鼠标左键配合窗口的几个视角拖动零件进行排列摆放，确保零件与零件之间保持合理的间距，至少0.1mm。

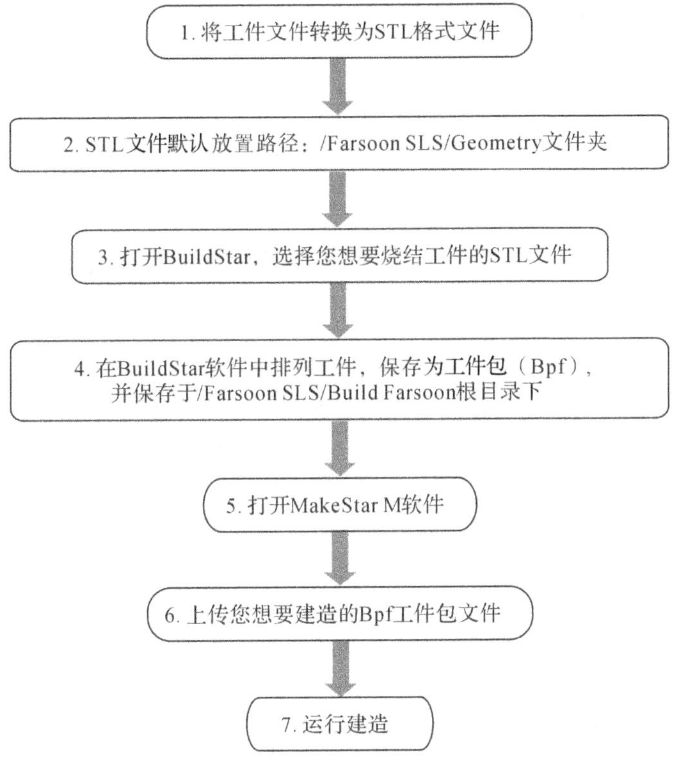

图 10-7　SLM 打印数据准备流程

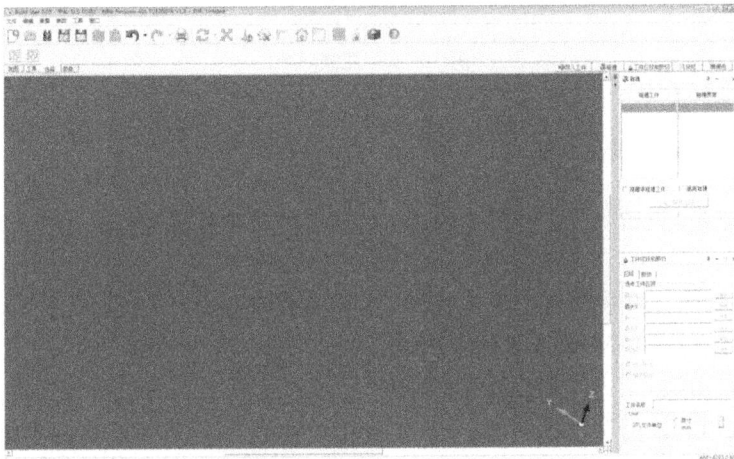

图 10-8　BuildStar 主界面

鼠标 Ctrl＋A 选中所有模型，点击鼠标右键—复制—副本，如图 10-10 所示，设置完后，点击“确定”，退出对话框。系统将自动为这两套模型排序，但也可能存在覆盖的情况，需要手动调整模型位置。

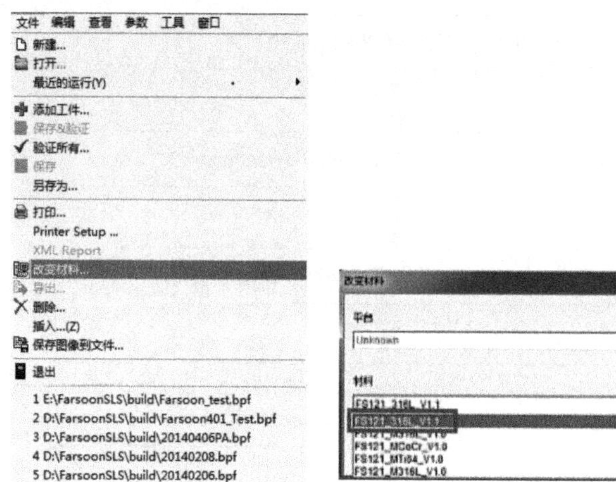

图 10-9　改变材料

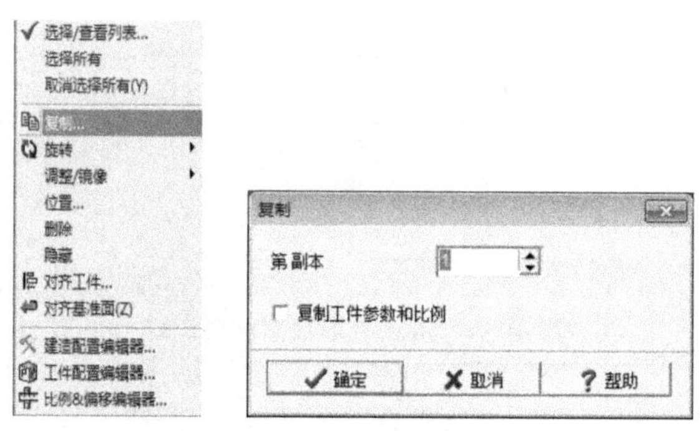

图 10-10　复制对象

10.3.4　生成支撑

摆放好零件后，点击“生成支撑”选项卡，点击进行自动生成支撑，并进入“生成支撑”功能界面。

BuildStar 软件可为模型自动生成支撑，也可直接加载原有支撑文件 SlC（＊SlC 可由 BulidStar 软件保存或由 Magics 软件生成保存），如图 10-11 所示。

本例采用已有支撑文件，加载操作过程如下：

（1）点击选中其中的一个模型后，单击工具栏中的图标添加模型的支撑文件，此时要注意支撑需要跟模型文件配套。

（2）打开相应的支撑结构文件（××. SlC）后，设置单位为“mm”，点击“ok”确认。此时，这个模型的支撑结构就设置完成了。

（3）重复前两个步骤，分别添加其余 9 个模型的支撑结构，最终结果如图 10-12 所示。

（4）再次点击保存并验证图标，完成文件的保存和验证。

添加支撑过程中，可点击“视图”—“显示零件尺寸”命令，可带参数查看待处理零件的结构。选中零件，调整角度，仔细观察和了解零件的结构特征。

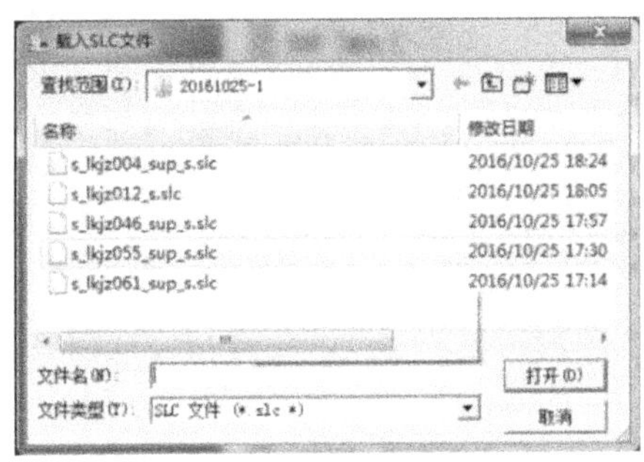

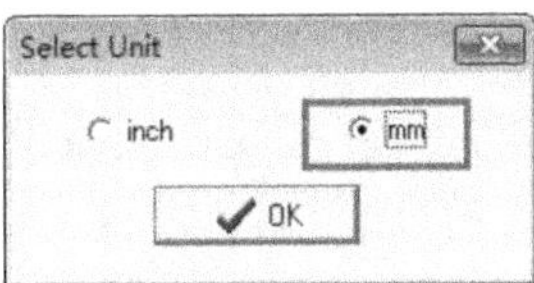

图 10-11　添加支撑

图 10-12　添加支撑结构效果图

10.3.5　碰撞检测

设置完成后，检查零件间是否有碰撞，如图 10-13 所示。过程如下：

(1)单击“工具”选项；

(2)选择“碰撞检测”图标，出现“碰撞检查”对话框；

(3)根据需求设定公差值，点击“确定”按钮，开始碰撞检查；

(4)若出现碰撞，则调整模型的位置，直到“没有检测到碰撞”对话框出现为止。

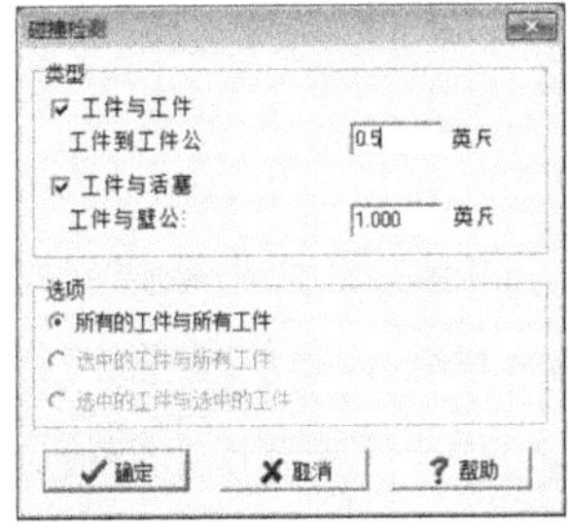

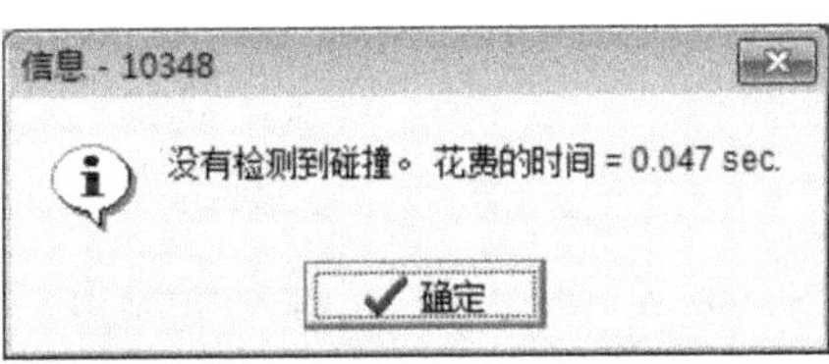

图 10-13　碰撞检测

10.3.6 工艺参数设置

SLM过程中，成型制件会发生收缩。如果粉末都是球形的，在固态未被压实时，最大密度只有全密度的70%左右，烧结成型后之间的密度能够达到全密度的98%以上。所以，烧结过程中密度的变化必然引起制件的收缩。

因此，在烧结过程中，我们应该设置合理的工艺参数，并在烧结完成后待制件在设备中自然冷却后再取出，减少温度收缩。

1. 建造参数

● Build Platform Temperature 成型平台温度

相当于粉末的预热温度，将粉末先预热可以避免成型部分翘曲变形。这个参数与选用的成型材料有关。

● Smart Feed Grain 智能送粉系数

智能送粉系数表征的是供粉系统每次送粉的质量，这里用系数表示。1是正常标准，当工件多或大时，为了确保成型缸能铺满，可以适当提高送粉系数。

● Layer Thickness 建造层厚

建造层厚表示切片间距，等于成型缸每次下降的高度，过大会影响粉末的黏结效果，层与层之间无法黏结，过小会使加工时间增加。一般设置范围为0.02～0.03mm。

2. 工件参数

● Fill Laser Power 激光功率

在固体粉末激光选区烧结中，激光功率决定了激光对粉末的加热温度。如果激光功率低，则粉末的温度不能达到熔融温度，不能烧结，成型制件强度低或根本不能成型。如果激光功率高，则会引起粉末汽化或炭化，影响颗粒之间、层与层之间的黏结。而激光功率与粉末特性有关，对于不锈钢粉末而言，通常设置为190～200W。

● Fill Speed 扫描速度

扫描速度影响成型件加热时间。在同一激光功率下，扫描速度不同，材料吸收的热量也不同，变形量不同引起的收缩变形也不同。当扫描速度快时，材料吸收的热量相对少，材料的粉末颗粒密度变化小，制件收缩小；当扫描速度慢时，材料接触激光的时间长，吸收热量多，颗粒密度变化大，制件收缩大。对于不锈钢粉末而言，通常设置为700～800mm/s。

● Slicer Fill Scan Spacing 扫描间距

扫描间距指相邻扫描线之间的距离，距离过大会影响零件强度，过小会增加加工时间，取值范围在0.03～0.1mm。

参数设置操作：

单击软件主界面工具栏中的“建造配置编辑器”图标，设置并检查建造参数，包括加热器的温度100℃、智能送粉系数1.0、建造层厚0.03mm等，设置完毕后点击“应用”。

单击软件主界面工具栏中的“工件配置编辑器”图标，设置工件参数，包括激光功率190W、扫描速度700mm/s、扫描间距0.06mm等，设置完毕后点击“应用”，如图10-14所示。

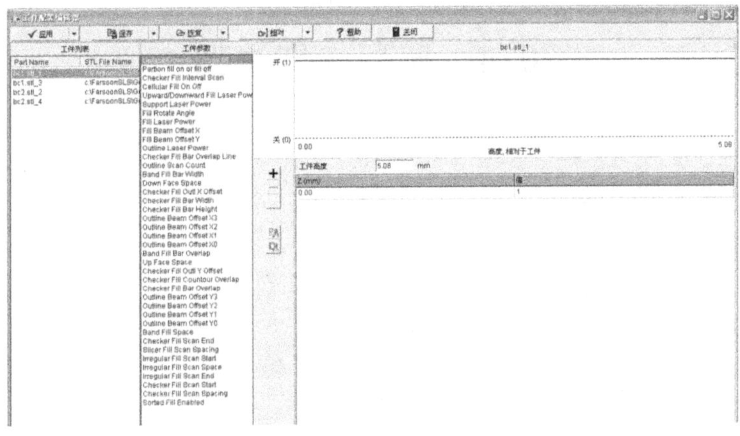

图 10-14　工件参数设置

点击“保存并验证”图标，保存文件，并进一步验证模型摆放位置是否合适，如图 10-15 所示。

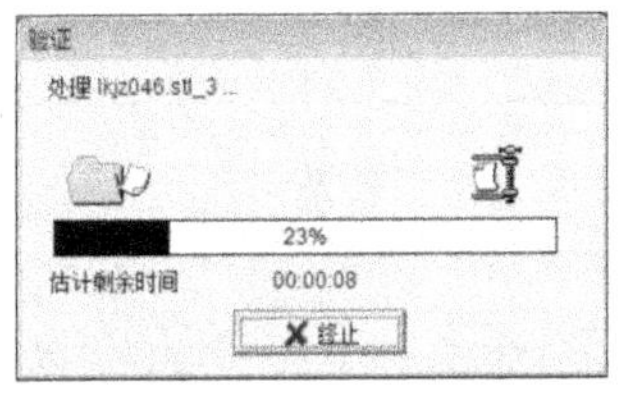

图 10-15　验证对话框

完毕后单击软件主界面的“预览”选项，点击“开始”，模拟整个烧结过程并计算出烧结时间、烧结高度以及粉末需求量。可单击“停止”按钮，结束预览。

单击工具栏里面的“工件详情”按钮进入信息界面，检查各烧结参数的设置是否正确，确定粉末需求量，如图 10-16 所示。

属性名	值
建造高度	30.19 mm
粉末需求里	70.84 mm
要求最大送粉缸位置	48.54 mm
估计完成的时间	7:01:11

图 10-16　信息界面中的参数设置情况

10.4　模型成型过程

10.4.1　建造前准备

模型成型流程如图 10-17 所示。

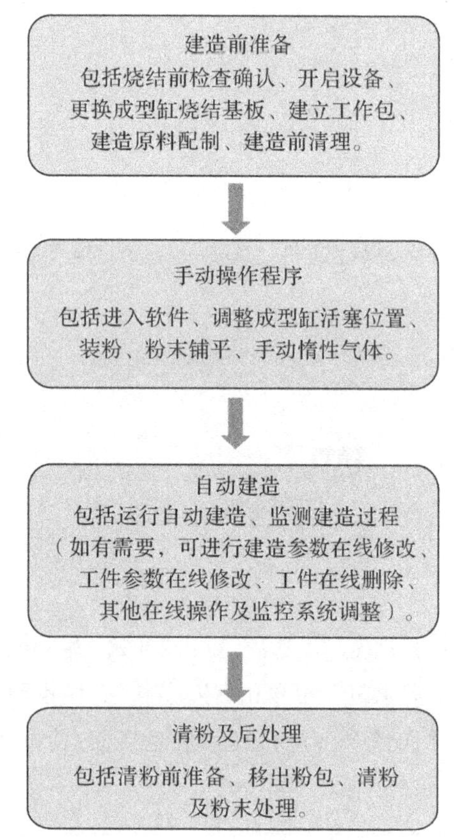

建造前准备
包括烧结前检查确认、开启设备、
更换成型缸烧结基板、建立工作包、
建造原料配制、建造前清理。
手动操作程序
包括进入软件、调整成型缸活塞位置、
装粉、粉末铺平、手动惰性气体。
自动建造
包括运行自动建造、监测建造过程
（如有需要，可进行建造参数在线修改、
工件参数在线修改、工件在线删除、
其他在线操作及监控系统调整）。
清粉及后处理
包括清粉前准备、移出粉包、清粉
及粉末处理。

图 10-17　模型成型流程

1. 成型前检查确认

(1)成型前需检查以下几个条件是否满足：

- 在成型前，应仔细检查是否有足够的惰性气体；
- 工作腔内的氧气浓度是否在安全值以下(减少粉末材料在成型时发生氧化)；
- 激光循环冷却水水位是否高于安全值；
- 设备所在的车间环境温度保持在(25±5℃)之间，湿度小于 75%。

(2)成型前清理：每次开始成型前，操作者应小心地将激光窗口镜清理干净，按下述步骤操作：

- 用空气球将镜片表面浮物吹掉；

● 用无水酒精沾湿无尘布或无尘纸，轻轻地擦洗表面，注意避免用力地、来回地擦洗，如图 10-18 所示，要控制无尘布或无尘纸划过表面的速度，使擦拭留下的液体立即蒸发，不留下条纹。

图 10-18　激光窗口镜清理

(3)配制烧结材料：根据软件计算的粉末高度及粉末材料的密度大致可以计算出需要准备的粉末重量。不同的金属粉末在使用前，须经该材料对应目数的过滤筛或配套筛网规格的振动筛(如图 10-19 所示)过筛，防止有异物在粉末里，影响建造。

注意：更换成型缸烧结基板时，请穿防护服，佩戴防尘口罩、防护眼镜和防护手套，以免粉末对人体造成伤害。

2. 启动设备

操作步骤如下：

(1)确保设备供电正常；

(2)将设备后侧的主电源开关旋至“ON”状态，如图 10-20 所示；

(3)打开电脑及配套软件 MakeStar；

(4)打开激光水冷机的电源开关，如图 10-21 所示，确保水冷机处于制冷状态。

图 10-19　振动筛

图 10-20　开启打印机开关

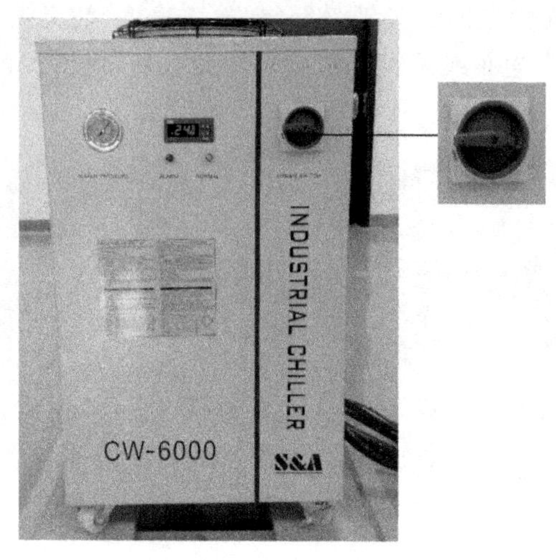

图 10-21　打开水冷机开关

3. 更换基板

FS121M 设备中，成型缸烧结基板的作用是在烧结过程中作为成型件的底部支撑，防止成型件在烧结过程中发生偏移或翘曲变形。基板材料与烧结材料成分相同，通过螺钉固定在成型缸活塞板上，每次烧结前需更换合格基板，基板外形如图 10-22 所示，更换前基板需通过平面度检查。

图 10-22　基板

安装步骤如下：

(1)点击 MakeStar 软件中的“手动”按钮手动，进入手动控制界面；

(2)点击“运动”按钮运动，如图 10-23 所示，将成型缸活塞上升至工作平面之上 2～3mm；

(3)将平面度检查合格的新基板缓缓放置在活塞板上，并对准固定螺钉孔，用螺钉将基板连接至活塞板上，并紧固；

(4)将成型缸活塞板下降至基板上表面与工作平面平齐或在工作平面之下，此时，更换完成。如图 10-24 所示。

4. 调整成型缸活塞位置

(1)进入 MakeStar M 手动控制界面，点击“运动”按钮运动，出现运动控制界面，如

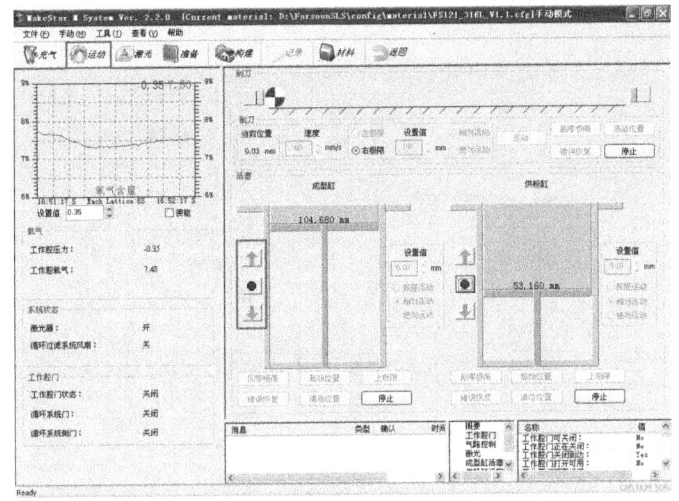

图 10-23　上升成型缸

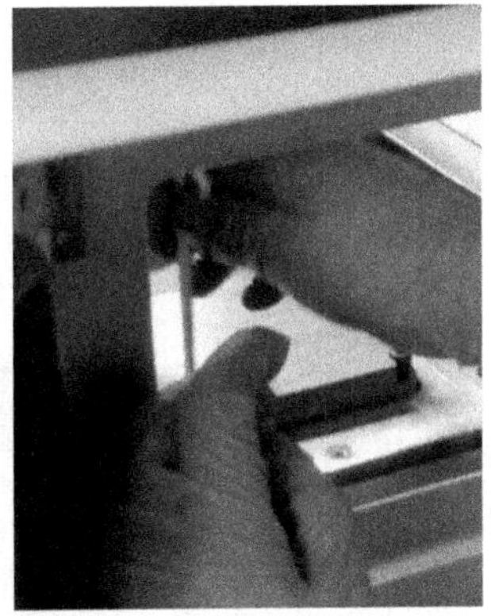

图 10-24　更换基板

图 10-23所示。

(2)将成型缸成型基板降至工作平面以下：点击成型缸下的“向下”箭头，如图 10-25 所示；

(3)单击刮刀图标下方的“左极限”或“右极限”单选框，控制刮刀左右移动，单击“停止”按钮使刮刀停止运动，将铺粉刮刀移动到成型缸上方，如图 10-26 所示；

(4)成型缸活塞上升：点击成型缸下的“向上”箭头，控制成型缸活塞上升，直至成型缸基板上表面接近刮刀下表面(不接触)；

(5)用塞尺测量基板上表面与刮刀的多点位置之间的距离，并逐步调整成型缸活塞位置，直到成型缸基板上表面与铺粉刮刀下表面间的间距为 0.05mm，如图 10-27 所示。

5. 装粉

(1)进入运动控制界面后，系统手动控制将供粉缸活塞降到原点位置：点击供粉缸下的“回零极限”按钮，如图 10-28 所示，使活塞直接回到原点；

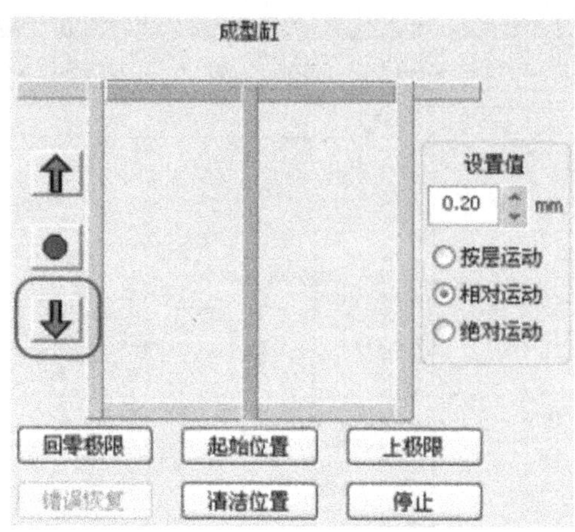

图 10-25 成型缸下移

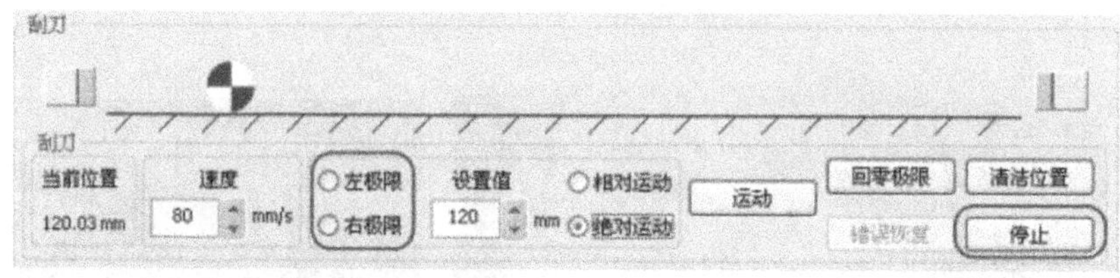

图 10-26 刮刀移动

图 10-27 塞尺检测安装高度

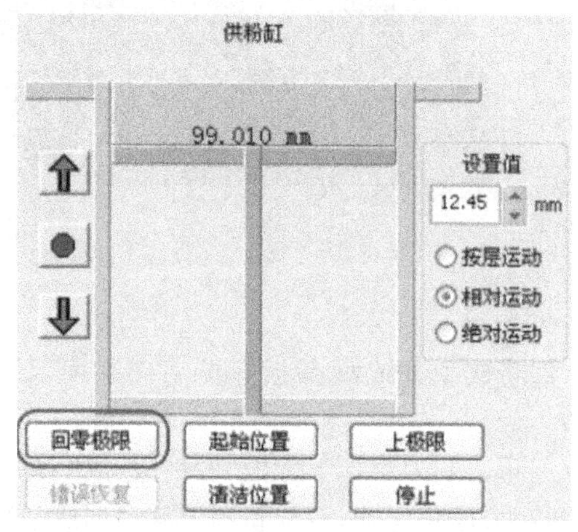

图 10-28 供粉缸设置

(2)在供粉缸上放置匹配烧结金属粉末材料目数的过滤筛，将金属粉末缓慢倒入过滤筛中，过滤掉粉末大颗粒或其他大块杂质，符合烧结条件的金属粉末直接过滤到供粉缸中。

6. 铺平粉末

(1)将成型缸活塞位置调整至成型缸基板上表面与铺粉刮刀下表面间的间距为0.05mm，将铺粉刮刀移动到右极限位置；

(2)将供粉缸活塞上升0.05～0.1mm，输入设置值，选择“相对运动”单选框，点击“向

上”箭头图标，如图 10-29 所示；

(3)将铺粉刮刀从右侧移动到左侧，重复该动作，直至工作平面全部被粉末铺平。

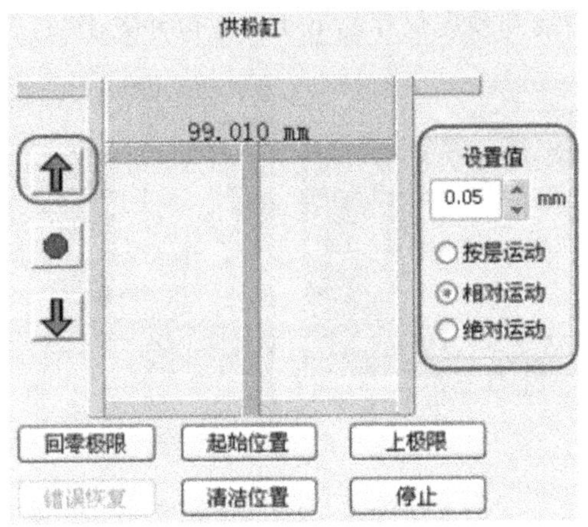

图 10-29　设置供粉缸

10.4.2　烧结工艺过程

1. 工作环境设置

确保工作腔门已关闭，双击 MakeStar M 启动软件，进入软件的主界面。单击“手动”按钮 手动，进入手动控制界面。

- 设置成型缸活塞温度为 60～200℃(视材料而定)；
- 手动充惰性气体：充惰性气体时，须打开集尘系统电源开关，确保集尘系统已开启并正常运行，单击手动控制界面中的“充氮按钮” 充气，如图 10-30 所示。

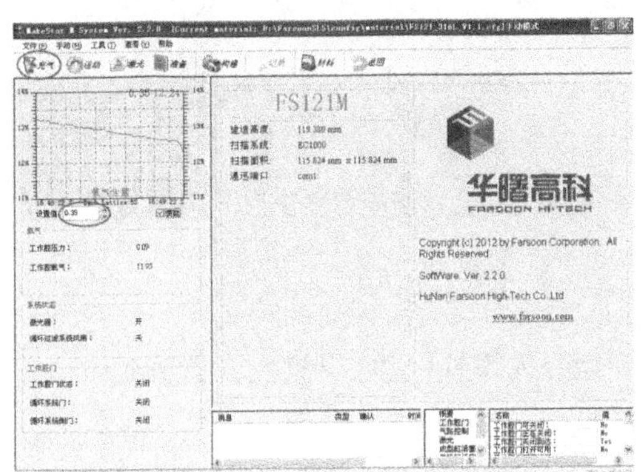

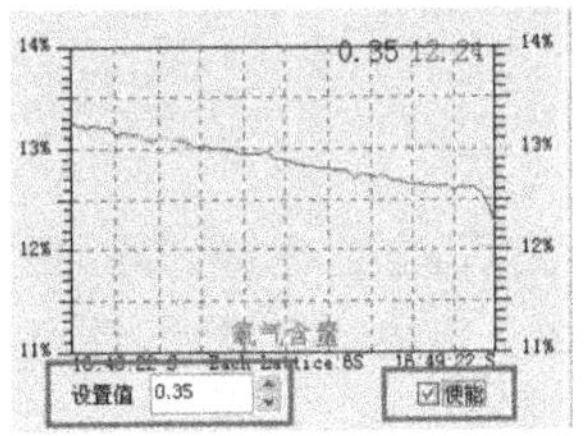

图 10-30　充氮

在氧气含量实时监测图表下方弹出的选项框内，将氧气含量设定值设为 0.35。单击 使能 复选框，向腔体内充入惰性气体；当腔体内氧气含量下降至设定值以下时，点击“返回”按钮 返回 退出手动操作界面。

2. 自动建造

进入软件主界面，单击“建造”按钮，进入自动建造界面。单击“开始”按钮，在弹出的对话框中找到预先保存的 Bpf 文件包并点击“打开”，如图 10-31 所示。

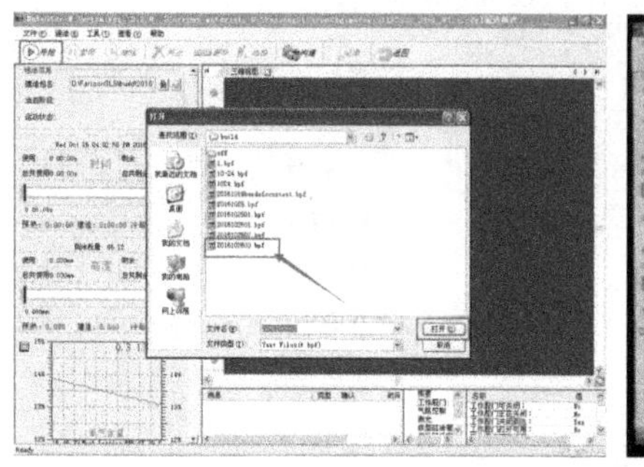

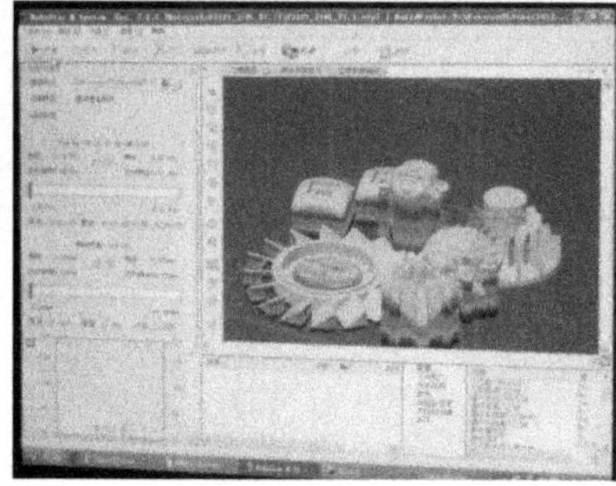

图 10-31　导入 Bpf 文件

待 Bpf 文件加载完成后，点击“开始”按钮，显示器上出现使能提示，请按照提示按下在用户控制界面的系统使能按钮 SYSTEM ON，如图 10-32 所示。

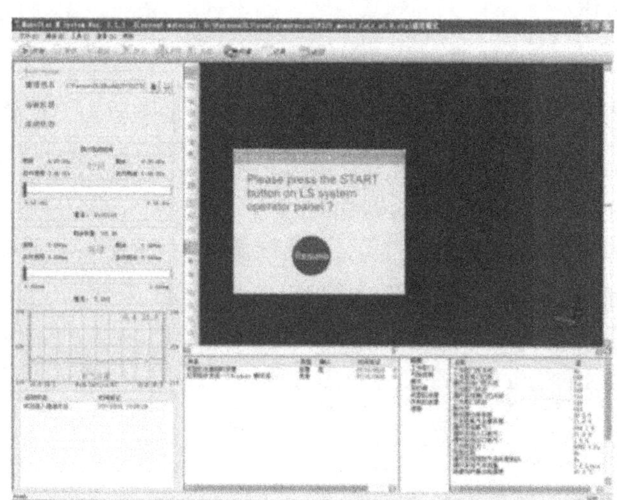

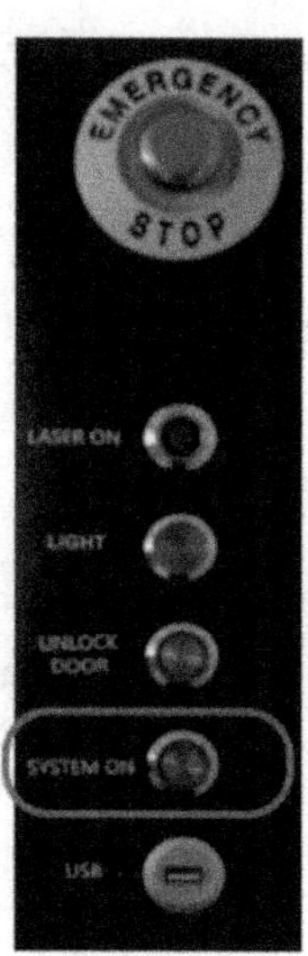

图 10-32　系统使能

系统使能后，自动建造开始，系统开始充入惰性气体，当氧气含量到达 0.3%时，开始进行铺粉、烧结。待烧结完成后，就可以将模型取出，做后续处理。

10.5 成型后处理

10.5.1 清粉取件

准备好配套的方形过滤筛、个人防护用具、刷子、防护手套等工具。在取模型时要戴手套及口罩操作，避免皮肤直接接触造成伤害。

建造完成后，成型缸内活塞温度足够安全时，单击“手动”按钮 手动 进入手动控制界面，点击“运动”按钮 运动，选择成型缸右侧“相对运动”单选框 ⊙相对运动，设置值中输入 0.5mm，按下降箭头，使成型缸下降到工作平面以下，如图 10-33 所示。

如图 10-34 所示，选择供粉缸右侧相对运动单选框 ⊙相对运动，设置值中输入适当值，将供粉缸下降以放置过滤筛。

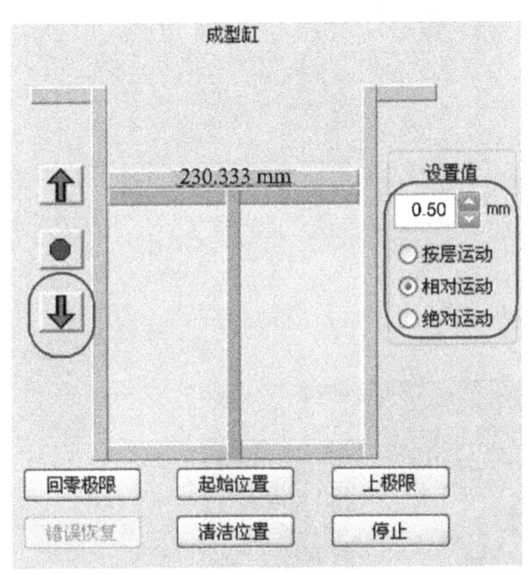

图 10-33　成型缸下降

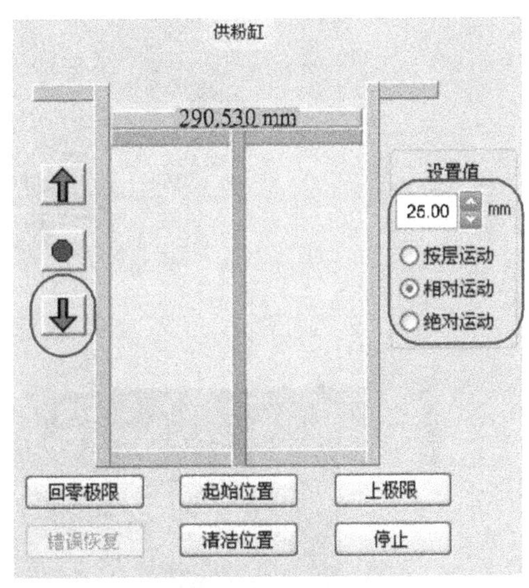

图 10-34　供粉缸下降

将铺粉刮刀移动到右极限：单击铺粉刮刀图标下方的“右极限”单选框 ⊙右极限，点击“运动”按钮，铺粉刮刀移动并停止在右极限位置，如图 10-35 所示。

将方形过滤筛放置在供粉缸上，防止清理时大颗粒粉末或异物进入供粉缸。

使用“相对运动”单选框 ⊙相对运动 控制成型缸以 10mm 为单位上升，如图 10-36 所示。每上升 10mm，用刷子将多余的粉末刷到溢粉箱(如图 10-37 所示)。

重复该动作，直到成型缸到达上极限位置。将多余的粉末清理到溢粉箱中后，用吸尘器将基板螺钉孔及其他死角处的粉末清理干净。如图 10-38 所示，将基板从成型平台上取下，清理完模型表面的浮粉后拿出。

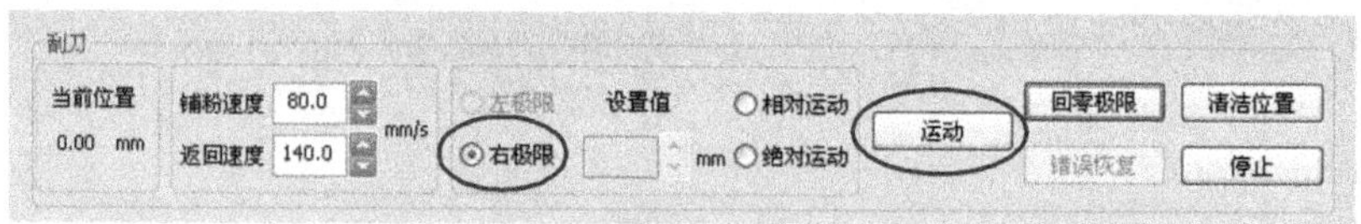

图 10-35　刮刀运动至右极限

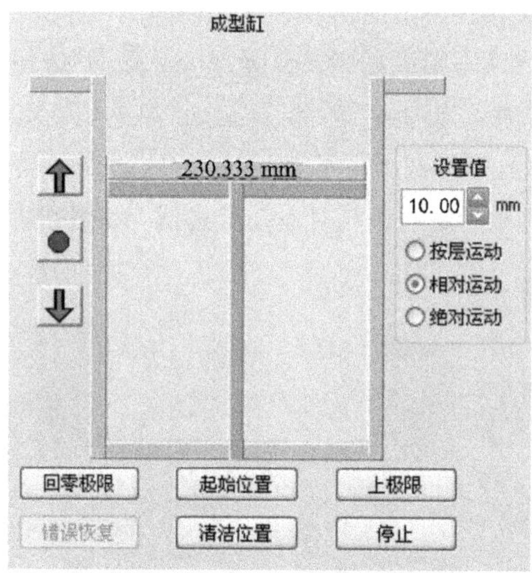

图 10-36　成型缸上升

图 10-37　将多余的粉末刷到溢粉箱

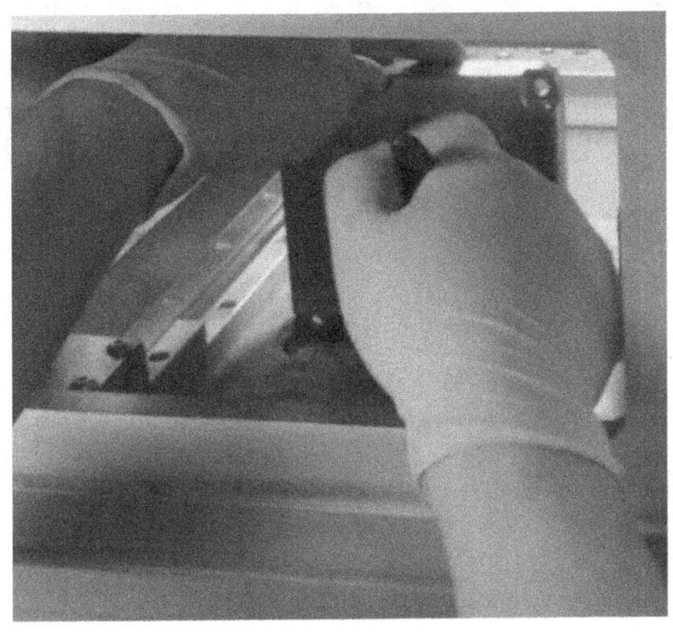

图 10-38　清理表面浮粉

10.5.2　工件后处理

1. 分离工件

使用线切割将成型件从基板上逐个剥离，如图 10-39 所示。

图 10-39　分离工件

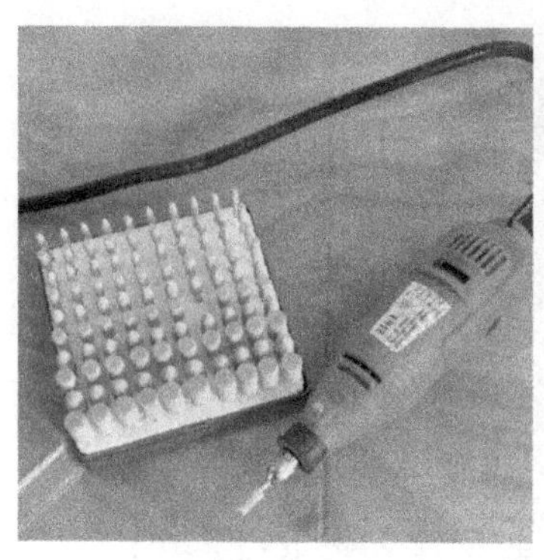

图 10-40　打磨机及磨砂头清理模型

去除剩余的支撑，获得工件。用打磨工具初步清理模型表面毛刺，如图 10-40 所示。此时的模型已经初步平整了，还需经过后期的打磨抛光等处理。

2. 去应力退火

将工件与基板从设备中取出后，放入热处理炉中进行工件去应力退火。

3. 喷丸、抛光

根据技术要求对工件进行表面处理——喷丸、抛光。

喷丸是用铁丸撞击材料表面，去除零件表面的氧化皮等污物，并使得零件表面产生压应力，从而提高零件的接触疲劳强度。

抛光是对材料表面进行细微的表面处理，平整表面，使得表面具备高的精度和低的粗糙度。

4. 粉末处理

将供粉缸中剩余的粉末和溢粉箱中的粉末置入振动筛中过筛，将过筛后的粉末存储于干燥密封的容器或密封袋中。

使用工业吸尘器将设备上，特别是工作腔表面残留的粉末清除干净。

10.6　本章小结

本章为金属 SLM 案例实训教学内容，对叶轮的 3D 打印过程进行了详细讲解，包括：案例描述、技术解析、数据处理、模型成型过程、成型后处理。

实训项目任务工单

项目名称	金属 SLM 实例：叶轮			日期	
任务名称				指导教师	
学生姓名		学号		班级	

实训内容和要求

实训仪器及实施过程

实训报告内容(详述完成任务的主要方法及思路)

心得体会

考核评价

学生自评		小组评价		教师评价		综合评价	

第 11 章　Magics 软件的使用

教学目标：了解 Magics 软件功能、特点及应用，掌握 Magics 软件修复、切片等功能的实际应用。

教学重点：Magics 的软件功能、特点。

教学难点：Magics 软件修复功能的应用。学习 Magcis 功能命令，熟练使用 Magcis 处理三维模型。

11.1　Magics 软件介绍

Magics 是一款非常优秀的 STL 模型编辑、修复、生成和导出软件，如图 11-1 所示。在 3D 打印行业，Magics 常用于零件摆放、模型修复、添加支撑、切片等环节。

Materialise Magics 21.0 中文版是 2017 年全新推出的一款快速成型辅助设计软件，它提供先进的、高度自动化的 STL 操作，非常强大实用，为处理平面数据的简单易用性和高效性确立了标准。

它是由 Materialise 公司推出的一款专业快速成型辅助设计软件，可以方便用户对 STL 文件进行测量、处理等操作，并拥有强大的布尔运算、三角缩减、光滑处理、碰撞检测等功能，只需要动动手指便可以在短时间内改正有问题的 STL 文件。Magics 软件界面如图 11-2 所示。

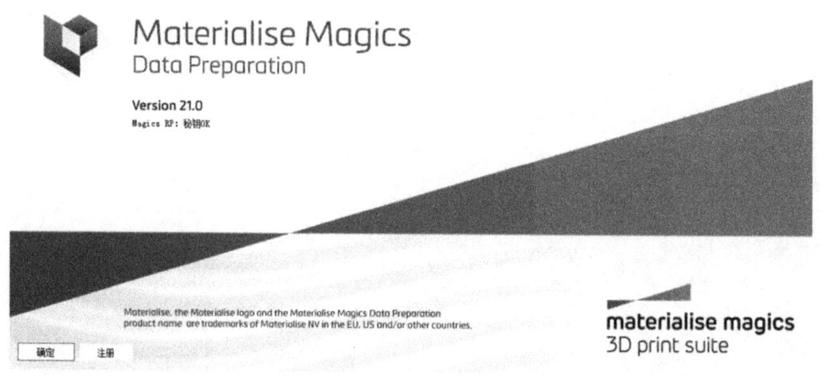

图 11-1　Magics 开始界面

STL 文件是将三维模型表面三角网格化获得的，这种三角网格化算法经常在有限元分

析中使用。三角形的网格化就是用小三角形面片去逼近自由曲面，逼近的精度通常由曲面到三角形面的距离误差或者曲面到三角形边的弦高差控制。对于模型，三角形网格化误差越小，曲面越不规则，所需要的三角形面片的数目就越多，STL 文件就越大。

对于经常使用 STL 文件工作的人们来说，Magics 软件无疑是理想的、完美的软件解决方案。这使我们在强大的互动工具的帮助下，在几分钟内即可改正有瑕疵三角面片的 STL 文件。

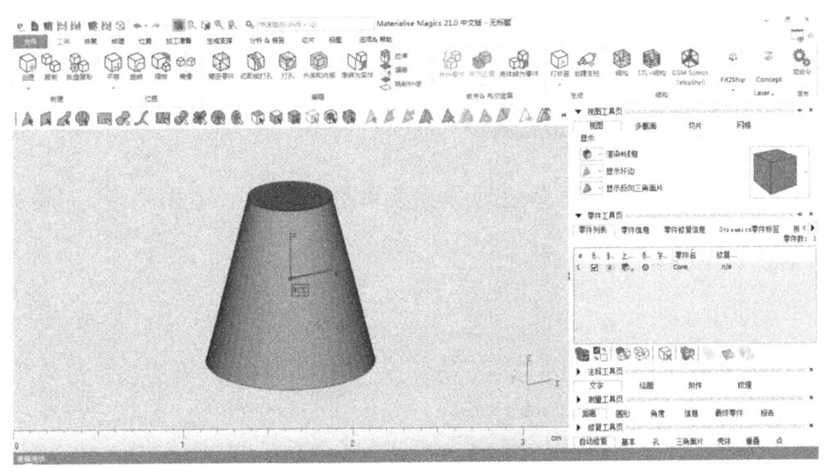

图 11-2　Magics 软件界面

Magics 软件的功能完备，对于 STL 文件的处理方便、迅捷、准确，从而提高了 3D 打印等快速成型加工的效率和质量。

Magics 软件具有如下功能：

(1) 三维模型的可视化，在 Magics 中可方便清楚地观看 STL 零件中的任何细节，并能测量、标注等；

(2) 对 STL 文件错误自动检查和修复；

(3) 3D 打印工作的准备功能，Magics 能够接受 ProE、UG、CATIA 等软件导出的 STL、DXF、VDA、IGES、STEP 等格式文件，还有 ASC 点云文件、SLC 层文件等，并将其转化成 STL 文件后直接进行编辑；

(4) 能够将多个零件快速而方便地放在加工平台上，可以从库中调用各种不同快速成型(RP)加工机器的参数方便放置零件，底部平面功能能够快速将零件转为所希望的成型角度；

(5) 分层功能，可将 STL 文件切片，能输出不同的文件格式(SLC，CLI，F&S，SSL)，并能够快速简便地执行切片校验；

(6) STL 操作，直接对 STL 文件进行修改和设计操作，包括移动、旋转、镜像、阵列、拉伸、偏移、分割、抽壳等功能。

(7) 支撑设计模块，能在很短的时间内自动设计支撑，有多种支撑形式可供选取，例如常用的点状支撑，成型后容易去除，并能保证支撑面的光洁度。

Magics 是一款专业强大的快速成型辅助设计软件。Magics 是理想的 STL 文件解决方案，为处理平面数据的简单易用性和高效性确立了标准，提供了先进的、高度自动化的 STL 操作，为工业产业以及医疗应用方面做出了巨大贡献，应该是 3D 打印必备软件。

11.2　Magics 功能基础

Magics 软件是 Materialise 公司针对快速成型开发的一款处理 STL 数据的软件，易学、易用及强大的布尔功能是它最大的特点，下面对 Magics 软件做常用功能解析。

11.2.1　显示模式与视图工具

Magics 软件的整体界面可简单地划分为菜单栏、工具栏、工作平台、工具页等几个区块，如图 11-3 所示。

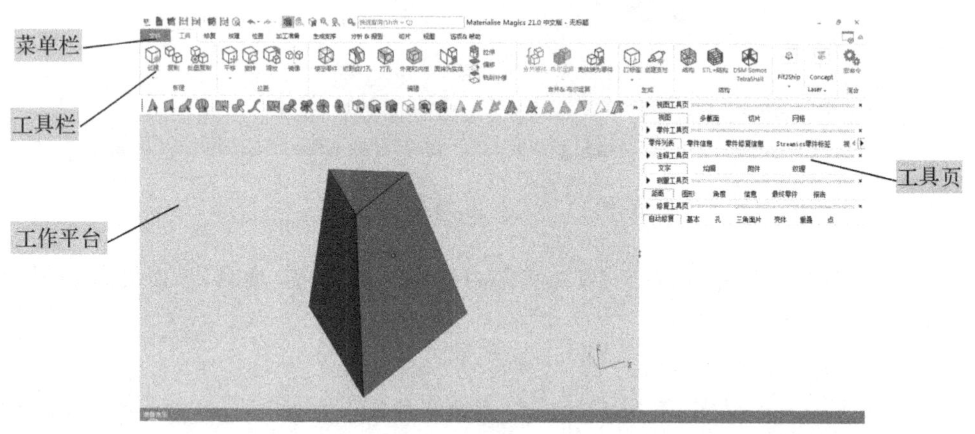

图 11-3　Magics 软件界面

在 Magics 21 中，STL 格式文件可以有多种显示方式和操作方式。这些操作可以通过“视图”工具栏和“视图”工具页来访问设置，如图 11-4 所示。

图 11-4　“视图”工具栏

Magics 软件的显示模式一般都默认上色和上色线框，用户可根据需要在工具栏—“视图”—“渲染”下拉菜单中选用其他显示模式或在视图工具页—“显示”中选择修改，如图 11-5 所示。

显示模式包括：渲染、三角面片、渲染 & 线框、线框、边界框以及切片预览、透明。

“视图”功能描述如表 11-1 所示。

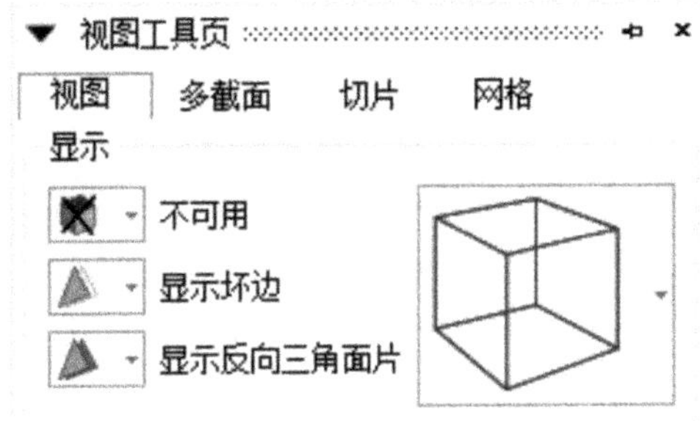

图 11-5 “视图”工具页

表 11-1 “视图”功能描述

选项	描述
渲染	按照三角面片的方向性用阴影来显示零件。
线框	显示物体的边界线，这个边界线是根据相邻三角面片间的角度来定义的。当两个三角面片之间的角度超过一定值就显示边界线，这个角度可通过 Magics 设置菜单来实现
渲染 & 线框	同时显示物体的阴影和线框。
三角面片	显示所有的三角面片，这种模式再现了 STL 格式的网格化。
边界框	只显示零件的边界(X、Y、Z 方向)，这种模式对于操作具有大量三角面片的零件十分有必要。而且，因为零件的其他部分将不可见，将只显示少量的边界。

在 Magics 中，STL 格式文件的旋转方式有三种：实时、相对和七种默认视角。所有这些旋转操作都可以通过“视图”工具栏中的“实时旋转”来完成。如果要利用鼠标操作，点击“左键”可做“选择”，按住“右键”拖动鼠标可实现“物体旋转”，按住“中键”拖动鼠标可实现“物体移动”，上下滑动滚轮实现“缩放”。

“视图”工具栏中，点击 图标，可以选取 STL 文件的三角面片来快速指定视图方向。

如图 11-6 所示，截面功能可用于测量、检查错误以及观察零件内部结构。剖面方向可以是 X、Y 和 Z 方向，或者用户自定义的方向。

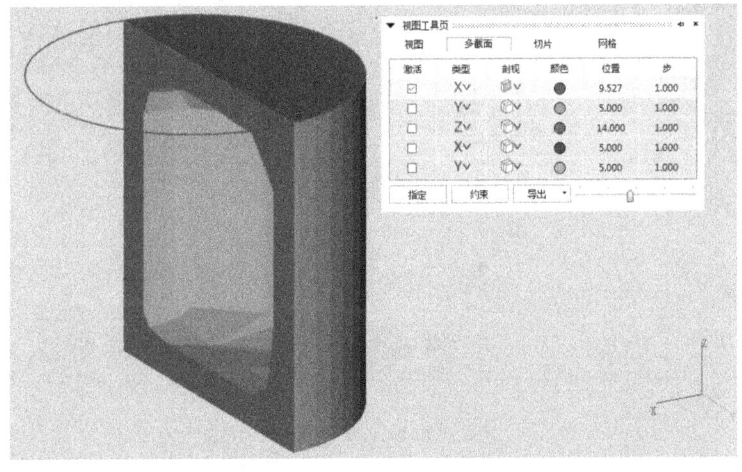

图 11-6 “视图”—多截面显示

多截面可检测不同位置的截面,该显示方式在确认数据是否满足加工要求时有很大的作用,需要灵活运用。

11.2.2 加载数据

如图 11-7 所示,显示"加载"数据的 Magics 中操作,Magics 软件支持加载 *.stl 格式和 *.mgx格式的零件,或是其他 CAD 格式(CATIA, PRO-E, STEP,……)。如图 11-8 所示为导入零件对话框。

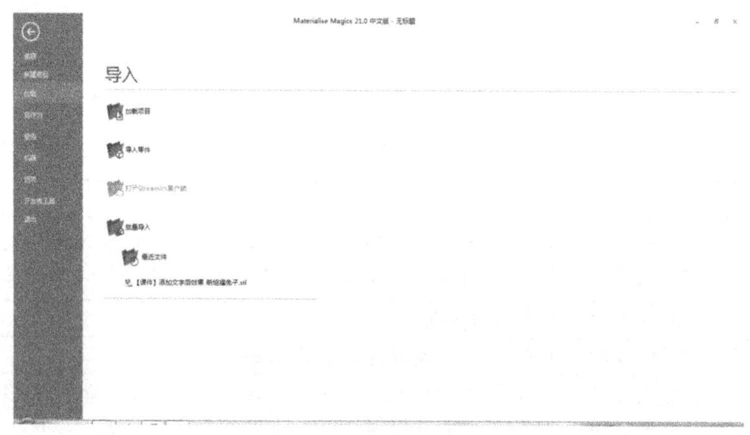

图 11-7 加载数据界面

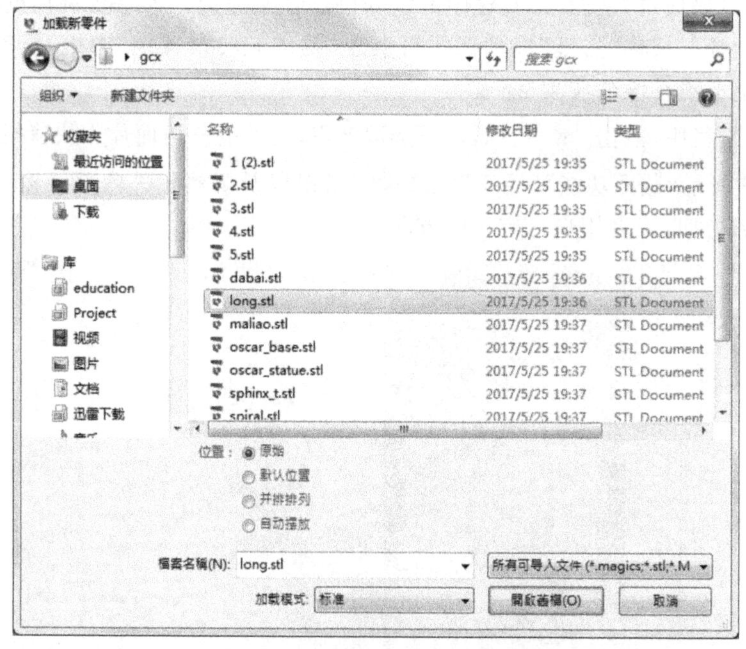

图 11-8 导入零件对话框

Magics 软件的项目文件扩展了平台的功能性,可以保存与 STL 文件有关的其他信息。

如图 11-9 所示为加载项目对话框，可加载 *.magics格式文件。

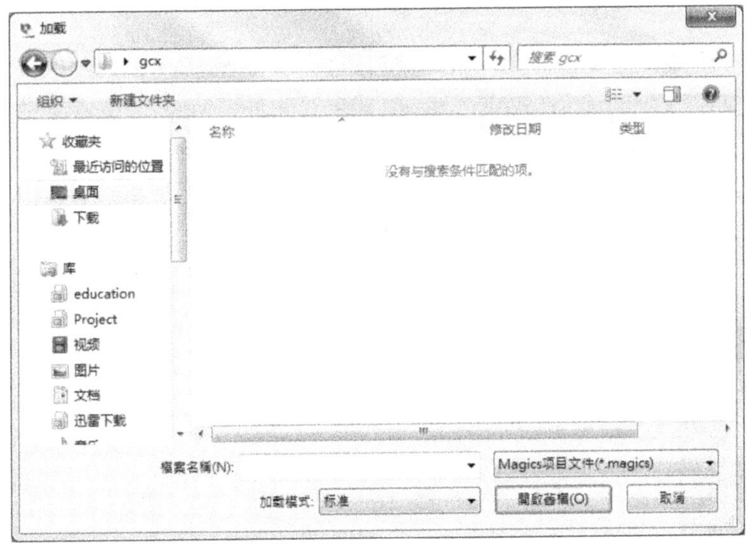

图 11-9　加载项目对话框

批量导入功能是一个扩展功能，除了可以导入和修复 CAD 文件外，还可以导入和修复 STL、MGX 和 *.MAGICS等格式的文件。这表明批量导入工具同时也具有批量修复功能，如图 11-10 所示。

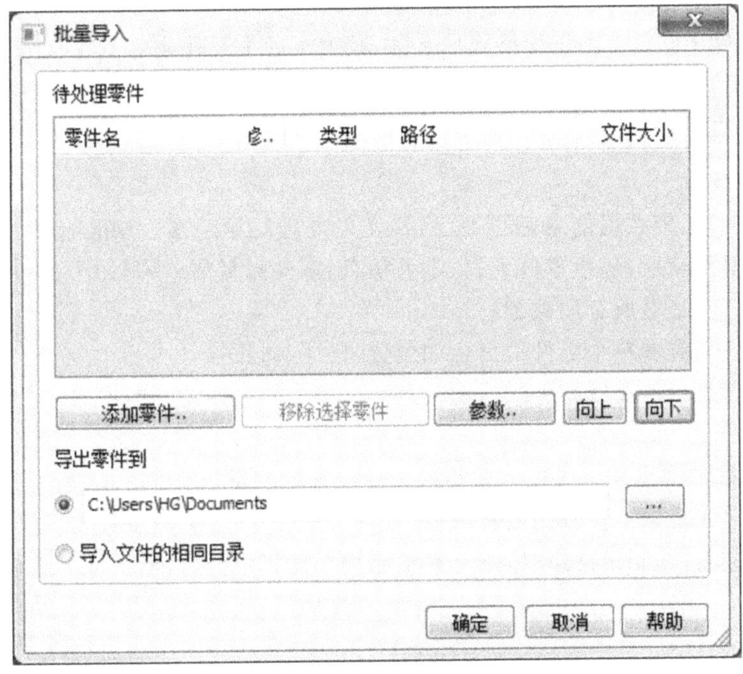

图 11-10　批量导入对话框

11.2.3 数据保存

"另存为"对话框中包含各种文件格式供选择，可以将Magics创建的文件保存为其他格式。可以直接保存为*.magics格式或*.mgx格式项目文件。Magics项目文件保存的是一个项目而不仅仅是一个零件。例如，一个完整的打印作业的Magics项目，还可能包括其他信息，如注释，颜色，支撑等等。数据保存界面如图11-11所示。

图11-11 数据保存界面

Magics项目文件是一种压缩格式的文件，其大小远小于其他单个STL格式文件。

11.2.4 数据分析

1. 零件信息

加载数据后，了解数据信息是进行STL文件处理的第一步。Magics软件的数据信息可以在零件工具页获取，包括零件列表、零件信息、零件修复信息等，如图11-12所示。

零件列表——查看所有加载零件。

零件信息——查看单个零件的信息如位置、尺寸、体积等。

零件修复信息——查看零件的错误信息。

2. 测量

Magics软件的测量功能可以实现零件一些特征的测量，如图11-13所示。

测量功能可实现以下参数的测量：距离、半径、角度，并产生测量报告。

需要注意的是，在测量操作时，所有测量必须在框架中执行，当特征不在框架中，测量将无法实现。

3. 标记

标记三角面片是Magics的一个强大功能。后续的基本操作都需要事先标记所需三角面片或平面。"标记"功能描述如表11-2所示。

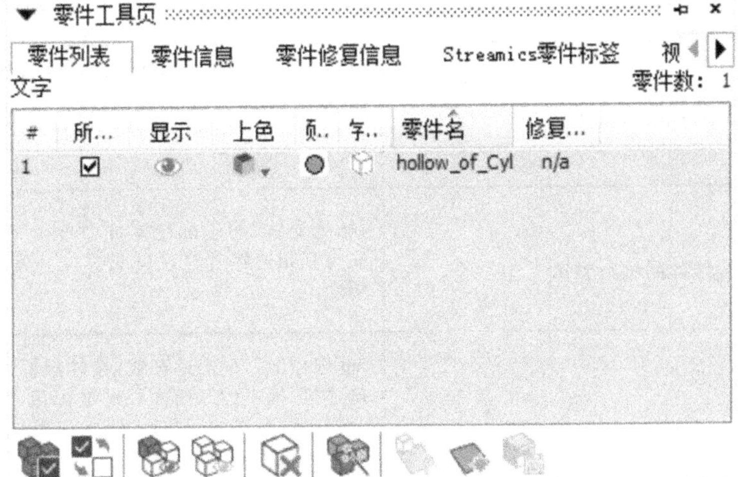

图 11-12　零件工具页

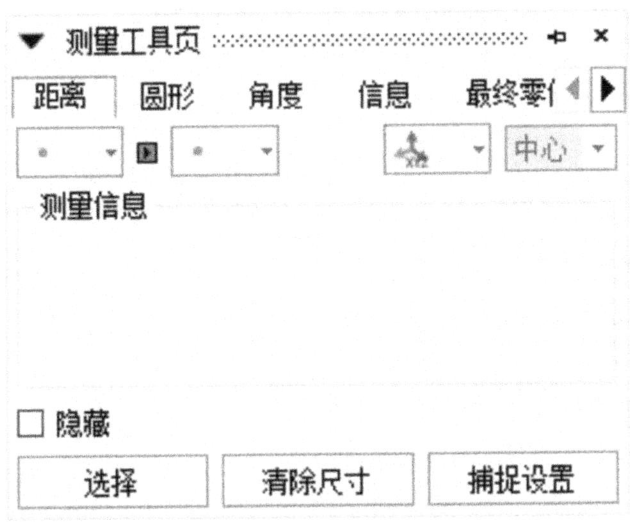

图 11-13　测量工具页

表 11-2　“标记”功能描述

选　项	描　述
标记三角面片(F5) 标记所选零件的三角面片。	“标记三角面片”用于三角面片的标记，单击此按钮，在指定三角面片上单击鼠标左键即可实现三角面片的标记和撤销。
标记所选零件的平面。	“平面标记”可以比较方便地标记平面。STL 格式文件是由三角面片组成的，如果 Magics 只能标记单个的三角面片显得效率低下，因此需要这种将一组符合平面定义的三角面片定义为一个集合的方式。

续表

选　项	描　述
标记所选零件的整个面，以线框为界。	“标记面”用于标记零件上的一片区域，区域的定义由线框决定。单击此按钮后，在单个三角面片上单击鼠标左键，所有包含在此表面中的三角面片都将被标记。
标记壳体(F7) 标记所选零件的整个壳体。	“标记壳体”用于标记零件中单个壳。壳可以被定义为互相连接并且法向量方向一定的三角面片的集合。
框选标记 画一个方框标记所有在框内和与框边界交叉的三角面片。	“框选标记”，单击此按钮，按住鼠标左键，拖拽一窗口，窗口框中的三角面片即被标记。除了三个顶点全部在窗口中的三角面片，窗口掠过的三角面片都将被标记。 如果需要取消框选标记，按住“Shift”键和鼠标左键，拖拽窗口，窗口中的三角面片将被取消标记。
画一个自由形状并标记其里面所有的三角面片。	“多边形标记”类似于框选标记，不同的是多边形标记可以定义标记所用窗口的形状。
涂画标记三角面片。	“笔刷标记”将只标记线掠过的三角面片，这个模式在标记复杂几何形状的时候非常有用。画线时，单击鼠标右键定义线的终点，完成标记。
框选标记并重画网格(Alt＋Shift＋R) 拖动鼠标画方框，重画与方框边界交叉的网格以精确标记。	“框选标记并重画网格”“自由形状标记并重画网格”“多边形标记并重画网格”“圆形标记并重画网格”等，此模式的标记与前面各个标记方法类似，不同的是标记完成时，被标记的区域重新划分网格。
自由形状标记并重画网格 画一个自由形状，重画该形状边界上的网格以精确标记。	
多边形标记并重画网格 点画多边形，点击右键闭合。重画与多边形交叉的网格以精确标记。	
圆形标记并重画网格 选取三个点形成圆。重画与圆边界交叉的网格以精确标记。	
标记椭圆并重画网格 选取三个点形成椭圆。重画与椭圆边界交叉的网格以精确标记。	

续表

选　项	描　述
标记水平 标记所有水平三角面片。	“标记水平”，单击此按钮，视图内所有水平方向的三角面片都被标记。
标记竖直 标记所有竖直三角面片。	“标记竖直”，单击此按钮，视图内所有竖直方向的三角面片都被标记。
标记颜色 标记特定颜色的三角面片。	“标记颜色”功能在标记三角面片内特定颜色的三角面片，可以利用“Shift”键与标记功能将零件所有三角面片标记为同一颜色。
标记纹理 点击工件上的纹理标记其覆盖的所有三角面片。	“标记纹理”功能在标记三角面片内指定标记纹理，可以利用“Shift”键与标记功能将零件所有三角面片标记为同一纹理。
标记轮廓 标记所有与所选轮廓相连的三角面片。	“标记轮廓”，在标记三角面片时，与所选三角面片相连的三角面片都会被标记。
选择干扰壳体 标记所选零件的所有干扰壳体。	“选择干扰壳体”，在标记三角面片时，标记所选零件所有的干扰壳体。
取消所有标记(F8) 取消所选零件的所有标记。	“取消所有标记”将所有被标记三角面片的标记取消。
缩小选择 缩小当前选择的一个三角面片。 扩大选择 扩大当前选择的一个三角面片。	“缩小选择”“扩大选择”功能可以使已标记区域范围沿环形缩小或扩大。
反转标记(O) 取消标记所有被标记三角面片，标记所有未标记三角面片。	“反转标记”按键用于反向标记三角面片，原本被标记的变成未标记，原本未标记的变成已标记。
链接标记 在设置公差内标记已被标记三角面片之间的小三角面片。	“链接标记”功能用于标记两个已标记的三角面片之间的那些小的、不容易标记的三角面片。

续表

选　项	描　述
删除标记的三角面片(Del) 删除已选零件上的被标记三角面片。	“删除标记的三角面片”功能用于删除已选零件上的被标记三角面片。
分离标记(Alt+Shift+X) 转化所选零件的被标记三角面片为新零件。	“分离标记”功能用于转化所选零件的被标记三角片面为新的零件。
复制标记(Alt+Shift+D) 复制所选零件的标记三角面片并生成新零件。	“复制标记”功能用于复制所选零件的标记三角面片并生成新零件。
隐藏标记(Ctrl+Shift+H) 隐藏所选零件被标记的三角面片。	“隐藏标记”功能可以将标记的三角面片隐藏。这个功能不同于剖面功能，剖面功能中，隐藏的三角面片不能被编辑。
反转三角面片可视性(Alt+I) 反转隐藏。	“反向隐藏”功能类似于反向标记功能。
显示所有(Ctrl+H) 显示所有隐藏三角片面。	“显示所有”功能类似于“取消全部标记”功能，可以将全部隐藏的三角面片重现。
标记三角面片边界 显示/隐藏标记三角面片的边界。	“标记三角面片边界”，使用此按键可以显示和隐藏标记三角面片的边界。

11.2.5　数据的处理操作

1. 工具

“工具”工具栏是 Magics 软件 STL 文件处理的核心功能，提供的强大的编辑、布尔运算、生成等功能，如表 11-3 所示。

表 11-3　“工具”功能描述

功　能	描　述
创建 创建一个默认零件。	“创建”功能用于新建几何图形零件，包括：长方体、圆柱体、锥体、角锥、棱柱等。可通过修改各零件参数直接创建。同时，创建功能还可“从图片创建零件”，极大方便了浮雕板类模型创建。

续表

功　能	描　述
复制(Ctrl+D) 复制所选零件。	"复制"功能用于复制所选零件，通过参数设置，复制的零件成阵列摆放。
批量复制 批量复制所选零件。	"批量复制"功能类似于复制功能，通过参数设置，可实现批量处理。
平移(T) 手动平移零件或者根据输入坐标平移零件。	"平移"功能用于平移零件，可通过坐标参数移动零件，可设置相对值移动或绝对值移动。同时提供交互移动，可用鼠标操作通过轴系移动零件。
旋转(R) 输入值旋转所选零件。	"旋转"功能通过参数旋转零件角度。同时提供交互旋转，通过鼠标操作圆弧固定轴旋转零件。
缩放(Ctrl+R) 改变所选零件的尺寸。	"缩放"功能通过参数改变零件尺寸，使用比较多的是通过"系数"、"长度"、"尺寸"三种方式改变，"长度"是 X、Y、Z 变量，"尺寸"可以直接改变标注的尺寸。
镜像(Ctrl+M) 镜像所选零件。	"镜像"功能是把零件关于一个平面对称。
镂空零件 镂空所选零件。	"镂空零件"功能即为抽壳，对零件进行镂空处理，目的是减小材料成本。
切割成打孔 所选零件切割或打孔。	"切割或打孔"功能把零件切割成两个零件。有三种方式：多段线切割、圆形切割、截面切割。
打孔 给(抽壳)零件打孔以释放被困材料。	"打孔"功能一般针对镂空的零件，目的是将内部材料取出，如内部支撑材料。
外壳和内核 所选零件生成外壳和内核。	"外壳和内核"功能类似镂空，将零件处理生成外壳和内核。

续表

功　能	描　述
面转为实体 从面创建一个实体。	“面转为实体”功能用于将面片创建为实体。添加厚度，有两种形式：基于偏移、基于块。
拉伸(Ctrl+E) 拉伸标记区域。	“拉伸”功能用于拉伸被标记的三角面片，有“移动点”“添加三角形”两种模式，要灵活地运用拉伸方向。
偏移 根据法向方向偏移所选零件或者被标记区域。	“偏移”功能根据法向偏移被标记区域，整体偏移多用于面片加厚，片体加厚需要勾选创建厚度；局部偏移多用于局部的曲面加厚。
铣削补偿 添加指定厚度到标记区域。	“铣削补偿”功能用补偿零件后续铣削加工的厚度。
合并零件 合并所选零件为一个零件。	“合并零件”功能合并零件，把多个零件合并到一起，以多个零件壳体形式结合到一起。
布尔运算(Ctrl+B) 选择两个零件进行布尔操作(合并、相减、求交)。	“布尔运算”功能用于把两个零件合并成一个壳体零件，有三种形式：“并、交、相减(红减绿、绿减红)”。 “布尔切割”用于零件的相互切割操作。
壳体转为零件 转换所选零件壳体为新零件。	“壳体转为零件”功能可将所选零件壳体转换为新零件。
打标签 添加文字或图片标签到所选零件。	“打标签”功能用于在被标记面上添加文字、标识。
创建支柱 创建支柱以避免零件变形。	“创建支柱”功能类似添加支撑，为避免零件变形添加支柱。
结构 在零件内部生成结构。	“结构”功能为镂空的零件内部生成结构支撑。
STL+结构 在零件内部创建只会在切片过程中生成的结构。	“STL+结构”功能在零件内部创建只会在切片过程中生成的结构，方便STL文件的处理。

2. 修复

Magics 可修复 STL 文件的错误三角面片，其修复功能强大，可实现自动修复、半自动修复、手动修复，如图 11-14 所示。

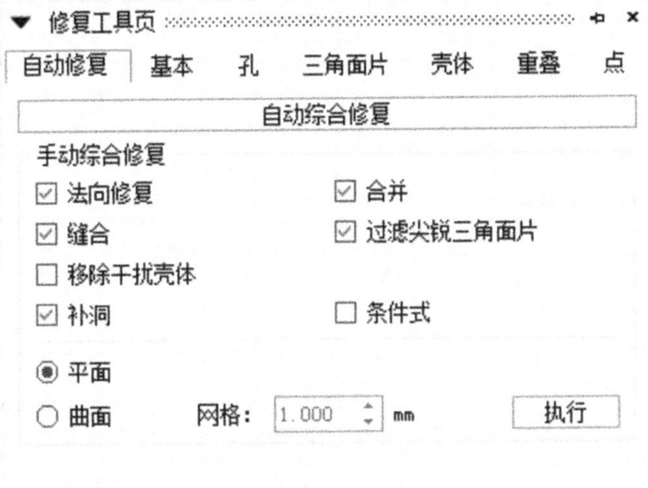

图 11-14 “修复”工具页

修复功能可在“修复”工具栏或“修复”工具页中点击激活，其功能如表 11-4 所示。

表 11-4 “修复”功能描述

功　能	描　述
修复向导(Ctrl+F) 打开修复向导修复所选零件的错误。	“修复向导”，Magics 软件的修复功能主要是基于修复向导来完成。
自动修复(Alt+F) 自动综合修复	“自动修复”功能执行软件自动修复功能，用以快速修复零件错误面片。
零件包裹(W) 包裹一层新表面到现有几何体以修复所选零件。	“零件包裹”在所选零件外包裹一层新表面，用以修复零件。
法向修复(Shift+N) 自动修复反向法向。	“法向修复”用以自动修复法向错误三角面片。
自动缝合(Shift+C) 自动缝合相邻边。	“自动缝合”用以自动修复缝隙错误的三角面片。
孔修复(Shift+H) 自动补洞。	“孔修复”用以自动修复三角面片丢失的孔洞。

续表

功　能	描　述
干扰壳体(Shift+I) 自动删除干扰壳体。	“干扰壳体”用以自动修复有多壳体等错误的三角面片。
合并 只保留外部三角面片而移除内部三角面片以清理零件。	“合并”用以自动修复相交错误的三角面片。
壳体转为零件 转换所选零件壳体为新零件。	“壳体转为零件”功能可将所选零件壳体转换为新零件。
移除小零件 根据用户自定义参数移除视图里的小零件。	“移除小零件”用以移除视图内的属于一定边界条件内的面、体积或三角面片，方便过滤筛选。
过滤尖锐三角面片(Shift+F) 检测所选零件属于一定边界条件内的尖锐三角面片。	“过滤尖锐三角面片”检测所选零件属于一定边界条件内的尖锐三角面片，可删除或标记。
移除重合三角面片 移除相同位置、法向方向相同或相反的三角面片。	“移除重合三角面片”移除相同位置、法向方向相同或相反的三角面片，用以修复重叠错误的三角面片。
检测重叠三角面片(Ctrl+Shift+O) 检测并标记重叠三角面片。	“检测重叠三角面片”用以检测并标记重叠三角面片。
补洞模式(Ctrl+Shift+B) 单击修复孔洞。	手动修复工具“补洞模式”“创建桥”“创建三角面片”“删除三角面片”“剪切三角面片”用以将自动修复无法完成或无法修复到位的三角面片手动修复。
创建桥(Ctrl+Shift+Z) 指定两条边创建桥。	
创建三角面片(Ctrl+Shift+E) 选取零件上3个点创建三角面片。	
删除三角面片(Shift+D) 选择删除三角面片。	
剪切三角面片。	

续表

功　能	描　述
平移零件上的点 选取并交互式移动零件上的点。	“平移零件上的点”用以移动零件上的点，实现交互式移动、实时显示。
移动零件上的点 捕捉所选零件上的边界和点并移动点。	“移动零件上的点”用以捕捉所选零件上的边界和点并移动。
加强 三角面片简化　光滑　局部光滑　细化和光滑 细分零件　重画网格	“加强”包括三角面片简化、光滑、局部光滑、细化和光滑、细分零件、重画网格，用以优化零件的三角面片。

3. 纹理

“纹理”工具栏主要是给零件标记区域上纹理图片或是上单色。根据不同的颜色可实现“按颜色分离零件”，将面转为实体，如图 11-15 所示。

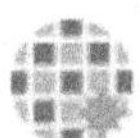

图 11-15　“纹理”工具栏

4. 位置

“位置”工具栏的功能分为基本、自动、高级、默认，主要是用于零件的摆放，方便零件的排样。“位置”功能描述如表 11-5 所示。功能中的“平移、选择、缩放、镜像”已经在“工具”内容中介绍，在此不再讲解。

表 11-5　“位置”功能描述

功能	描述
选择并放置零件(F3) 选择零件，在 XY 平面移动并围绕 Z 轴旋转。	“选择并放置零件”功能用于零件的基本移动，选择零件后，零件只能在 XY 平面移动，并围绕 Z 轴旋转。
底/顶平面 根据指定的顶/底平面旋转零件。	“底/顶平面”功能用于快速指定底平面或顶平面，零件根据指定的顶/底平面旋转。

续表

功　能	描　述
自动摆放(Ctrl＋A) 根据所选参数自动摆放零件到平台。	“自动摆放”功能用于根据所选参数自动摆放零件到平台上，需要设置零件摆放的间隔。
角度优化器 根据设定参数自动更正选中零件角度。	“角度优化器”功能根据设定的参数自动更正选择零件角度。
方向对照	“方向对照”功能可以说是角度优化的辅助，用于检查零件的方向对比。
最小化边界矩形 自动调节角度到最小边界矩形。	“最小化边界矩形”功能可自动调节角度到最小边界矩形区域内。
匹配到平台 自动匹配到平台。	“匹配到平台”在设置平台参数后，该功能能根据平台参数大小，将工件自动匹配到平台。
特征摆放 根据指定模板摆放所选零件。	“特征摆放”功能根据指定模板的样式排样，需要设置零件的间距、每行零件数、摆放所有零件。
3D摆放 根据用户定义参数进行3D摆放零件。	“3D摆放”在设置平台参数后，该功能能根据用户定义参数进行3D摆放零件。
对齐 通过对齐选项移动零件。	“对齐”功能用于移动对齐所选零件。
用户坐标系 创建并激活自定义坐标系。	“用户坐标系”“导入UCS文件”功能都是为零件创建坐标系，以方便零件摆放的。
导入UCS文件 导入用户坐标系。	
平移至默认Z位置(Home) 平移零件到默认Z轴位置并保持XY位置。	“平移到默认Z位置”，该功能平移零件到默认Z轴位置并保持XY位置不变，一般Z轴位置默认坐标值。

续表

功　能	描　述
平移至默认位置 移动零件到默认位置。	“平移到默认位置”平移零件到默认 X、Y、Z 位置。
原始位置(Ctrl+Shift+P) 移动所选零件到原始位置或者保存当前为原始位置。	“原始位置”功能，移动所选零件到原始位置，即加载的初始位置，包括：恢复位置、恢复到新平台、存储当前的位置。

5. 加工准备

“加工准备”为 3D 打印加工适配加工平台参数。可从机器库内添加所需的机器型号或导入机器参数 MMCF 文件，如图 11-16 所示。

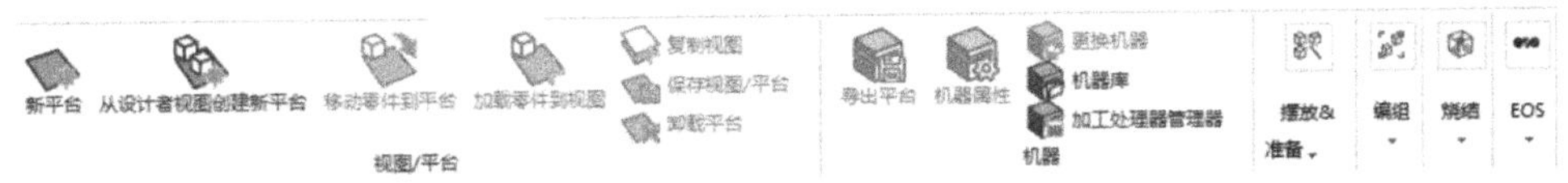

图 11-16　“加工准备”工具栏

6. 生成支撑

Magics 的生成支撑是为 3D 打印或快速成型提供的。支撑功能强大，包括手动支撑、支撑预览，可指定零件为支撑或导出支撑。生成支撑功能可在“生成支撑”工具栏点击激活。在软件界面添加支撑过程中，会出现 SG 模式，如图 11-17 所示。“生成支撑”功能描述如表 11-6 所示。

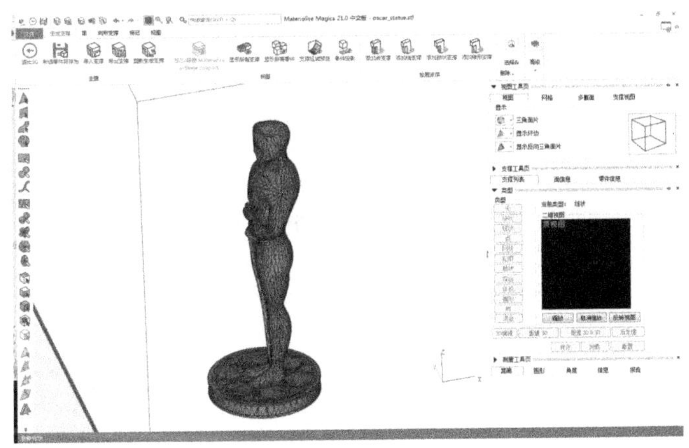

图 11-17　生成支撑的 SG 模式

Magics 的支撑功能主要为 3D 打印成型服务，后面通过实例讲解。

表 11-6 “生成支撑”功能描述

功 能	描 述
生成支撑 所选零件生成支撑并进入 SG 模式。	“生成支撑”为所选零件生成支撑并进入 SG 模式，需要预先设置支撑方式。
所选零件生成支撑 所选零件生成支撑但不进入 SG 模式。	“所选零件生成支撑”为所选零件生成支撑但不进入 SG 模式，同样需要预先设置支撑方式。
手动支撑 进入支撑模块但不生成支撑。	“手动支撑”切换进入支撑模块，需要再手动操作添加支撑。
指定所选零件为支撑 将选中零件作为支撑	“指定所选零件为支撑”可以将加载的零件转换为支撑件。
导出支撑 导出所选零件的支撑为 STL 或切片文件。	“导出支撑”可导出所选零件的支撑为 STL 或切片文件。
卸载支撑 移除所选零件的所有支撑。	“卸载支撑”用以移除所选零件的所有支撑。
添加无支撑区域 给所选零件添加无支撑区域。	“添加无支撑区域”用以给所选零件添加无支撑区域，方便后续添加支撑。
切换无支撑区域 切换无支撑区域的可视性。	“切换无支撑区域”用以切换无支撑区域的可视性，即切换无支撑区域高亮显示模式。

7. 分析 & 报告

Magics 软件的“分析 & 报告”功能可以实现对加工分析检测碰撞、边界、自锁等。同时，可对加工时间、材料成本、体积、摆放密度进行分析，如表 11-7 所示。此外还包括测量功能，测量功能已在数据分析内容中做讲解，在此不再重复。

表 11-7 "分析 & 报告"功能描述

功 能	描 述
超出边界 高亮超出平台边界的零件。	"超出边界"功能用于分析零件是否超出平台边界，高亮显示超出平台边界的零件。
碰撞检测 标记相互碰撞零件。	"碰撞检测"功能用于标记相互碰撞的零件。
自锁检测 标记互锁零件。	"自锁检测"功能用于标记互锁零件，互锁是零件相互之间位置关系，即一个被完全包容。
壁厚分析(Ctrl+W) 分析零件壁厚并显出来。	"壁厚分析"功能用于分析零件壁厚并显示，由渐变色或标记形式显示。
杯口检测 检测并显示所选零件的杯口特征。	"杯口检测"功能用于检测并显示所选零件的杯口特征。
加工风险分析 根据切片分布可视化所选零件加工变形的风险。	"加工风险分析"功能根据切片分布可视化所选零件加工变形的风险。
检查切片分布 显示在每个点的切片面积分布图。	"检查切片分布"显示在每个点的切片面积分布图，出现的是片分析图。
2 个岛同时出现 2 个岛同时出现。	"2 个岛同时出现"功能用于检测加工过程中是否有孤立的 2 个岛同时出现，若有则需要支撑修复。

续表

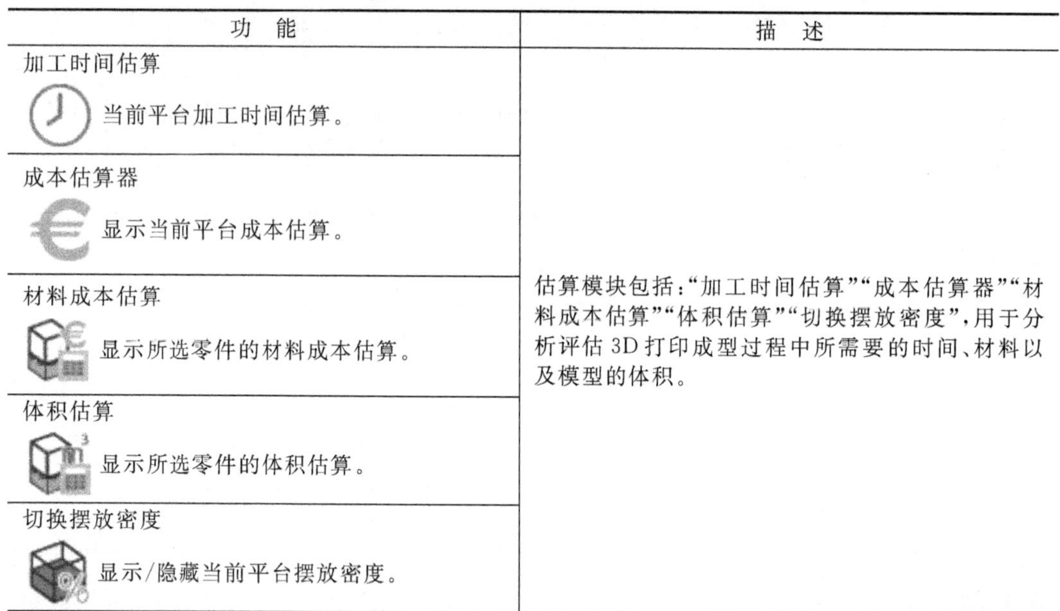

功　能	描　述
加工时间估算 当前平台加工时间估算。	估算模块包括："加工时间估算""成本估算器""材料成本估算""体积估算""切换摆放密度"，用于分析评估3D打印成型过程中所需要的时间、材料以及模型的体积。
成本估算器 显示当前平台成本估算。	
材料成本估算 显示所选零件的材料成本估算。	
体积估算 显示所选零件的体积估算。	
切换摆放密度 显示/隐藏当前平台摆放密度。	

8. 切片

Magics软件的"切片"功能，能满足不同3D成型类型的切片要求。主要功能包括：切片预览、切片所有、切片所选，如图11-18所示。

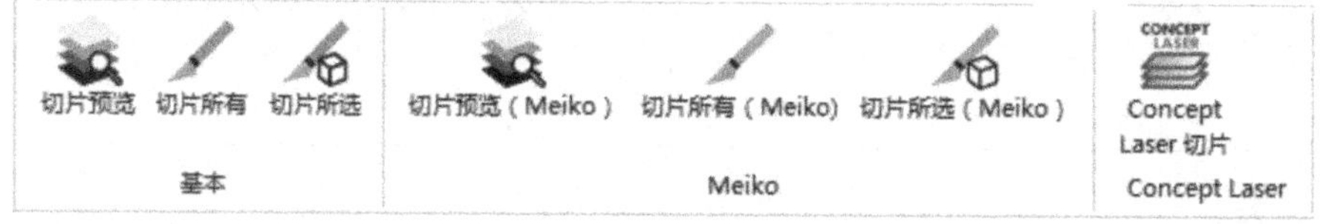

图11-18　切片工具栏

切片功能通过设置，可输出*.CLI、*.F&S、*.SLC、*.SSL格式文件，按照平台不同，形成不同的切片文件。

11.3　Magics软件案例实践

11.3.1　零件模型的摆放

对于不同的零件形状，应有不同的摆放位置，才能保证零件的加工质量。特别是对于有花纹、薄壁、螺纹等特征的零件需有不同的摆放方式。对于有花纹的零件，如果把花纹向下就会使支撑和花纹接触，成型后表面不是很光顺，而且在打磨的过程中，会使花纹受到破坏；正确的摆放方式应当是使花纹面向上，保证表面的质量。对于螺纹件，摆放时要保证螺纹的形状和螺纹能够与其他件进行装配。还有就是要尽量在一次加工过程中做尽可能多的工

件，这样既节省成本又节省时间。

本部分所用文件为“Oscar. stl”，打开文件用快捷键“Ctrl＋L”或用按钮。文件模型如图 11-19 所示。

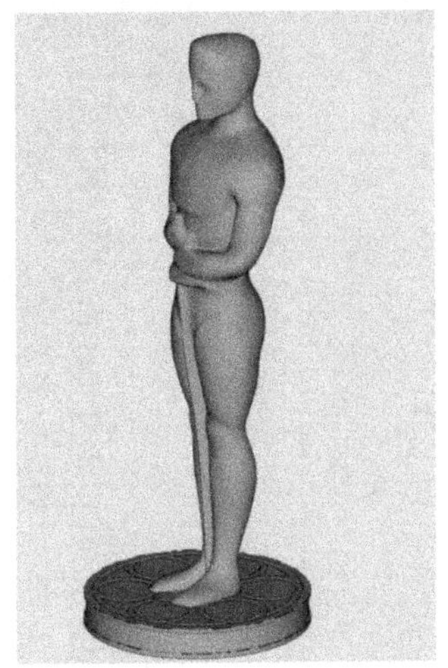

图 11-19　STL 文件模型

1. 复制模型

打开“工具”标签，点击“复制”，输入阵列总数 4，点击“确认”。如图 11-20 所示。

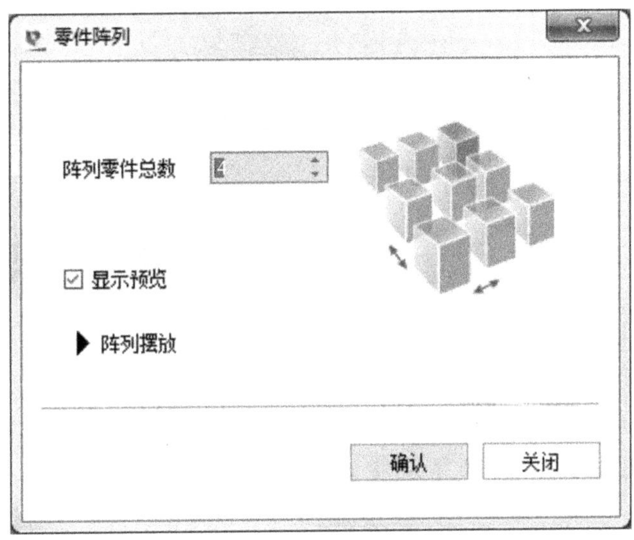

图 11-20　“复制”对话框

2. 零件方向

打开“位置”标签，点击“平移”“旋转”“底/顶平面”，调整零件的摆放方位，如图 11-21 所示。

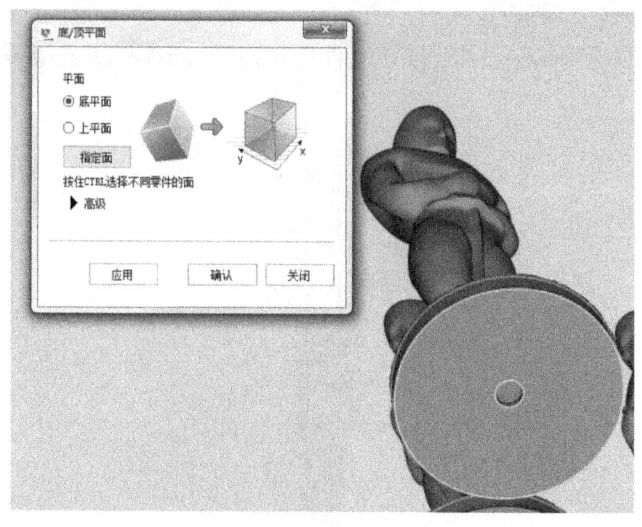

图 11-21 “底/顶平面”对话框

3. 自动摆放

打开“位置”标签，点击“自动摆放”，设置零件间隔为 5mm，点击“确认”，即可完成零件的摆放，如图 11-22 所示。

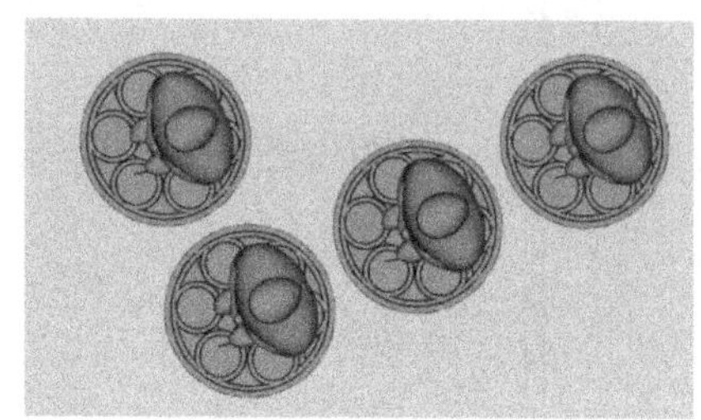

图 11-22 自动摆放效果

11.3.2 STL 模型错误修复及优化

由于 STL 文件结构简单，没有几何拓扑结构的要求，缺少几何拓扑上要求的健壮性，同时也由于一些三维造型软件在三角形网格算法上的缺陷，以至于不能正确描述模型的表面。据统计，从 CAD 到 STL 转换时会有将近 70%文件存在各种不同的错误。如果不对这些问题做处理，会影响到后面的分层处理和扫描处理等环节，产生严重的后果。所以，一般都会对 STL 文件进行检测和修复，而后再进行分层和打印。在 Magics 中，STL 模型中常见的错误类型有以下几种。

1. 法向错误

三角形的顶点次序与三角形面片的法向量不满足规则。这主要是由于生成 STL 文件时顶点顺序的混乱导致外法向量计算错误。这种错误不会造成以后的切片和零件制作的失败,但是为了保持三维模型的完整性,我们必须加以修复。

在 Magics 软件中,被诊断出法向错误的三角面片显示为红色边界。修复时反转有问题的三角面片即可,注意标记工具的运用,以提高模型修复的效率,如图 11-23 所示。

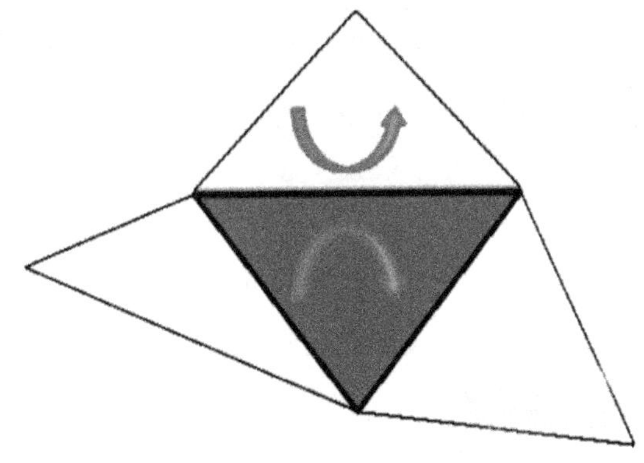

图 11-23　法向错误

2. 孔洞

这主要是由于三角面片的丢失引起的。当 CAD 模型的表面有较大曲率的曲面相交时,在曲面相交部分会出现丢失三角面片而造成的孔洞。孔洞在 Magics 中显示为红色边界,注意和法向错误区分。在 Magics 中,通过添加新的面片以填补缺失的区域修复孔洞,如图 11-24 所示。

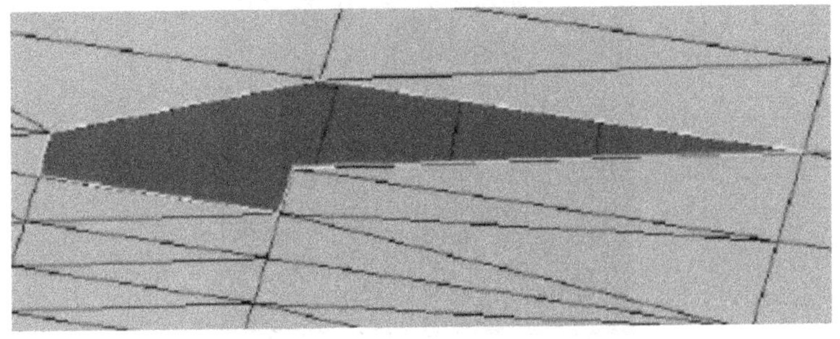

图 11-24　孔洞错误三角面片

3. 缝隙

缝隙通常是由于顶点不重合引起的,在 Magics 上通常以一条黄色的线显示。缝隙和孔洞都可以看作是三角面片缺失产生的,但对于裂缝,修复通常是移动点将其合并在一起,如图 11-25 所示。

4. 错误边界

在 STL 格式中,每一个三角面片与周围的三角面片都应该保持良好的连接。如果某个连接处出了问题,这个边界称为错误边界,并用黄线标示,一组错误边界构成错误轮廓。面

图 11-25　缝隙错误

片法向错误、缝隙、孔洞、重叠都会引发错误的边界，对不同位置的错误要先确定坏边原因，再找到合适的修复方法，如图 11-26 所示。

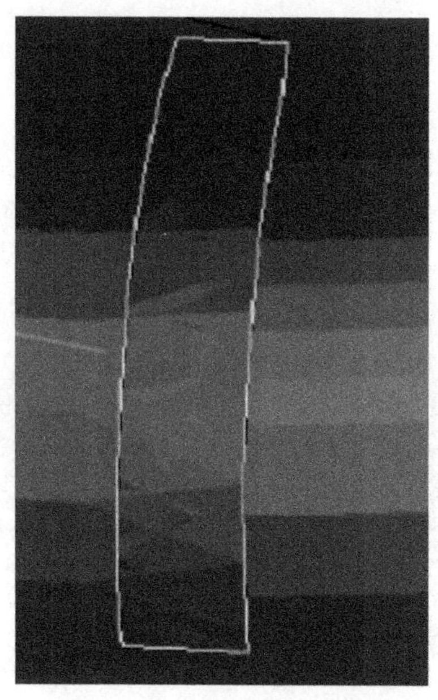

图 11-26　边界错误

5. 多壳体

壳体的定义是一组相互正确连接的三角形的有限集合。一个正确的 STL 模型通常只有一个壳。存在多个壳体通常是由于零件块造型时没有进行布尔运算，结构与结构之间存在分割面引起的，如图 11-27 所示。

STL 文件可能存在由非常少的面片组成、表面积和体积为零的干扰壳体，这些壳体没有几何意义，可以直接删除。

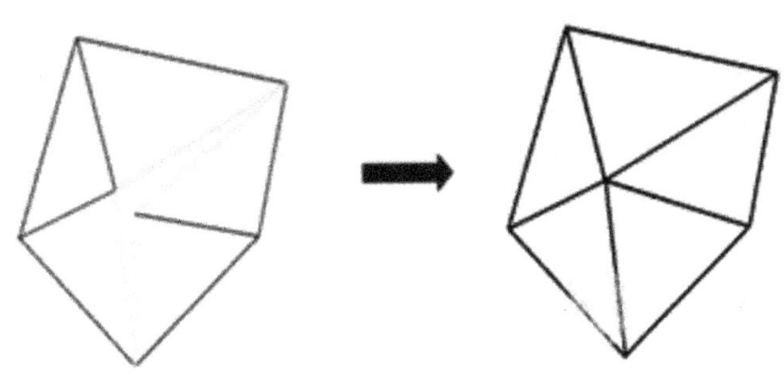

图 11-27　多壳体定义错误

6. 重叠或相交

重叠面错误主要是由三角形顶点计算时舍入误差造成的，由于三角形的顶点在 3D 空间中是以浮点数表示的，如果圆整误差范围较大，就会导致面片的重叠或者分离，如图 11-28 所示。

某些情况下，表面没有被修剪好，会出现过长或者交叉的现象，利用 Magics 的工具可以很容易地修复好这种错误。

图 11-28　重叠或相交错误

由于 STL 文件的缺陷，建议在打印 STL 文件前导入 Magics 中进行诊断。除了在工作区对零件进行外观上的错误检查以外，最重要的是对文件进行深入分析，通过查看零件的错误信息判断模型的损坏情况。

本部分所用文件为“Oscar. stl”，打开文件用快捷键“Ctrl＋L”或用按钮。

(1)打开“修复”标签，点击“修复向导”，诊断所选零件，Magics 软件会分析零件坏边、壳体、重叠三角面片、交叉三角面片等，如图 11-29 所示。

(2)点击“根据建议”，软件跳转到三角面片修复界面，点击“自动修复”。如图 11-30 所示。

(3)对个别错误面片，使用手动修复。点击“手动”，通过标记高亮显示错误三角面片。手动用“删除三角面片”“剪切三角面片”等功能修复。相同的方法处理重叠面片。

(4)重新点击“诊断”，检测修复后的零件。最终修复效果如图 11-31 所示。

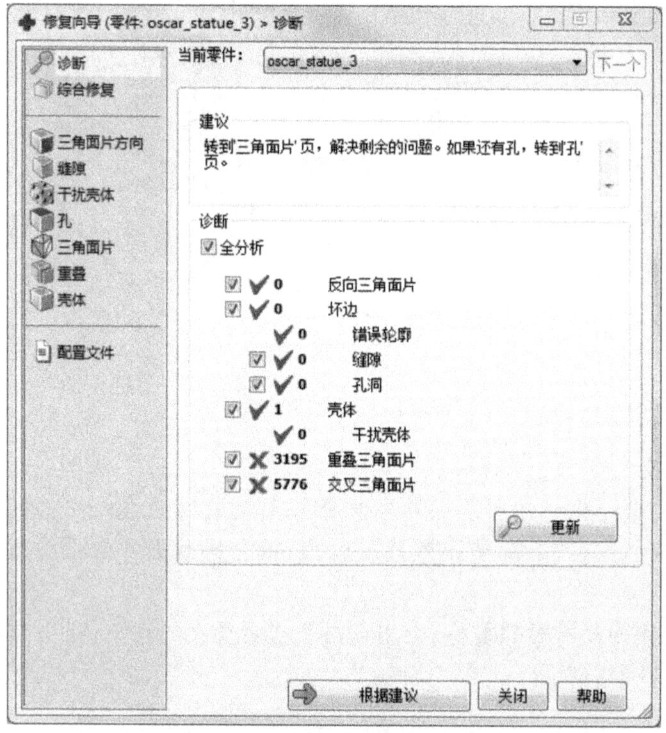

图 11-29 “修复向导”对话框

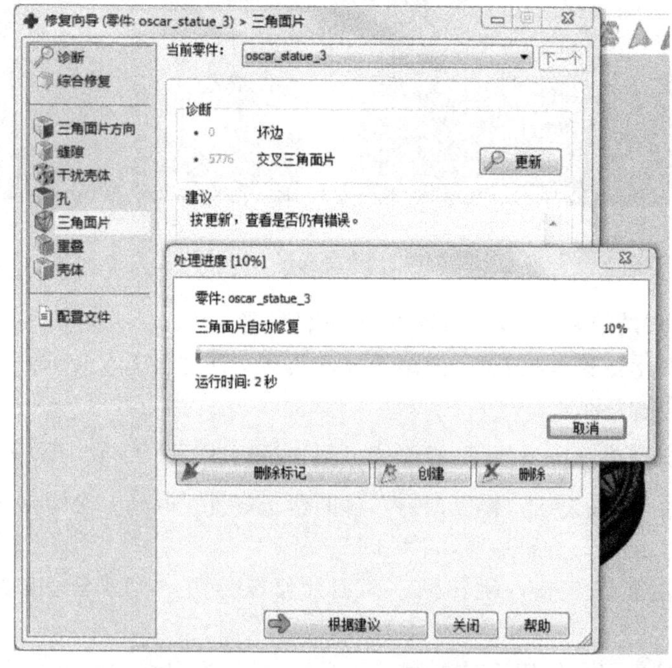

图 11-30 “自动修复”对话框

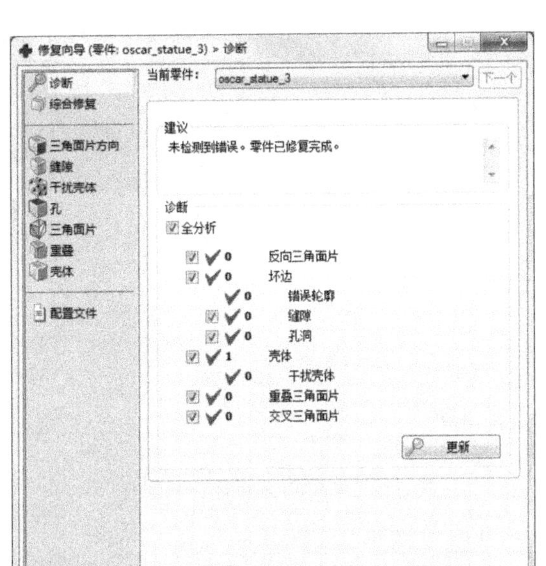

图 11-31　修复效果

(5)为了提高成型效率,我们可以对零件模型三角面片进行优化。点击“加强”—“三角面片简化”,设置简化要求最低细节为 0.1mm。如图 11-32 所示。

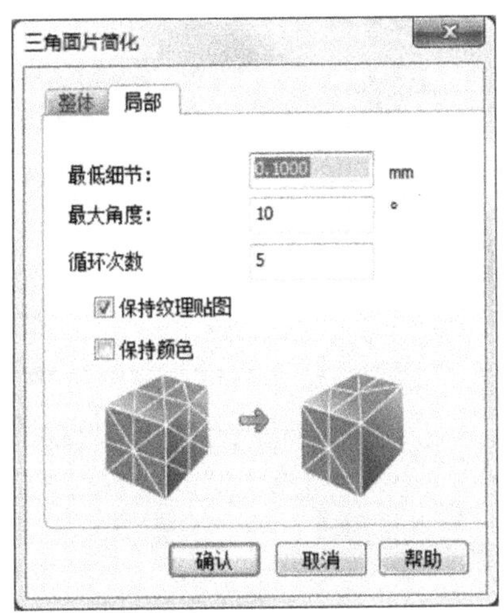

图 11-32　“三角面片简化”对话框

零件简化前三角面片数为 225940 个,简化后三角面片数为 8436 个,如图 11-33 所示。

若感觉简化后对零件外观影响较大,可通过“光滑”、“细化光滑”重新调节,如图 11-34 所示。

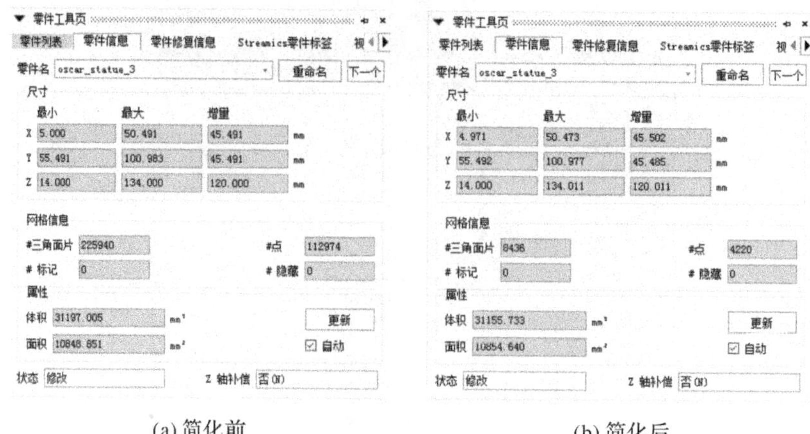

(a) 简化前　　　　(b) 简化后

图 11-33　三角面片优化后对比

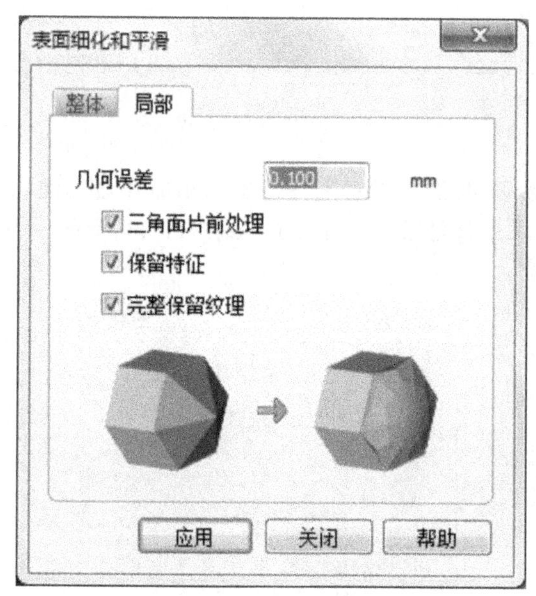

图 11-34　“表面细化和平滑”对话框

11.3.3　Magics 软件支撑添加

支撑作为 3D 打印技术的必要条件，Magcis 能够快速地、高效地生成支撑，能大大减少用户的准备时间。Magics 内含多达 10 种支撑，根据不同支撑面以及应用行业的不同，提供不同的支撑，充分满足用户的要求，包括点支撑、线支撑、网状支撑、块状支撑、综合支撑、肋状支撑、体状支撑、锥形支撑。同时用户也可以手动添加支撑，对支撑进行二维或者三维编辑，使用户在生成支撑以后能对自动生成的支撑进行优化。

Magics 中可通过对支撑进行挖孔、改变支撑体之间的间距等操作，在符合支撑强度的条件下尽可能节省支撑的材料使用。

本部分所用文件为“Oscar. stl”，打开文件用快捷键“Ctrl＋L”或用按钮。

(1)添加机器，“加工准备”标签，点击“新平台”，根据配置的机器型号添加机器参数。这里添加了 SLA 机器为平台，检测机器属性是否和配置机型一致，如图 11-35 所示。

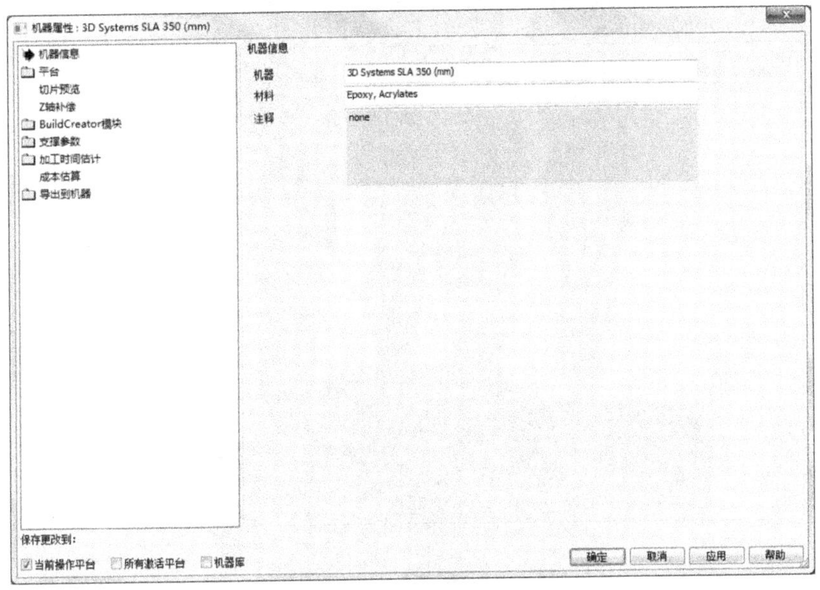

图 11-35　机器属性

(2)加载模型到平台，点击“加载零件到视图”，并摆正模型，如图 11-36 所示。

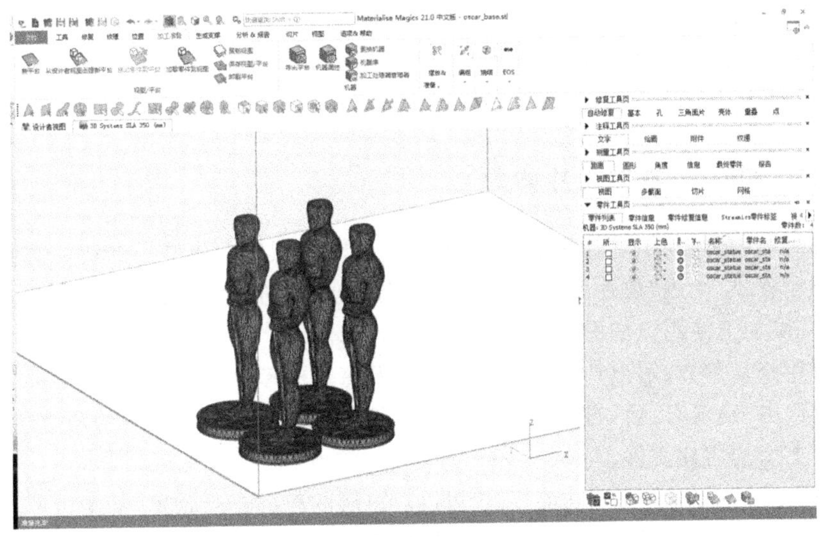

图 11-36　加载模型

(3)生成支撑，点击“生成支撑”—“生成支撑”按钮，软件界面进入 SG 模式，完成支撑添加后退出 SG 模式。支撑添加效果如图 11-37 所示。

图 11-37　支撑添加效果

需要注意的是，如果只是使用 Magics 软件做支撑添加，可将生成的支撑单独导出为 STL 文件。然后，将导出的支撑文件再导进“设计者视图”里面，使用“工具”标签的“合并零件”将零件与支撑合并成一个 STL 文件即可。

11.3.4　Magics 软件切片命令

在生成支撑以后，为了导入机器进行加工，需要先生成输入机器用的切片文件。

进入切片模块，使用“切片所有”功能对准备好的数据进行切片操作，生成模型以及支撑的切片文件，供加工使用。如图 11-38 和图 11-39 所示。

选择切片修复参数、输出切片文件的格式以及每层的厚度等，点击“确定”进行切片文件的生成。在点击“确定”以后，打开切片存放的路径，可找到 Magics 生成的两个切片文件，分别为模型和支撑的切片文件。

同时，Magics 含有切片预览功能，用户可以对每层的轮廓进行预览，甚至可以预览激光头的扫描路径。并且可以生成 CLI、F&S、SLC、SSL 等四种切片格式，满足不同机型的不同需求。

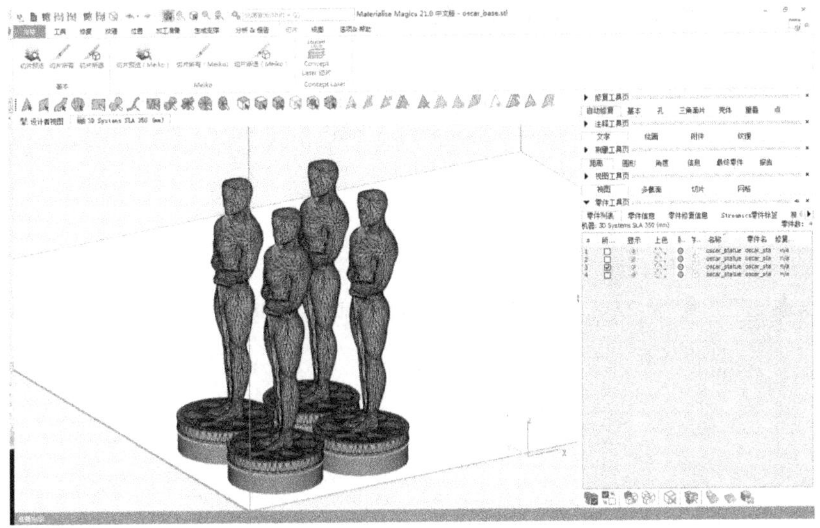

图 11-38　切片界面

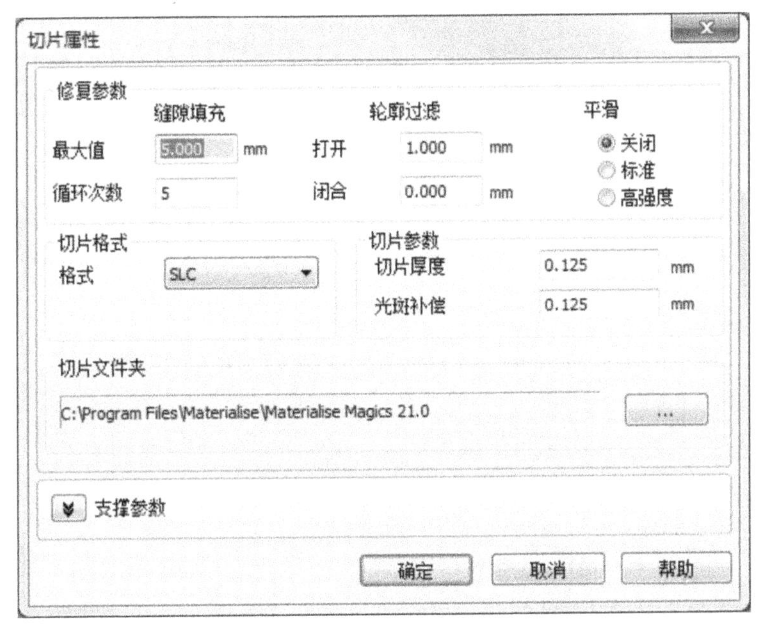

图 11-39　切片属性对话框

11.4　本章小结

本章主要介绍了 Magics 软件功能、特点及应用，详细讲述了 Magics 零件摆放、模型修复、切片功能的实际应用。通过实际应用案例的操作，学习掌握 Magcis 功能命令，熟练使用 Magcis 处理 STL 三维模型，为 3D 打印进行数据处理。

习　　题

1. 简述什么是 Magics 软件。
2. Magics 软件有什么特色?
3. 选取新 STL 文件，试完成对模型的修复、支撑添加等处理。

参考文献

[1] 方浩博,陈继民.基于数字光处理技术的3D打印技术[J].北京工业大学学报,2015,41(12):1775-1782.

[2] 李小丽,马剑雄,李萍,等.3D打印技术及应用趋势[J].自动化仪表,2014,35(1):1-5.

[3] 王忠宏,李扬帆,张曼茵.中国3D打印产业的现状及发展思路[J].经济纵横,2013(1):90-93.

[4] 赖周艺,朱铭强,郭峤.3D打印项目教程[M].重庆:重庆大学出版社,2015.

[5] J P. Kruth, Mercelis P, Vaerenbergh J V, et al. Binding mechanisms in selective laser sintering and selective laser melting[J]. Rapid Prototyping Journal, 2005, 11(1):26-36.

[6] 刘红光,杨倩,刘桂锋,等.国内外3D打印快速成型技术的专利情报分析[J].情报杂志,2013,32(6):40-46.

[7] 陈之佳.FDM快速成形中若干关键技术研究[D].华中科技大学,2004.

[8] 陈继民.3D打印技术基础教程[M].北京:国防工业出版社,2016.

[9] 全球首支3D打印金属枪美国问世成功试射50发子弹.中国新闻网.2013-11-09[引用日期2013-11-14]http://www.chinanews.com/gj/2013/11-09/5482773.shtml

[10]3D打印引发建筑革命未来建筑工人会失业吗?腾讯新闻[引用日期2014-09-07]http://tech.qq.com/a/20140905/012995.htm

[11] 朱诗白,蒋超,叶灿华,等.3D打印技术在骨科领域的应用[J].中华骨质疏松和骨矿盐疾病杂志,2016,9(1):88-93.

[12] 刘鑫,余翔,张奔.中美3D打印技术专利比较与产业发展对策研究[J].情报杂志,2015(5):41-46.

[13] 王铭,刘恩涛,刘海川.三维设计与3D打印基础教程[M].北京:人民邮电出版社,2016.

[14] 刘伟军.快速成型技术及应用[M].机械工业出版社,2005.

[15] 卢秉恒,李涤尘.增材制造(3D打印)技术发展[J].机械制造与自动化,2013,42(4):1-4.

[16] 吴琼,陈惠,巫静,等.选择性激光烧结用原材料的研究进展[J].材料导报,2015(s2):78-83.

[17] Marsh P. The new industrial revolution : consumers, globalization and the end of mass production[M]. Yale University Press, 2012.

[18] 陈继民,王颖,曹玄扬,等.选区激光熔融技术制备多孔支架及其单元结构的拓扑

优化[J]. 北京工业大学学报,2017,43(4):489-495.

[19] 杜宇雷,孙菲菲,原光,等. 3D打印材料的发展现状[J]. 徐州工程学院学报(自然科学版),2014,29(1):20-24.

[20] 伯纳特韩颖,赵俐. 3D打印:正在到来的工业革命[M]. 北京:人民邮电出版社,2014.

[21] 杨永强,刘洋,宋长辉. 金属零件3D打印技术现状及研究进展[J]. 机电工程技术,2013(4):1-7.

[22] 张胜,徐艳松,孙姗姗,等. 3D打印材料的研究及发展现状[J]. 中国塑料,2016,30(1):7-14.

[23] 王延庆,沈竞兴,吴海全. 3D打印材料应用和研究现状[J]. 航空材料学报,2016,36(4):89-98.

[24] 张楠,李飞. 3D打印技术的发展与应用对未来产品设计的影响[J]. 机械设计,2013,30(7):97-99.

[25] 胡迪·利普森,梅尔芭·库曼. 3D打印:从想象到现实:the new world of 3D printing[M]. 中信出版社,2013.

[26] 贾品第,郜易萱. 基于3D打印技术的创意文化产品创新设计[J]. 包装世界,2017(3):126-128.

机械精品课程系列教材

序号	教材名称	第一作者	所属系列
1	AUTOCAD 2010 立体词典:机械制图(第二版)	吴立军	机械工程系列规划教材
2	UG NX 6.0 立体词典:产品建模(第二版)	单岩	机械工程系列规划教材
3	UG NX 6.0 立体词典:数控编程(第二版)	王卫兵	机械工程系列规划教材
4	立体词典:UGNX6.0 注塑模具设计	吴中林	机械工程系列规划教材
5	UG NX 8.0 产品设计基础	金杰	机械工程系列规划教材
6	CAD 技术基础与 UG NX 6.0 实践	甘树坤	机械工程系列规划教材
7	ProE Wildfire 5.0 立体词典:产品建模(第二版)	门茂琛	机械工程系列规划教材
8	机械制图	邹凤楼	机械工程系列规划教材
9	冷冲模设计与制造(第二版)	丁友生	机械工程系列规划教材
10	机械综合实训教程	陈强	机械工程系列规划教材
11	数控车加工与项目实践	王新国	机械工程系列规划教材
12	数控加工技术及工艺	纪东伟	机械工程系列规划教材
13	数控铣床综合实训教程	林峰	机械工程系列规划教材
14	机械制造基础—公差配合与工程材料	黄丽娟	机械工程系列规划教材
15	机械检测技术与实训教程	罗晓晔	机械工程系列规划教材
16	3D 打印技术及应用	吴立军	机械工程系列规划教材
17	机械 CAD(第二版)	戴乃昌	浙江省重点教材
18	机械制造基础(及金工实习)	陈长生	浙江省重点教材
19	机械制图	吴百中	浙江省重点教材
20	机械检测技术(第二版)	罗晓晔	“十二五”职业教育国家规划教材
21	逆向工程项目实践	潘常春	“十二五”职业教育国家规划教材
22	机械专业英语	陈加明	“十二五”职业教育国家规划教材
23	UGNX 产品建模项目实践	吴立军	“十二五”职业教育国家规划教材
24	模具拆装及成型实训	单岩	“十二五”职业教育国家规划教材
25	MoldFlow 塑料模具分析及项目实践	郑道友	“十二五”职业教育国家规划教材
26	冷冲模具设计与项目实践	丁友生	“十二五”职业教育国家规划教材
27	塑料模设计基础及项目实践	褚建忠	“十二五”职业教育国家规划教材
28	机械设计基础	李银海	“十二五”职业教育国家规划教材
29	过程控制及仪表	金文兵	“十二五”职业教育国家规划教材